珪藻古海洋学

完新世の環境変動

小泉 格

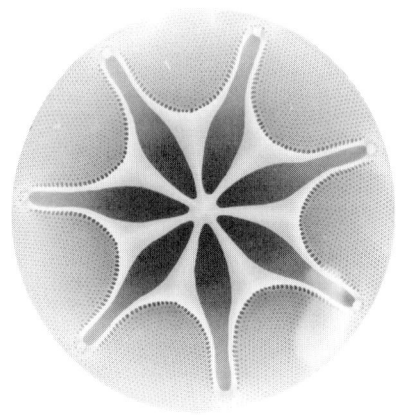

東京大学出版会

Diatom Paleoceanography

Environmental Changes in the Holocene Epoch

Itaru KOIZUMI

University of Tokyo Press, 2011
ISBN 978-4-13-060758-2

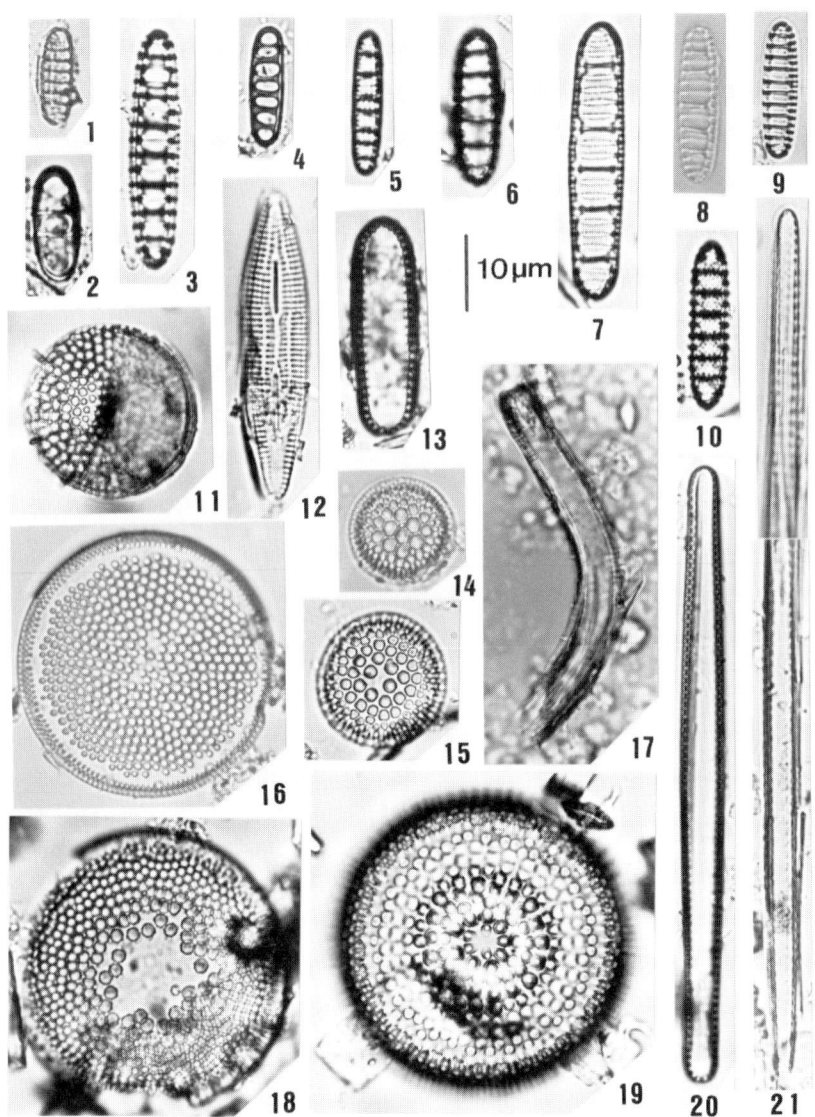

図版 I　中新世中期以降の主要な示準珪藻化石種 (Koizumi *et al*., 2009). 種名等は p. v 参照.

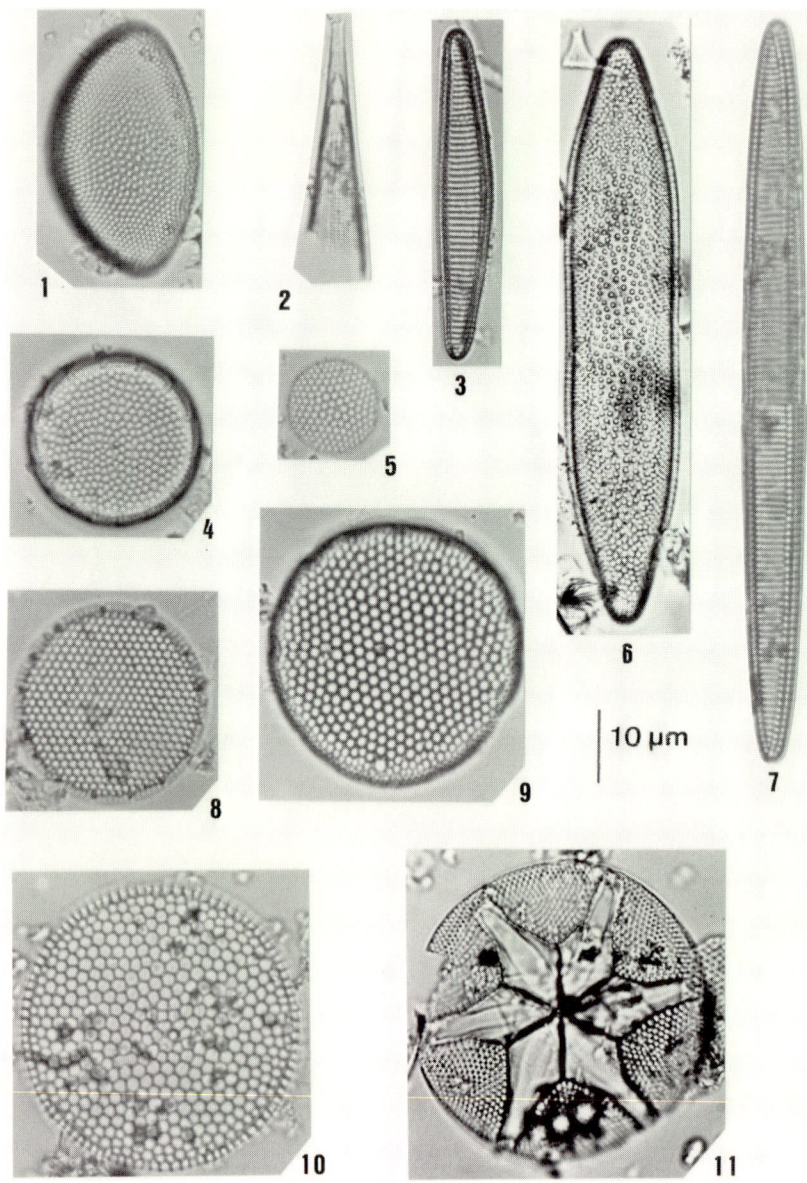

図版 II　Td 値の X_W（暖流系温暖種）要素（Koizumi, 2008）．種名等は p. v 参照．

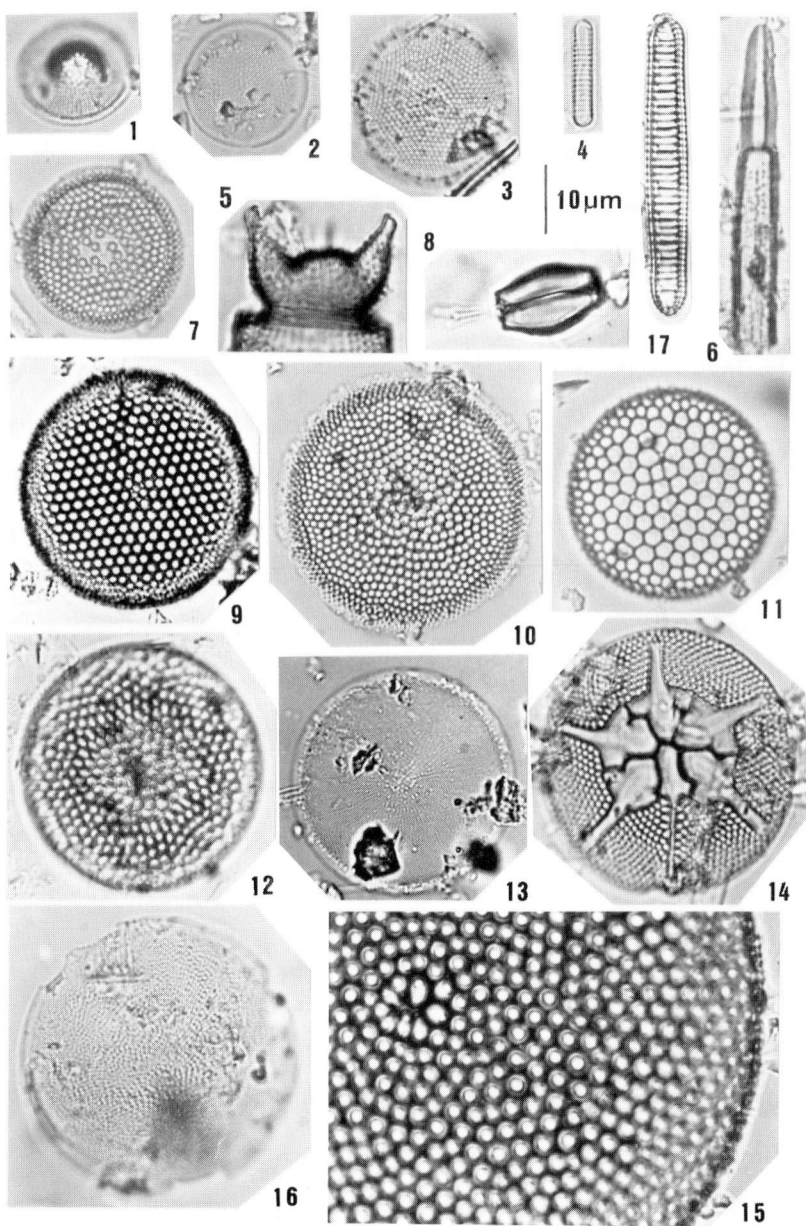

図版Ⅲ　Td 値の X_C（寒流系寒冷種）要素．種名等は p. vi 参照．

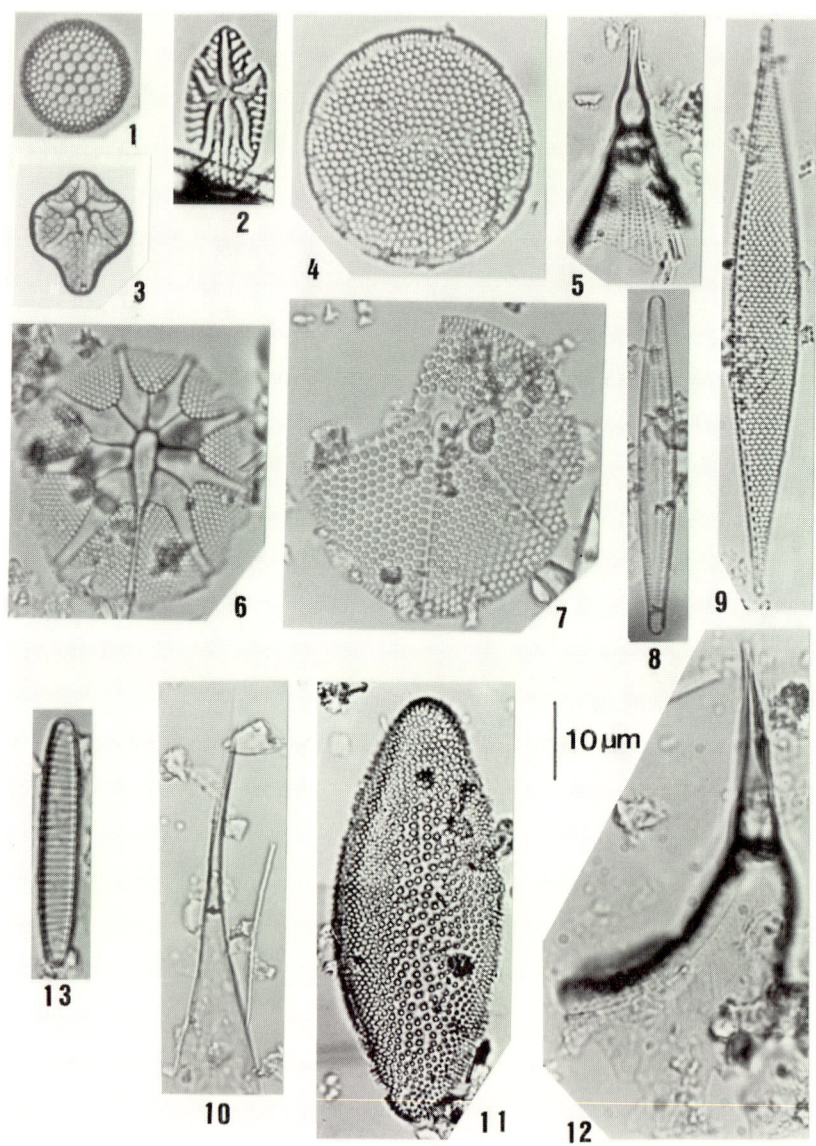

図版 IV　Td' 比の XW（温暖種）と XC（寒冷種）要素（Koizumi, 2008）．種名等は p. vi 参照．

種名と産出試料

図版Ⅰ
1：*Denticulopsis praelauta* Akiba & Koizumi, 下高久層.
2：*Denticulopsis praedimorpha* Barron & Akiba, 女川層.
3：*Denticulopsis katayamae* Maruyama, 女川層.
4：*Denticulopsis dimorpha*（Schrader）Simonsen, 女川層.
5：*Crucidenticula nicobarica*（Grunow）Akiba & Yanagisawa, 西黒沢層.
6：*Denticulopsis hyalina*（Schrader）Simonsen, 西黒沢層.
7：*Denticulopsis hustedtii*（Simonsen & Kanaya）Simonsen s.l., 女川層.
8：*Neodenticula koizumii* Akiba & Yanagisawa, ODP 794A-9-7.
9：*Neodenticula kamtschatica*（Zabelina）Akiba & Yanagisawa, ODP 794A-17-7.
10：*Denticulopsis lauta*（Bailey）Simonsen, 西黒沢層.
11：*Thalassiosira yabei*（Kanaya）Akiba & Yanagisawa, 女川層.
12：*Rouxia californica* M.Peragallo s.l., 女川層.
13：*Thalassionema schraderi* Akiba, 女川層.
14：*Thalassiosira oestrupii*（Ostenfeld）Proshkina-Lavrenko, ODP 580-4-1.
15：*Coscinodiscus elegans* Greville, 西黒沢層.
16：*Azpeitia endoi*（Kanaya）Sims, 西黒沢層.
17：*Rhizosolenia curvirostris* Jousé, ODP 797B-3-3.
18：*Actinocyclus oculatus* Jousé, ODP 794A-7-7.
19：*Actinocyclus ingens* Rattray var. *nodus* Baldauf, 西黒沢層.
20：*Thalassionema nitzschioides* Grunow, 女川層.
21：*Thalassiothrix longissima*（Cleve）Cleve & Grunow, ODP 794A-2-3.

図版Ⅱ
温暖種（X_W）
1：*Hemidiscus cuneiformis* Wallich, DSDP 579A-6-4（25-26 cm）.
2：*Rhizosolenia bergonii* Peragallo, DSDP 579-2-1（123-124 cm）.
3：*Fragilariopsis doliolus*（Wallich）Medlin & Sims, DSDP 580-5-4（40-41 cm）.
4：*Azpeitia africana*（Janisch）Fryxell & Watkins, DSDP 579A-3-4（115-116 cm）.
5：*Planktoniella sol*（Wallich）Schütt, DSDP 579-1-3（97-98 cm）.
6：*Actinocyclus elongatus* Grunow, DSDP 579A-12CC.
7：*Alveus marinus*（Grunow）Kaczmarska & Fryxell, DSDP 579-1CC.
8：*Thalassiosira leptopus*（Grunow）Hasle & Fryxell, DSDP 579A-1-5（14-15 cm）.
9：*Roperia tessellata*（Roper）Grunow, DSDP 580-4-1（121-122 cm）.
10：*Azpeitia nodulifera*（Schmidt）Fryxell & Sims, DSDP 579A-1-1（14-15 cm）.
11：*Asterolampra marylandica* Ehrenberg, DSDP 581-6-2（100-101 cm）.

図版Ⅲ
寒冷種（X_C）
1：*Bacteriosira fragilis* Gran, DSDP 580-2-2（128-129 cm）.
2：*Thalassiosira nordenskiöldii* Cleve, DSDP 579-1-2（97-98 cm）.
3：*Thalassiosira kryophila*（Grunow）Joergensen, P333（52 cm）.
4：*Fragilariopsis cylindrus*（Grunow）Helmek & Krieger, GH76-2-82（231 cm）.
5：*Odontella aurita*（Lyngbye）Agardh, P333（142 cm）.
6：*Rhizosolenia hebetata*（Bailey）Gran forma *hiemalis* Gran, DSDP 579-1-5（97-98 cm）.
7：*Actinocyclus ochotensis* Jousé, DSDP 579A-4-3（12-13 cm）.
8：*Chaetoceros furcellatus* Bailey, DSDP 580-1-3（2-3 cm）.
9：*Thalassiosira trifulta* Fryxwell, DSDP 580-15-6（2-3 cm）.
10：*Actinocyclus curvatulus* Janisch, DSDP 580-9-2（23-24 cm）.
11：*Coscinodiscus marginatus* Ehrenberg, DSDP 579-1-3（97-98 cm）.
12：*Thalassiosira gravida* Cleve, DSDP 580-2-2（128-129 cm）.
13：*Thalassiosira hyaline*（Grunow）Gran, DSDP 580-7CC.
14：*Asteromphalus robustus* Castracane, DSDP 581-4-2（98-99 cm）.
15：*Coscinodiscus oculus-iridis* Ehrenberg, DSDP 580-9-2（98-99 cm）.
16：*Porosira glacilis*（Grunow）Jørgensen, GH76-2-P82（91 cm）.
17：*Neodenticula seminae*（Simonsen & Kanaya）Akiba & Yanagisawa, DSDP 580-1-3（2-3 cm）.

図版Ⅳ
温暖種（XW）
1：*Thalassiosira oestrupii*（Ostenfeld）Hasle, DSDP 579A-1-3（97-98 cm）.
2：*Asteromphalus pettersonii*（Kolbe）Thorrington-Smith, DSDP 579A-9-5（130-131 cm）.
3：*Asteromphalus sarcophagus* Wallich, African coast of the Indian Ocean Station 167（Simonsen, 1974）.
4：*Azpeitia tabularis*（Grunow）Fryxell & Sims, GH76-2-P82（111 cm）.
5：*Rhizosolenia acuminata*（Peragallo）Gran, MD01-2421（0-1 cm）.
6：*Asteromphalus flabellatus*（Brebisson）Greville, DSDP 579A-9-3（30-31 cm）.
7：*Asteromphalus arachne*（Brebisson）Ralfs, DSDP 579-1CC.
8：*Nitzschia interruptestriata*（Heiden）Simonsen, DSDP 579A-1-1 14-15 cm）.
9：*Nitzschia kolaczekii* Grunow, DSDP 580-6-6（17-18 cm）.
10：*Rhizosolenia calcar-avis*（Schultze）Sundstrom, DSDP 580-3-6（25-26 cm）.
11：*Actinocyclus ellipticus* Grunow, DSDP 581-3-4（90-91 cm）.
12：*Rhizosolenia imbricata* Brightwell, MD01-2421（5-6 cm）.
寒冷種（XC）
13：*Fragilariopsis oceanica*（Cleve）Hasle, P333（52 cm）.

はじめに

　われわれの地球は水惑星（アクア・プラネット）である．太陽系の惑星の中で地球だけが表面の70%が水で覆われ，その大部分は海洋が占める．この海洋の環境変化と変動を調べる学際的な学問分野は「古海洋学」と呼ばれ，海底堆積物や氷床コア，サンゴ礁などの分析や解析によって得られる精密な環境変化から，地球気候のシミュレーション・モデルを作成している．これは将来の地球環境を予測するためのデータともなる．

　1960年代に，海洋底に関する地球物理学的観測の結果を検証するために，ピストン・コアリングによって採取した海底堆積物が地球物理学と微古生物学の手法で解析された．その結果，地球が変動しつつ現在に至ったことが実証され，地球の全体像と動的地球観が確立された．これは古海洋学の成果である．1970年代には深海掘削計画（DSDP）によって，主として地質学と微古生物学に基づいて，海洋の歴史が復元された．1980年代は水密式コアラー（APC）によって研究が層序学から環境復元学へと進展して，微化石と同位体の分析に基づいた海洋システムの進化が中心課題となった．1990年代は国際深海掘削計画（ODP）によって海底堆積物の高分解能解析による物質循環と環境科学が指向され，古海洋学の中心分野が微古生物学から地球化学へ移行した．2000年代は統合深海掘削計画（IODP）によって地球環境の統合的理解とマントルへの挑戦が目標とされた．

　20世紀後半における地球表層の環境変遷に関わる古海洋学の研究活動は，地域や研究分野ごとの個別的情報の収集から環境情報を地球規模で総合的に統合する方向に進んだ．世界の環境研究の動向は21世紀の始まりと同時に，再び詳細で正確な個別的情報の収集へと方向転換している．調整と維持の空間であるはずの地球環境が許容範囲を超えた変化や変動に対応できなくなって，環境システムの中に変化や変動が残存するようになった．21世紀の古海洋学はその証拠を見つけ出して，環境システムにおける環境変遷のプロセ

スを理解しようとしている．このためには，地域の実質的なデータを収得して，地球全体の環境変遷との関係の中で解き明かすことが必要である．

本書は，日本近海を中心とした北太平洋の古海洋研究の成果を，次世代の研究活動を期待される学部学生や大学院生のために集大成したものである．

第1章前半では，海の牧草と呼ばれる現生珪藻を古海洋学の立場から概論し，後半では環境（気候）変動が珪藻の発達や衰退に与えた影響を考慮しつつ，古生物学と地質学の両方の立場から珪藻の系統進化を詳述した．次の課題である進化古生物学の一里塚としたい．なお，珪藻化石は，石灰質微化石と対照的で，水深が深い北太平洋の中-高緯度域で産出頻度が高く多様性に富む．北西太平洋に位置する日本の科学者が研究の最前線を担うべき責務がある．

第2章では，深海掘削計画によって1960年代後半から本格的に始まった珪藻層序学が北太平洋において確立されていった過程を記述する．これは層序学の基本と珪藻化石に関わる地質学を取り込んで，珪藻化石によって北太平洋や日本海の古環境（古気候）変遷史を復元する過程でもある．後半では，新第三紀以降に顕著となった氷河型寒冷化気候の発達に伴って，珪藻質堆積物と深海の栄養塩類を利用したマット（ラミナ）状珪藻軟泥が形成されてゆくメカニズムを詳述する．

第3章では，微化石研究の地質学的原点に立ち帰って，研究材料である完新世海底堆積物の取り扱い方と第四紀の時代区分，珪藻群集の温度指数による表層海水温（℃）の意義付けと解読法，および表層海水温変動の時系列解析とウェブレット変換解析を解説する．

第4章では，日本列島における完新世の気候変動について記述する．日本列島は地球環境の温暖化を理解するのに欠かせない高緯度域の寒気と低緯度域の暖気の間の温度勾配をモニターできる北半球の中緯度域に位置しているにもかかわらず，日本ではこの時代の詳しい研究が極めて少ない．21世紀初めの欧米ではさまざまな古気候プロキシ（間接指標）に基づく古気候復元の研究成果が続出したことに注目してほしい．

第5章と第6章では，鹿島沖と日本海隠岐堆の海底試料から見いだした100-1000年スケールの海水温変動（℃）が，さまざまなプロキシよって復

元された北半球の古気候変動の詳細な時系列記録と一致していることを，完新世の時代区分ごとに詳述する．地域ごとの寒暖や乾湿などの気候型と気候変動の原因を知ることで，地球表層環境の変動に応じて気候変動のモードが進化することや，同時期に場所を違えて異なった気候型が提示される気候のテレコネクションを具体的に知ることができよう．第6章の西暦年間においては，日本近海の海水温変動と氷河や太陽活動の消長との関連を記述した．

　第7章では気候変動の原因について言及する．気候変動の外部要因としての太陽活動と地球軌道要素や，火山噴火による自然フォーシングが地球表層の気候システムに影響を与え，気候システム内部の諸要素が相互作用した結果が大気や海洋の大循環に出現するとの見解は大方が認める見解である．本書では，現在求められている地域スケールと10-100年スケールの気候変動の概略を記す．完新世の気候変動リンケージと関連して気候型モードが進化するという枠組みから，日本列島周辺海域における表層海水温の変動が地球表層における100-1000年スケールの気候変動システムに繰り込まれていることが理解されるだろう．

　過去の気候変化や変動は，これまで人類社会の活動や進化に関連付けられてこなかった．人類は地球の表層環境を自然主体の環境から人間主体の自然環境へと変換させながら，文明を発展させ社会に繁栄をもたらしてきたことを一連のコラムで解説する．

　20世紀前期までの過去は現在への前奏であったが，気候変動の研究結果は，人類活動が自然環境を凌駕しつつある現在以降，人類が自制しなければならない世界になることを予測している．個別的な学問分野の専門知識によって，ほかの分野を説得できる総合的観点の一端を読み取っていただきたい．

目 次

はじめに　vii

第1章　珪藻古海洋学 ——————————————————— 1
　1.1　珪藻とは何か　2
　1.2　珪藻の研究史　3
　1.3　珪藻の分類　5
　1.4　珪藻の生活域　8
　1.5　珪藻群集の激変事件と古海洋（環境-気候）変動　8
　1.6　珪藻化石に基づく古海洋環境の復元　10
　1.7　珪藻群集の系統進化　15

第2章　深海掘削における珪藻古海洋学 ———————————— 19
　2.1　深海掘削コアによる珪藻年代尺度　22
　2.2　珪藻化石による古海洋環境（気候）の復元　29
　2.3　珪藻質堆積物の形成　34
　2.4　珪藻マット（ラミナ）とは何か　36
　2.5　微化石（珪藻）標準試料センター　41

第3章　完新世古海洋環境の復元 ——————————————— 43
　3.1　海底堆積物　44
　　（1）放射性炭素同位体による年代決定　45
　　（2）酸素同位体比層序による年代決定　45
　　（3）テフラ層序による年代決定　46
　　（4）地磁気極性層序による年代決定　46

3.2 　第四紀—更新世と完新世　47

　　（1）更新世と完新世の境界　48

　　（2）完新世　48

3.3 　珪藻温度指数（Td' 比）による表層海水温（℃）の復元　49

　　（1）現在は過去を解く鍵，過去-現在は未来を予測する手段　49

　　（2）変換関数法　51

　　（3）Td' 比に基づく表層海水温（℃）の復元　51

3.4 　日本列島周辺海域における表層堆積物中の珪藻化石群集　55

3.5 　表層海水温と海流系の復元　55

　　（1）北日本太平洋岸沖　56

　　（2）日本海　59

3.6 　表層海水温の時系列解析　60

　　（1）スペクトル解析　61

　　（2）クロス・スペクトル解析　63

　　（3）ウェブレット変換解析　67

3.7 　表層海水温を復元するほかの方法　69

　　（1）有孔虫殻の酸素同位体比法　69

　　（2）アルケノン Uk'_{37} 法　70

　　（3）浮遊性有孔虫殻の Mg/Ca 比　70

　コラム 1 　気候変動と文明の盛衰　71

第 4 章　日本列島における気候変動　73

4.1 　海水準（海面水位）変動　74

4.2 　海—沿岸域　77

　　（1）太平洋沿岸域　77

　　（2）日本海沿岸域　77

4.3 　陸域　80

　　（1）尾瀬ケ原のハイマツ花粉　80

　　（2）ミズゴケ泥炭層の炭素同位体比　81

　　（3）ブナの北上　82

第 5 章　完新世の気候変動史 ―――――――――――――――― 83

5.1　最終氷期晩氷期-完新世前期（1 万 2900-8200 年前）　90

　（1）1 万 2900-1 万 1600 年前の新ドリアス（YD）寒冷期　90

　（2）1 万 1600-1 万 1200 年前のプレボレアル振動（PBO）期　91

　（3）1 万 400 年前の寒冷期　93

　（4）9900 年前の寒冷期　94

　（5）9300 年前の寒冷期　95

　（6）8200 年前の寒冷期　99

コラム 2　農業革命　100

5.2　完新世中期（8200-3300 年前）　101

　（1）7400 年前の寒冷期　101

　（2）6700 年前のヒプシサーマル（高温）期　103

　（3）5500 年前の寒冷期　104

　（4）4400-4000 年前の寒冷期　105

コラム 3　都市革命　109

コラム 4　エジプト古王国の崩壊　110

コラム 5　アッカド帝国の崩壊　112

5.3　完新世後期（3300-2000 年前）　114

第 6 章　西暦年間の気候変動 ―――――――――――――――― 119

6.1　弥生（鉄器-ローマ）時代温暖期と古墳（中世暗黒）時代寒冷期　120

　（1）氷河の前進と後退　126

　（2）湖底堆積物に記録された気候変動　129

　（3）海底堆積物に記録された気候変動　130

6.2　中世温暖期と小氷期　130

　（1）中世温暖期（800-1300 年）　131

　（2）小氷期（1300-1900 年）　132

6.3　小氷期後の温暖化　134

　（1）氷河の後退　135

　（2）樹木年輪と湖底堆積物に記録された温暖化　136

　（3）海洋における温暖化　136

コラム 6　メソアメリカ古代王国の崩壊　138
コラム 7　小氷期における赤道アフリカ東部の気候変動と文化　141
コラム 8　環境革命　143

第 7 章　太陽-大気-雪氷-植生-海洋の気候リンケージ ─── 145

7.1　気候変動の外部要因としての自然フォーシング　146
　　（1）太陽からの放射熱エネルギー　146
　　（2）地球をつつむ大気圏-磁気圏　147
　　（3）完新世における太陽活動　151
　　（4）火山噴火　155

7.2　気候システム内部における諸要因の相互作用　157
　　（1）大気大循環　158
　　（2）海洋大循環　158

7.3　地域スケールの気候変動　159
　　（1）モンスーン（Monsoon）　159
　　（2）エル・ニーニョ（El Niño）　160

7.4　10-100 年スケールの気候変動　162
　　（1）エンソ（El Niño-Southern Oscillation；ENSO）　163
　　（2）北大西洋振動（North Atlantic Oscillation；NAO）　163
　　（3）北極振動（Arctic Oscillation；AO）　164
　　（4）北半球環状モード（Northern Hemisphere Annular Mode；NAM）　164
　　（5）太平洋 10 年振動（Pacific Decadal Oscillation；PDO）　164
　　（6）大西洋数十年振動（Atlantic Multidecadal Oscillation；AMO）　165

7.5　完新世の気候リンケージ　166
　　（1）氷河-太陽モード　166
　　（2）融氷水パルス　167
　　（3）太陽モードによるモンスーン生成　167
　　（4）氷河モード　168

おわりに　169

引用文献　171
索引　205
原図表出典一覧　210

第 1 章

珪藻古海洋学

　食物連鎖の始まりとなる珪藻や円石類などの植物プランクトンは，太陽エネルギーを使用して海水中の二酸化炭素と水から炭化水素（有機物）を合成できる有光帯に生息している．光合成作用では，二酸化炭素を吸収し，世界の酸素供給の80％を放出している．光合成は，硝酸やリン酸，窒素といった底層水の栄養塩類が表層へ運び上げられる湧昇流のある海域において活発である．沿岸の湧昇域は大気-海洋循環システムの変動によって，周期的に移動している．植物プランクトンは，ほかの海洋生物が依存している食糧源であるために，湧昇流や海流の変動は，われわれの食糧供給に著しい影響を与える．

　海洋表層水における高い生物生産は，植物プランクトンである珪藻が迅速に活用する栄養塩類の表層水への補給量に依存している．すなわち，水深500 m以深の海水中では，海水中を沈降する生物体の有機物がバクテリアによって分解されるために，栄養塩類が豊富となっているので，一次生産はこれらの栄養塩類を表層へ運び上げる湧昇流などの海洋水の循環システムによって左右される．したがって，現在の海生珪藻は物質循環のシステム中に完全に繰り込まれており，地球システムの安定な維持に重要な役割を果たしている．それゆえに，珪藻化石は過去の生物生産や物質循環などの海洋古環境の復元にとっても必要不可欠なプロキシ（間接指標）となっている．

1.1 珪藻とは何か

　珪藻の「珪」は，殻が水分を含んだ無定形の二酸化珪酸（オパール，$SiO_2 \cdot nH_2O$）からできていることを示している．シャーレの構造のように，外（上）と内（下）の殻片を合わせた殻の大きさは 10-100 μm くらいである．珪藻殻は非常に複雑で変化に富んでいる．殻面に多数の殻孔が開いていて，その面積は殻の 10-30% になる（図 1.1）．「藻」は光合成をする生物一般の通称で，光合成色素類を持っているために，きれいな色をしている．珪藻が付着した岩石や朽木は河川や海辺などいたるところで見られ，黄色っぽい褐色をしている．珪藻は単細胞の藻類であり，日光と湿気があるあらゆる場所に生育できる．淡水・汽水・海水のいずれにも底生-付着性あるいは浮遊性の形で分布し，温度・塩分・各種無機塩類などに鋭敏に反応して棲み分けている．それゆえに，珪藻化石は古環境復元の指標として有用である．

　海生珪藻の大部分は浮遊性である．プランクトンの中で最も種類と量が多く，外洋では海水 1 L 中に普通 10^2-10^4 個含まれている．生産者としての珪藻は水圏における生態系エネルギーの起点となって，系のエネルギーの流れを維持している．「魚はすべて珪藻から」といわれるゆえんである．

　珪藻殻が 30% 以上含まれ，鉱物粒・炭酸塩・火山灰などの不純物がない純度の高い珪藻土は，多孔質であるために調湿機能に優れており，軽量であることもあって，シックハウス症候群の対応として内装材や建築材に使用されている．また，珪藻土を約 800℃ で焼成し酸処理した濾過助材は，吸着性・凝集性・イオン交換性に優れている．濾過助材はビール・酒・醤油などの醸造工業やプール・浴場などの浄化において，細菌類や微生物類を効率よく吸着し除去する．さらに，空隙率が大きく熱伝導度が低いために，比熱が小さく耐熱性が高いので，絶縁物体・触媒剤・半導シリカ源・装飾用焼物として使用されている．また，珪藻殻のオパールは化学的に不活性なので，有機化合物の水素添加や不飽和脂肪および不飽和油の水素添加に有効な Ni 触媒として使用される．このように，珪藻は死してもなお，その殻は工業的に有効である．

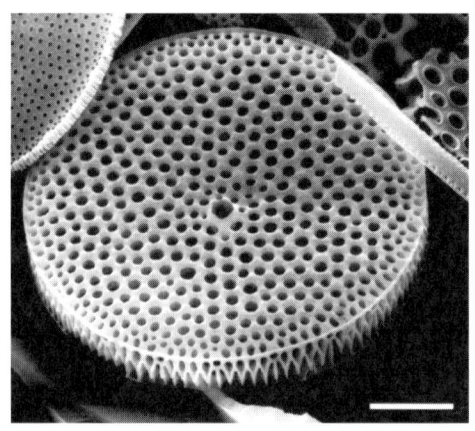

図 1.1 暖流系温暖珪藻の一種 *Azpeitia nodulifera* (Schmidt) Fryxell & Sims forma *cyclpus* (Jousé) Sims の SEM 写真.
　スケールは 10 μm. DSDP 580-13-3, 15-16 cm (Shiono and Koizumi, 2002).

1.2　珪藻の研究史

　18 世紀後半に多数の珪藻が二名法によるラテン名が付けられて記載されたが，19 世紀半ばまで珪藻の性質は動物か植物かで論争の的であった (Round *et al.*, 1990). 運動性のある珪藻は動物のように見えたし，色素体と顆粒を持った原形質は動物の内部器官であり，舟形で左右対称の羽状目珪藻種の両極にある結節は餌の出入り口であると思われた．一方，チューブの中で生活する珪藻の肉眼的成長や群体を作る定住性は，植物であるとみなされた．Kützing (1844) は，珪藻を単体でも群体でも，運動性でも非運動性でも，すべて植物，つまり藻類であるとして，この問題に決着をつけた．英語では Diatoms, 分類学上の綱 (class) として Bacillariophyceae が一般的に使われる．

　19 世紀後半に珪藻殻の規則的な幾何学模様が顕微鏡レンズの性能テストに最適であったことによって，光学顕微鏡 (LM) の発達と珪藻の生物学は相互依存しながら進展した．この時期はまた探検と採集の黄金時代でもあったので，世界規模で珪藻が採集されて，珪藻の属が記載されモノグラフにま

とめられた．たとえば，Mann（1907），Heiden and Kolbe（1928），Hendey（1937），Hustedt（1958），Simonsen（1974），などがある．確かな分類と模式標本のコレクションが残ったおかげで，20世紀になるまでごくわずかな分類の修正が行われたにすぎなかった．

20世紀に Proshkina-Lavrenko（1949, 1950）は，殻面が円形または多角形で放射状構造を有する円心目や，殻面が棒状ないし舟形の左右対称で常に縦溝を有する羽状目に判別しがたい一群を中間目（Mediales）とした．一方，Hustedt（1927-1966）は円心目を Coscinodiscineae, Rhizosoleniineae, Biddulphiineae の3亜目とし，Simonsen（1979）によって支持された．Hendey（1964）は円心目と羽状目の境界が厳密でないことから，この区分をやめて珪藻全体を10群に分けた．Patrick and Reimer（1966, 1975）もこれにならって全体を9群に分けた．

電子顕微鏡（EM）の発達と普及は，第二次世界大戦によって約10年遅れたといわれるが，1950年代には待望されていた EM が市販された（高野，1975）．LM の分解能は光の波長とほぼ同程度の 400 μm であるが，EM の分解能は数 μm であり微細構造の研究に最適である．試料としての珪藻殻は酸処理による洗浄にも耐え，乾燥させて真空中で電子線を当てても変形しない．LM で設定された分類体系は比較的少ない特徴に基づいていたが，EM は分類に有効な特徴を著しく増加させたので，従来の分類体系を改訂することとなった．従来の Hustedt（1927-1966）や Cleve-Euler（1951-1955）の分類体系では，属の定義が曖昧であったので，定義の明確な属のモノグラフを作成する必要がある（Round *et al.*, 1990）．試料を透過した電子線が蛍光板上に陰影を作る透過型電子顕微鏡（TEM）による珪藻殻壁の構造は，1950年代の研究成果が Hendey（1964）によってまとめられた．1965年に実用化された走査型電子顕微鏡（SEM）は，試料に電子線を当ててたたき出した二次電子をシンチレーターでとらえ，ブラウン管に映像を再生させる EM である．多数の研究成果が発表されてきたが，ここで詳述する余裕はない．いまや LM と SEM の併用による珪藻殻の観察と記述はルーチンワークとなっている．

ピストンコアや深海掘削コアを材料とした珪藻化石の SEM による主な最

近の研究としては，*Thalassiosira trifulta* Fryxell グループ（Shiono and Koizumi, 2000, 2001）の研究が，Hasle and Heimdal（1970），Hasle and Fryxell（1977），Fryxell and Hasle（1979, 1980），Johansen and Fryxell（1985）などの観察方法と記述スタイルを踏襲している．また，Fryxell *et al.*（1986）は詳細な SEM 観察に基づいて多数の種を *Coscinodiscus* 属から *Azpeitia nodulifera*（Schmidt）Fryell & Sims グループへ移して記述を行ったが，これを Shiono and Koizumi（2002）が追試し新たな知見を加えた．Schrader（1973）が提示した *Denticula* 属の進化系列は，深海堀削計画（DSDP）Leg 87 584 地点の掘削コア試料と SEM によって再検討され，きわめて有用な中新世-更新世の示準面が構築された（Akiba and Yanagisawa, 1986；Yanagisawa and Akiba, 1990）．殻面に襞のある海生珪藻化石種の *Thalassiosita yabei*（Kanaya）Akiba & Yanagisawa グループについては，Tanimura（1996），Julius and Tanimura（2001）が SEM を使って詳細に検討して進化系列を提示した．

　19 世紀後半における LM の発達と探検-採集の時代に収集された試料によって，珪藻の分類と模式標本のコレクションが整備された．その状況は，100 年後の 20 世紀後半における SEM の普及とピストンコアリングや深海掘削によって世界中の海底堆積物が採取され，珪藻古海洋学が確立されていった状況と非常によく類似している．

1.3　珪藻の分類

　珪藻の分類は，表現型情報としての珪質殻の構造と，形態に基づいた全体の類似度によってほとんどすべて行われる．分類はさまざまな目的に役立つものでなければならないので，すべての情報を客観的に使ってそれらの相互関係を評価することになる．この表現型情報の研究が目指すべき自然分類をもたらす（Round *et al.*, 1990）．分類群の範囲は変異の類型の不連続性に基づいているので，種の定義は属，科あるいはそれ以外の分類群の定義と本質的に同じであり，属はこれ以上細分できないほど相互の相違が小さくなった種の集合体である．自然の境界を設定することが分類においては重要である．

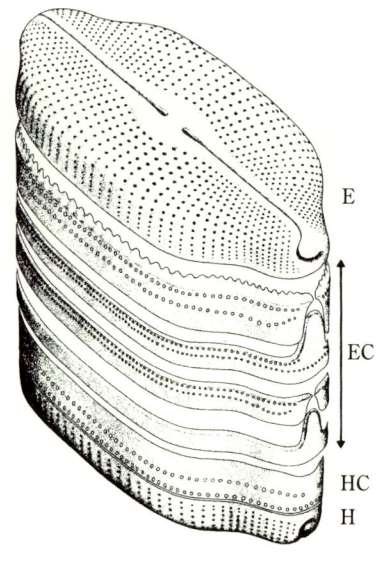

図1.2 *Navicula* 属被殻の拡大図（Round et al., 1990）.
　E；外殻（epivalve）．EC；4つのコピュラ（copula）が付いた外環帯（epicingulum）．HC；不完全な内環帯（hypocingulum）．H；内殻（hypovalve）．ECとHCを合わせて環帯（girdle）という．細胞分裂において，外片被殻（EとEC）と内片被殻（HとHC）を分離させながら構成要素を内環帯に追加させるので，内環帯はしばしば不完全なままである．

　珪藻の分類は外（上）と内（下）の2つから構成される珪質殻壁の形状，殻壁にある胞紋の構造と配列，突起物などによって行われる．生物学者による分類が非常によくなされているので，化石の分類にあたっても絶滅種を除いて生物学者の用いる分類体系をそのまま使うことができる．分類体系としては Hustedt（1927-1966, 1930）と Round et al.（1990）が一般に用いられるが，図版としては Patrick and Reimer（1966, 1975）の淡水生珪藻の属と種の記載，van Landingham（1967-1979）のカタログと索引，Hendey（1964）の汽水-海生種の記載，Cupp（1943）の海生種の記載が有用である．Round et al.（1990）の "The Diatoms, Biology and Morphology of the Genera" は，珪藻全般を解説した第1部（129頁）と256属の記載およびEM写真を主体とした図版の第2部（618頁）からなる好著である．Fourtanier and Kociolek（1999）は顕微鏡写真の図版はないが，属の記載をまとめており，索引に便利である．

　同定の手順は上記の分類体系における記述や図版に基づいて行うので，ここでは同定に必要な殻の形態と構造について概略するにとどめる．栄養細胞（vegetative cell）の細胞壁全体が被殻（frustule）であり，外片被殻

(epitheca) と内片被殻 (hypotheca) が重なり合っている．外片被殻は外殻 (epivalve) と数個のコピュラ (copula) からなり，コピュラが集まって外環帯 (epicingulum) を構成する (図1.2)．内片被殻も同様である．外環帯と内環帯を合わせた全体を環帯 (girdle) という．珪藻殻の同定は一般に殻面 (valve plane) で行うが，*Chetoceros* と *Rhizosolenia* などの属では環帯面 (girdle plane) を観察する．一般に，円心目珪藻は丸いか多角形の殻を持っているが，羽状目珪藻は両極性の細長い殻を持つ．珪藻の形状は一組の主軸と主対称面に基づいて記載されているが，基本的な区別は殻の形成過程において成長する珪酸の肋 (rib) が中心あるいは細長い線から外側へ延びる体系に基づいて行われる．

　珪藻殻の構造には，主に複雑な細孔 (pore) や胞紋 (areolae) の構造と殻壁の細胞器官 (眼紋 ocelli，棘状突起 spine，縦溝 raphe，こぶ状突起 horns，刺毛 setae) などがあり，それらの特徴によって分類が行われる．眼紋 (ocelli) は，両極あるいは多極の殻の頂部が明確な珪酸の縁で囲まれた細孔群をいう．縦溝 (raphe) は殻を貫く1-2本の長い割れ目のことで，羽状目に固有の特徴であり，縦溝の範囲・位置・構造は分類上の重要な特性である．コピュラからなる環帯は2つの殻の間にあり，細胞を包んで保護している．コピュラには切片状環，開いた環，閉じた環などがある．Yanagisawa and Akiba (1990) は *Crucidenticula, Denticulopsis, Neodenticulopsis* の3属における殻と環-環帯構成の詳細な SEM と図解解説を行い，それらの系統進化を論じている．近年，珪藻化石の形態による系統進化に加えて，現生珪藻による分子系統と化石記録を統合した研究が行われている (Sims *et al.*, 2006)．

　休眠胞子 (resting spore) は主に円心目珪藻類が無性的に形成する細胞で，環境変動の激しい沿岸や内湾域における浮遊性珪藻類の個体群を維持し拡大させる．休眠胞子の細胞壁は2つの殻 (thecae) のみで構成されており，環帯を付けていない．殻は厚く，細孔が少なく，さまざまなトゲやイボを付けている．殻の形状や構造は単純である．休眠胞子の形成には外部要因 (栄養塩類，温度，光強度，pH など) が関係しており，とくに窒素の欠乏が影響している．たとえば，瀬戸内海では，底泥中の休眠胞子が年間を通して湿泥

1 cm^3 に 10^3-10^6 個と高い密度で存在しており，気象条況や海況変動による鉛直混合によって表層へ巻き上げられ受光して発芽し増殖する．底泥中での生存期間は *Skeletonema* ＜ *Thalassiosira* ＜ *Chaetoceros* の順に長いことなどが知られている（板倉，1995）．

1.4　珪藻の生活域

　水の塩分（塩素濃度）に対する珪藻の分布状態（生活区域）によって，珪藻は淡水生種・汽水生種・海水生種に区別される．淡水生種は河川や湖沼などに生息している．汽水生種は河川水と海水が混合する沿岸域に生息し，河川水や海の干満と波浪の影響を受ける．河川・湖沼・砂浜などには固有な運動性を持つ羽状目の珪藻種が生息しており，水中の湿潤な物体の平面に付着ないし底生している．水塊が速やかに移動するので，水温や塩分などの環境要素は変化しやすいが，栄養塩類の補給は行われやすい．浅海生種には大陸棚外部域で生活史のすべてを浮遊性として過ごす種と，一時期を浮遊性として過ごす種がいる．外洋種は海岸の影響をまったく受けず，単独ないし群生で浮遊している．浮遊性種は運動性を持たずに水塊とともに移動するので，生育環境は比較的安定している．外洋種は水温・塩分・栄養塩類など珪藻の増殖に関わる環境要素の複合である水塊に対応している．これらの環境要素の中で，水温は媒体である水の比熱が高いために短時間の変化が小さく，多くの水域における珪藻群集の組成変化は季節ないし年周期の変動である．

1.5　珪藻群集の激変事件と古海洋（環境-気候）変動

　深海掘削計画（DSDP）や国際深海掘削計画（ODP）によって多数の深海掘削コアが採取された．それらの中の珪藻群集を解析して得られた海生珪藻種の出現と絶滅の事件を，時間軸としての古地磁気極性層序や，古海洋（環境-気候）変動のプロキシ（間接指標）としての底生有孔虫殻の酸素同位体比変動と対応付けることができる．それによって，珪藻種の示準面事件を古海洋環境事件や進化事件として取り扱うことが 20 世紀後半-21 世紀前半に

可能となった（1.7，2.1参照）．

　新生代を通じて，海生珪藻の大量絶滅は観察されていないが，海生珪藻群集における比較的急速な進化上の変換が始新世前-中期境界（5000万年前），漸新世中期（3000万年前），中新世前-中期（1600万年前），中新世末期（600万年前），鮮新世末期（300万年前）などの時期に生じている．それぞれの変換事件では，何百万年間も群集の特徴となってきた珪藻種が漸進的に絶滅するのと交代するように，新しく進化してきた種が入れ替わっている（Barron, 1987；小泉，2008）．

　これは，新生代を通じて起こった極の段階的な寒冷化気候が，高緯度域と低緯度域との間の温度勾配を増大させ，生物生産に関わる海洋変動を引き起こした事件が，珪藻の群集組成に変化をもたらしたためである．全地球的に活発化していく大気と海洋の循環の影響を受けて，大気輸送が栄養塩類や海水中に欠乏している鉄元素を含んだ陸源物質を海洋へ運搬するとともに，湧昇流が深層水中の栄養塩類を表層へ運び上げて植物プランクトンの増殖を促進させて，生物起源オパールの生産量を増大させた．さらに，植物プランクトンが生成した硫黄化合物が大気中へ放出され雲凝結核となって雲粒数が増加するために，雲粒が小さくなって雨雲とならないで雲量が増加した．そのために，地球のアルベドが増加して寒冷化に向かう正のフィードバック機構が働き，地表の寒冷化がさらに進行したのである．

　白亜紀後期から始新世までの珪藻群集は，比較的頑丈で丸みのある殻を持つ *Hemiaulus, Triceratium, Trinacria, Stephanopyxis, Pyxilla* などの属が優勢であるが，漸新世以降に漸次衰退していった．替わって，始新世前-中期境界付近において，より小型な円盤状の *Craspedodiscus, Astelolampra, Brightwellia, Thalassiosira, Cestodiscus* などの属が新たに加わり，漸新世前期（3400-3000万年前）に脆弱に珪化した細長い *Rossiella, Thalassiothrix, Synedra, Thalassionema* などの属とともに置き換わった．きゃしゃな形態へ向かう傾向は中新世中-後期により顕著となり，より脆弱な殻を持つ *Nitzschia, Thalassionema, Denticulopsis, Thalassiosira* などの属が高緯度域と低緯度域で多様性と個体数を増加させた．中新世末期には北太平洋における地理的分布の偏狭性がさらに強まって，鮮新世を特徴付ける

Thalassiosira 属に所属する多数の種が分化した．この珪藻殻の脆弱化の傾向はその後の時代を通じて一層促進され，長い群体を形成する *Chaetoceros* や *Skeletonema* の属が中緯度温帯域における沿岸湧昇流域の珪藻群集として卓越した．

　これらの海生珪藻群集に見られる種群の入れ替えは，古海洋環境の変動に制御されている．すなわち，始新世／漸新世の境界（3800万年前）における全地球的な寒冷化は南極ロス海に海水準の50m低下に相当する海氷を形成し温度成層をもたらしたために，中緯度域の表層水は4℃，深層水は1-2℃まで低下した（始新世末期事件と呼ぶ）．漸新世前期に形成された北大西洋深層水（North Atlantic Deep Water；NADW）が北大西洋へ流入し始めたために，北大西洋におけるシリカ濃度が減少した．シリカ堆積の減少とシリカ溶解の増大が，全地球的な物質バランスとして北太平洋深-中層水におけるシリカ濃集が増加して，大西洋から太平洋への「シリカ交代」が前兆的に短期間起こった．その後，北太平洋深-中層水のシリカ濃度は中新世前-中期に本格化的に増加した（Keller and Barron, 1983）．漸新世から第四紀へ段階的に起こったより一層きゃしゃで脆弱な珪藻殻形成への傾向は，寒冷化気候に伴って生じた海洋水の迅速な混合によって表層水中のシリカやそのほかの栄養塩類を季節的に入れ替えられる湧昇流の激化に影響されている．珪藻類は他者に先駆けて増殖するために，殻形成においてはより少量の珪酸塩を使用し，また，より脆弱に珪化した殻の方が死後に容易に溶解するので，その分だけ再生しやすくなる進化の道を選択した．こうして，絶え間なく変化する不安定な生息場所に適応したのである．現生の珪藻類は栄養貯蔵胞を持っていて，栄養塩類を迅速に再生し高レベルで再利用していることが知られている（Falkowski, 2004）．

1.6　珪藻化石に基づく古海洋環境の復元

　海生の浮遊性珪藻は成長時に2種類の特性を示す．一つは細胞が被殻を作るために必要な海水中の珪酸塩量を積極的に消費することと，もう一つは多数の珪藻殻片がペレットとなって速やかに沈降することである．増殖後の珪

藻遺骸は分解・破壊・溶解の過程を経ながら一様に沈積するほかに，動物プランクトンに補食されてその糞の中に包み込まれて沈積する．珪藻遺骸は海水表層の直下で急激に減少し，深海底に到着する珪藻殻は生体群集のわずか 1-10％である．表層堆積物中でさらに 0.05％にまで減少する．表層海水中に珪藻の多いところの海底堆積物には珪藻殻が多いことが古海洋研究の早い時期に判明し，表層堆積物中の珪藻化石種と群集型区分の地理的分布やそれらの特性に基づいた過去の海洋環境の復元に有用である事実が，海生珪藻化石の研究を促進させる出発となった．

　日本列島周辺海域における過去の表層海水温（℃）を復元することを目的として，厚さ 1 cm の表層堆積物が採取されたが，このことに関しては，本書の後半で詳述するので，ここでは海水温以外の主な環境要素の変動について述べる．日本海では東シナ海沿岸水の指標種 *Paralia sulcata*（Ehrenberg）Cleve はチョンジン（清津）と佐渡島を結ぶ亜極前線より北方域では産出頻度が低く，南方域でも対馬暖流が流入し始める 9000-8000 年前以降には減少する．替わって対馬暖流の指標種である *Fragilariopsis doliolus*（Wallich）Medlin & Sims が 8500-8000 年前以降に対馬暖流の流路で産出頻度が増加する．太平洋側の下北沖や三陸沖において，浅海沿岸性寒冷種の *Odontella aurita*（Lyngbye）Agardh は完新世の開始とともに，沿岸域に沿って流入する親潮に伴って産出頻度が増加し，周期的に変動している（図 1.3）．

　現在のオホーツク海は北太平洋中間層水の源であり，氷期には北太平洋深層水形成の源域であった．オホーツク海から採取された 15 地点の表層堆積物に含まれる産出頻度の高い主要 13 種の地理的分布に基づいて，6 本のコア堆積物中の珪藻群集が解析された（Shiga and Koizumi, 2000；Koizumi et al., 2003）．その結果，以下のようなオホーツク海の環境変動が明らかにされた．最終氷期最寒期（2 万 1000-1 万 8000 年前）を通じて海氷（流氷）は多年氷となって西側海域を覆っていたが，東側にはなかった．海氷は 1 万 8000-1 万 7000 年前に北東へ拡大し，1 万 7000-1 万 1000 年前には南西へ拡大した．1 万 1000-8000 年前に多年氷がなくなり，季節氷が西側を占拠した．8000 年前以降に現在のような海氷環境となった．

　ベーリング海は太平洋と北極海をつなぐ海路であり，氷期-間氷期を通じ

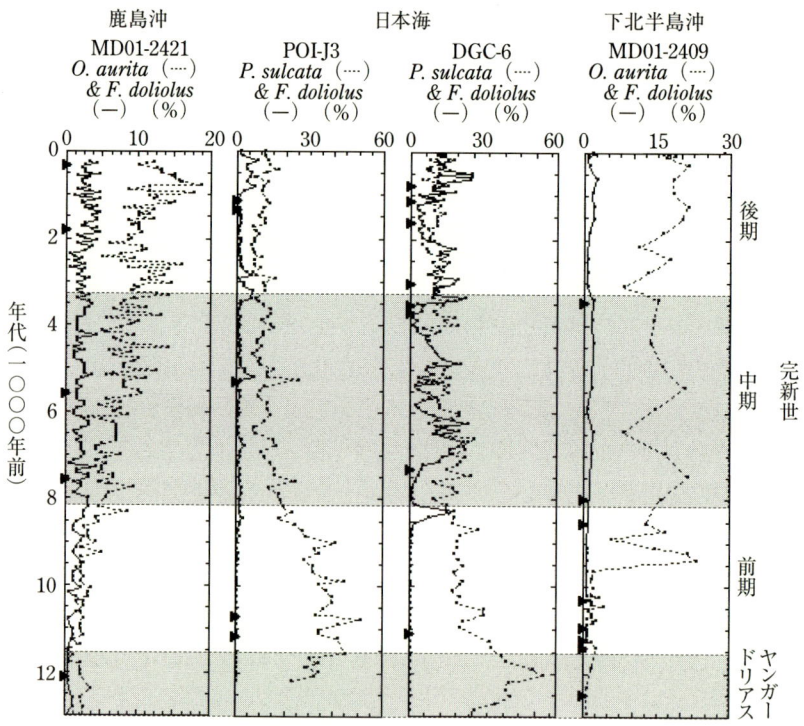

図 1.3 日本列島周辺海域における古海洋環境の変動.
　P. sulcata は東シナ海沿岸水の指標種. *F. doliolus* は対馬暖流の指標種. *O. aurita* は沿岸-浅海性寒冷種. 黒三角印は年代値の層準を示す.

て海岸線と海氷が覆う海域が変化することによって地球規模の気候変動に影響を与えた．表層堆積物153点（Sancetta, 1981；Caissie et al., 2010）における *Fragilariopsis cylindrus*（Grunow）Helmck & Krieger と *F. ocanica*（Cleve）Hasle を含む*Fragilariopsis* spp. の相対頻度に基づいて，下記のことがわかった．ベーリング海南東域の最終氷期には *Thalassiosira gravida* Cleve の休眠胞子と *F.* spp. の多産を伴った海氷が6ヵ月以上存在したが，晩氷期（1万7000-1万0000年前）には多年氷がなくなった．替わって，*Thalassiosira hyalina*（Grunow）Gran, *Thalassiosira nordenskioldii* Cleve, *Thalassionema nitzschioides* Grunow, *Odontella aurita*, *Chaetoceros* の休眠胞子，*Thalassiosira trifulta*, *Neodenticula seminae*（Simonsen & Kanaya）Akiba & Yanagisawa などの珪藻種群が大量に分化した．完新世前期（1万1500-9000年前）以降に *Chaetoceros* spp. の減少と *N. seminae* の増加が起こった（Caissie et al., 2010）．

　北西太平洋オレゴン-カルフォルニア沖は生物生産が高く，河川水が流入する海域である．30点の表層堆積物が採取されて，珪藻群集の因子分析による群集型区分と海洋環境が関連付けられ，5つの珪藻グループが，以下のように識別された（Lopes et al., 2006）．*Chaetoceros* 休眠胞子は湧昇流に関連しており，*Tn. nitzschioides* は温暖な亜熱帯水に随伴している．*Rhizosolenia hebetata*（Bailey）Gran は外洋の亜極前線に，*N. seminae* は湧昇水域に流入する亜寒帯水塊に関連している．淡水生種は大陸からの河川水流入を指示している．カリフォルニア北方の北緯46度付近では400 km 沖合までコロンビア川が排水した河川水の影響があり，表層水の塩分が低下していたことが3万1000-1万6000年前の海底堆積物に多産する淡水生珪藻から復元された（図1.4；Lopes and Mix, 2010）．海洋酸素同位体ステージ（Marine Isotope Stage；MIS）3における2万5000年前より古い河川水流入の事件は，浅く小さい湖からの淡水底生種 *Surirella linearis* W. Smith を多産するが，それより新しい事件は大きな湖に生息する *Aulacoseira granulata*（Ehrenberg）Simonsen, *A. islandica*（O. Müller）Simonsen, *Cyclotellata ocellata* Pantocsek, *C. comta*（Ehrenberg）Kützing などが優占している．このように，淡水生珪藻の種群を識別することによって，河川水の

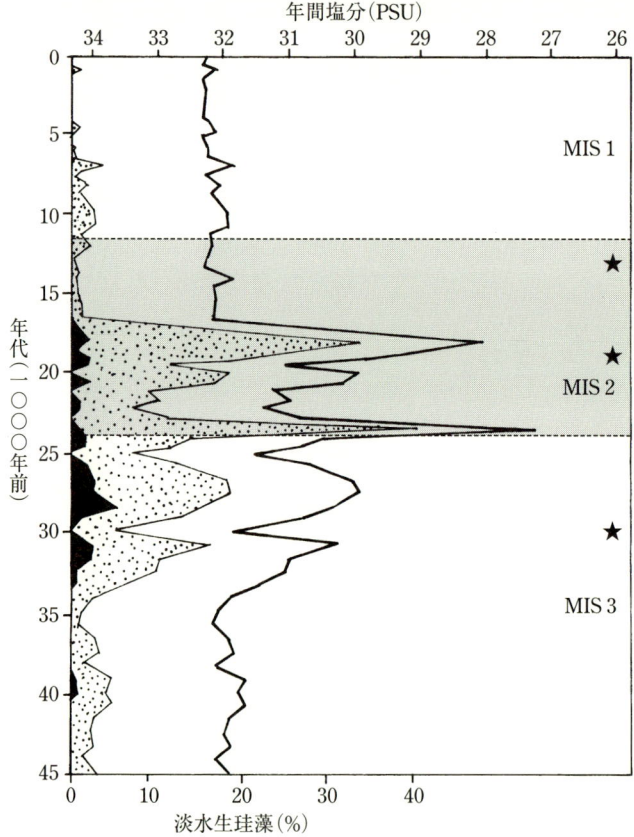

図1.4　北カリフォルニア，MD02-2499 コア（41.7°N, 124.9°W, 水深904 m）における表層水の塩分変動（太い実線）と淡水生珪藻（黒と斑点部分）の突発的大量出現（Lopes and Mix, 2010）．
　黒；底生種．斑点；浮遊性種．星印；タービダイト層．

流入源と流入機構が復元できる.

1.7 珪藻群集の系統進化

　珪藻に限らず生物の系統進化に関する研究は，種分化と進化速度を常に考慮する必要がある．種分化は，以下のように定義できる．①分類学的に既存の種から複数の種あるいは分類群が分岐して生ずるか，あるいは消滅していく現象である．②形態学的に変異幅のある形態的な諸形質を持つ個体群が，連続あるいは不連続的に変化して，異なった変異幅を持つ異なる個体群に分岐する現象である．③細胞遺伝学的にある種の遺伝体系において何らかの生殖的隔離により遺伝子流通が閉ざされ，新しい遺伝体系が生じる現象である．個体群の地理的隔離は個体群を縮小させて遺伝子の流通を妨げ，自然淘汰（選択）の圧力を高めて異なった方向へ分化する速度を速める原因となる．

　一方，進化速度は，①一定時間における種あるいは分類群の出現頻度や絶滅頻度として認識できる．②ある一定時間における形態変化を（珪藻）化石によって視覚的にあるいは計測値として統計的に比較し，あるいは単位形質の出現や複合形質の形成としてとらえることができる．③ある一定期間における遺伝体系の隔離の頻度として表現できる．

　珪藻化石種は，殻構造の性質や形態上の特徴を主観的にまとめて同定される．個々の種はすべての特徴を幅広い変化として実質的に表現しているので，ホロタイプ（完標式：新種の記載者がその種の模式と決めた唯一個の標本）やパラタイプ（副標式：記載者が新種の基準として用いたホロタイプ以外の1個または数個の標本）も，個体群の中の各個体の種に見られる幅広い表現型の形態変化のある部分のみを代表していることになる．したがって，個体群の中での形態変化の性質や範囲を理解し表現するために，形態上の特徴を測定すること（生物測定学）は非常に重要である．

　珪藻（化石）の種は環境変化の影響を受けやすいので，形態変化-種形成に環境と遺伝の両方が関与することになる．分類の主眼が形態変化に基づく種間の系統進化上の関係を決定することにあるとすれば，環境変化からもたらされる種群の形態変化を進化による形態変化から区分する必要がある．し

かしながら，形態変化と環境の関係はほとんどわかっていない．そのために，水温や塩分などの環境要因がよくわかっている現在の海洋に生息している，あるいは表層堆積物中の種や種群の形態が水塊の地理的-緯度的な変化にどう関連しているかを調べる必要がある．

汎世界的な気候変動が珪藻の発達や衰退に著しい影響を与えたことを前述したが，北西太平洋では鮮新世中期の温暖期（440-340万年前）を通じて，珪藻の生産が高まり珪藻質堆積物が大量に堆積した（Koizumi, 1985a；Barron, 1998）．その後，270万年前に起こった高緯度域の寒冷化によって珪藻質堆積物の堆積速度は急減した．鮮新世を通じて認められる珪藻の属や種の分化・多様化と気候変動との関連性の研究は，珪藻種の分類学的な困難さのためにこれまで進展しなかった．

寒冷水塊に生息する円心目珪藻の *Thalassiosira trifulta* グループと称されるキチン質の繊維を放出する有基突起（fultoportula）と，粘液を分泌する唇状突起（rimoportula）を持つ珪藻群は，SEMによる微細構造の詳細な観察から，以下のように分けられる．3本の支柱を持つ有基突起（trifultate fultoportula）がある *T. oestrupii*（Ostenfeld）Hasle サブグループ，珪酸質の構造によって塞がれた胞紋（occluded areolae）がある *T. bipora* Shiono サブグループ，それらの構造がない *T. frenguelliopsis* Fryxell & Johansen サブグループの3つである（Shiono and Koizumi, 2000, 2001）．未分化の有基突起あるいは珪酸質の構造によって塞がれた胞紋がある数種が中新世-鮮新世境界の560-540万年前と鮮新世初めの510-450万年前に多様化した後に，完全な3本の支柱を持つ有基突起がある2種が鮮新世前-後期の340-320万年前に進化した（図1.5）．

T. oestrupii サブグループに属する5つの分類群は，殻の中央部に3つの付随孔と3本の支柱を持つ有基突起を有する．480万年前に出現した *T. praeoestrupii* Dumaunt, Baldauf & Barron は，未発達な3本の支柱を持つ有基突起と基底に蓋（operculate）構造があることから，サブグループの先祖種と考えられる．完全な3本の支柱を持つ有基突起があり，基底に蓋構造がない *T. praeoestrupii* forma *juvenis* Shiono と *T. trifulta* は *T. praeoestrupii* から進化し，340-320万年前に分化した．*T. oestrupii* forma *vetus* Shiono は，

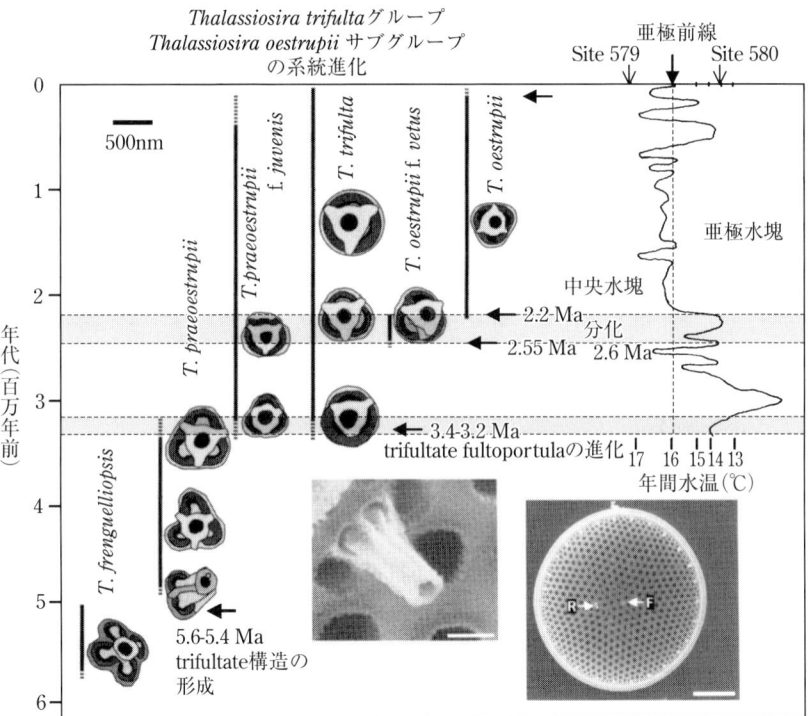

図1.5　北太平洋亜極前線帯における海洋環境変動に連動した珪藻種群の系統進化の一例.
　写真は T. praeoestrupii の殻内側の SEM 写真（Shiono and Koizumi, 2000, 2001）．右側写真の殻全体の中央部に有基突起（F）とその横に唇状突起（R）が見られる．左側の殻縁には蓋構造を有する3本の支柱を持つ有基突起が見られる．スケールは左が 0.5 μm，右が 10 μm．

殻縁にある有基突起間の間隔が隔たることで，255万年前に *T. trifulta* から分化した．そして，*T. oestrupii* は220万年前に *T. oestrupii* forma *vetus* から分化したと考えられる．

　T. oestrupii サブグループの微細構造の進化に基づく種分化は，300-250万年前に生じた北半球高緯度域における氷河化の開始に伴う寒暖気候の繰り返しによる，古海洋環境の激変期を通じて起こっている．断続的に起こった寒冷化は新生代全体を通じた寒冷化傾向の一部分であって，何回かの短いが安定した温暖期によって中断されているために，寒冷化気候の効果がより一層顕著となって珪藻群集に変化が生じたのである．

第 2 章

深海掘削における珪藻古海洋学

　古海洋学は海底に堆積した海底堆積物を研究材料として種々の測定や分析を行って，過去の海洋の環境を復元することが本来の目的であった．しかし，地球環境に関する社会的関心の高まりから，南極やグリーンランドの氷床コア，熱帯のサンゴ礁，湖沼堆積物，樹木年輪などを多元的に解析して，過去の地球環境の変化や変動を解読する学際的な分野に発展した．さらに，過去の環境変化や変動を単に復元するだけでなく，得られた精密な環境変化の時系列データに基づいた気候変動のシミュレーション・モデルを作成することによって，近未来の地球環境を予測する研究にまで発展した．

　専門分野ごとの学会活動だけでは，古海洋研究の動向をうかがい知ることができないために，各々の研究分野における最新の研究成果を持ち寄って披露し合い，古海洋研究の全体に関する最先端の現状を理解することを目的とした「国際古海洋学会議」が1983年から3年ごとに欧州を中心に開催されてきた．21世紀最初の，そしてアジア-太平洋地域における最初の第7回会議（IPC7；7th International Conference on Paleoceanography）は，日本学術会議の主催を得て2001年9月に札幌市で開催された（図2.1）．

　過去の海洋を理解するために，過ぎ行く時間の経過を通じて絶え間なく海中を沈降していったフラックス（粒子束）が海底に降り積もって形成された堆積物（アーカイブ）の堆積記録がさまざまな分野から研究されている．堆積学・同位体地質学・地球化学・古生物学・地震層序学・海洋物理学・海洋生物学・年代学・層序学・古海洋モデリング・古気候学などの学問分野において使用されている手段や方法を駆使して，研究が進められている．深層

図2.1 2001年に札幌市で開催された日本学術会議主催の第7回国際古海洋学会議（ICP VII）．
上はポスターセッションの会場風景，下は会場となった札幌メディアパーク「スピカ」入口の看板．

水-中間層水-表層水の古循環系,堆積や地球化学の周期性,酸化-還元,海水準変動とその影響,生物進化と古海洋の関連,生物絶滅,過去の地球システム変動の過程と原因,古海洋推定における方法とアプローチ,現在の海洋との相似性,などが研究課題とされている.

海底堆積物の層を乱さないで採取する方法は,1947-1948年にスウェーデンのアルバトロス号が世界一周深海探検を行った際に開発され実用化された.このとき,ピストン・コアリングによって,長さ10 mを超える深海堆積物が柱状の岩芯(コア)として採取されたのが最初である.1960年代後半には,コロンビア大学のラモント・ドハティ地学研究所が開発・実用化した連続反射波探査によって,航行中の船上で海底下数kmまでの地質構造をとらえながら任意の地点で停船して,継ぎ目のないシームレス・パイプでのコアリングが可能となり,採泥長が20 mを超えるようになった.しかし,ピストン・コアリングでは海底堆積物を10-20 m位の長さまでしか採取できないために,もっと長い,すなわち,もっと古い時代の堆積物を採取して,地球の歴史を海から調査・研究しようとする深海掘削計画が1968年に登場した.

1968年から現在まで継続されている深海掘削計画(DSDP;Deep Sea Drilling Project, ODP;Ocean Drilling Program, IODP;Integrated Ocean Drilling Program)によって,深海の海底下を深くまで掘削し海底堆積物を回収して研究材料を入手することが可能となったので,微化石による年代学・層序学・古海洋学・古気候学・海水循環や海水準変動に関する分野・古生物科学などの研究が著しく進展して,1970年代には微古生物(微化石)による古海洋学が確立された.北太平洋の赤道域と中-高緯度域から得た海底堆積物に関するさまざまな種類の分析や解析とともに,珪藻化石に基づいた層序学,古海洋学,古気候学などが複合的に行われて,珪藻古海洋学も著しく進展した(図2.2).

珪藻殻を主体とした生物源の珪質粒子を30%以上含む珪質軟泥は,南極大陸をとりまく南緯45°-60°の高緯度海域以外に,ベーリング海・オホーツク海・日本海などの縁海を含む北太平洋と北大西洋の中-高緯度域,太平洋とインド洋の赤道域の広範囲に厚く堆積している.海底堆積物の研究が進展するにつれて,珪藻殻はアルカリ性の間隙水にさらされると溶解しやすくな

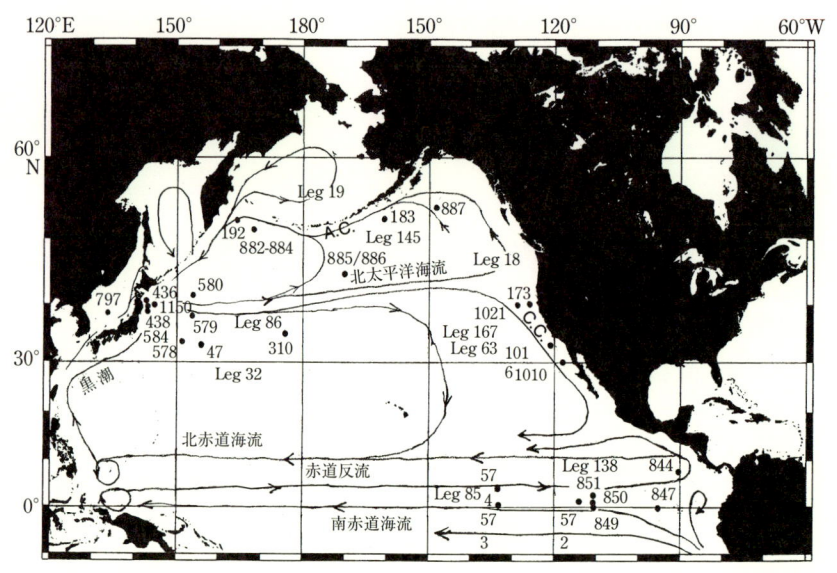

図2.2 北太平洋におけるDSDPとODPによる主な掘削航海(Leg)と掘削地点(番号).
A.C.；アラスカ海流. C.C.；カルフォニア海流.

ること，埋没温度が35℃以上になると，殻がオパールA（非晶質のオパール質シリカ）からオパールCT（ポーセラナイト，陶器岩）へ相転移して崩壊してしまうことなどが判明した．

2.1 深海掘削コアによる珪藻年代尺度

深海掘削計画（DSDP）の当初に立てられた目標の1つに，海底堆積物を完全に掘削回収して，古生物（微化石）による堆積物の層序を世界の海域ごとに確立することがあった．そのために，珪質堆積物が広範囲に厚く発達している北太平洋の掘削航海においては，珪藻が最初から微化石グループの主要メンバーであった．掘削計画の初期段階では外洋における掘削航海が技術的に未経験であったために，掘削地点が大陸縁辺域や島伝いに限られたことと，外洋域における海底堆積物の生層序が確立されていなかったことから，掘削コアの生層序区分は隣接した陸域の地層層序や生層序に対比されるのが

常であった．そのために，陸域の地層層序を理解している地質学者が重用された．船出した地質学者は，海洋地質学者となった．

生層序学における基本的単位は，包含する化石の内容や特徴によって隣接する堆積物や地層から区別される堆積物や地層の部分としての，帯（zone）である．帯区分の境界を規定する示準面（datum plane）は種の出現と絶滅の生物事件としての挙動が確かであり，かつ広範囲におよぶ等時間面が適切である．まず，多数の堆積物コアや陸上の地質断面における珪藻化石種の出現範囲（生存期間，range）が生物事件として定義される．すなわち出現範囲の下限（Base；B）あるいは初出現（First Occurrence；FO）と，上限（Top；T）あるいは消滅（Last Occurrence；LO），さらに多産層準（First Common occurrence；FC と Last Common occurrence；LC）や急激な増加（Rapid Increase in abundance；RI）と減少（Rapid Decrease in abundance；RD）の層準などである．それらの層準を明らかにし，年代を特定した後，時間面の地理的広がりと環境変化とを照合させて，環境変化に影響されず，かつ時間面を横切らない，等時間面として機能する対比に有効な示準面を選び出して，帯区分の境界を規定する．さらに示準面や生層序帯区分の境界は相対的なものであって，それ自体は何ら年代値を指示することはないので，生物事件の年代は非生物的な地球規模で生じた物理・化学的な放射性年代値や地磁気極性層序，酸素同位体比層序へ対比して絶対年代値を規定する必要がある．

ベーリング海とカムチャツカ半島沖の DSDP Leg 19（1971 年）の珪藻層序は，Koizumi（1973）によってまとめられ，近隣の極東（カムチャツカ，サハリン）や日本列島，東太平洋中-低緯度域のモホール試験掘削や DSDP Leg 5 の 32 地点の珪藻層序と対比された．その後，Koizumi（2010）は珪藻層序を再検討するとともに，シリカの続成作用によってオパール A からオパール CT へのシリカ相転移が時間面を横切ることを提示した（図 2.3）．

日本海における DSDP Leg 31（1973 年）の珪藻層序（Koizumi, 1975a）は，中緯度域の DSDP Leg 6, 47 地点の 2 孔および Leg 32, 310 地点を経由して，古地磁気極性層序と珪藻層序の対応が付けられていた東赤道太平洋域のピストンコア（Burckle, 1972）と対比された．その結果，低緯度域で設定された

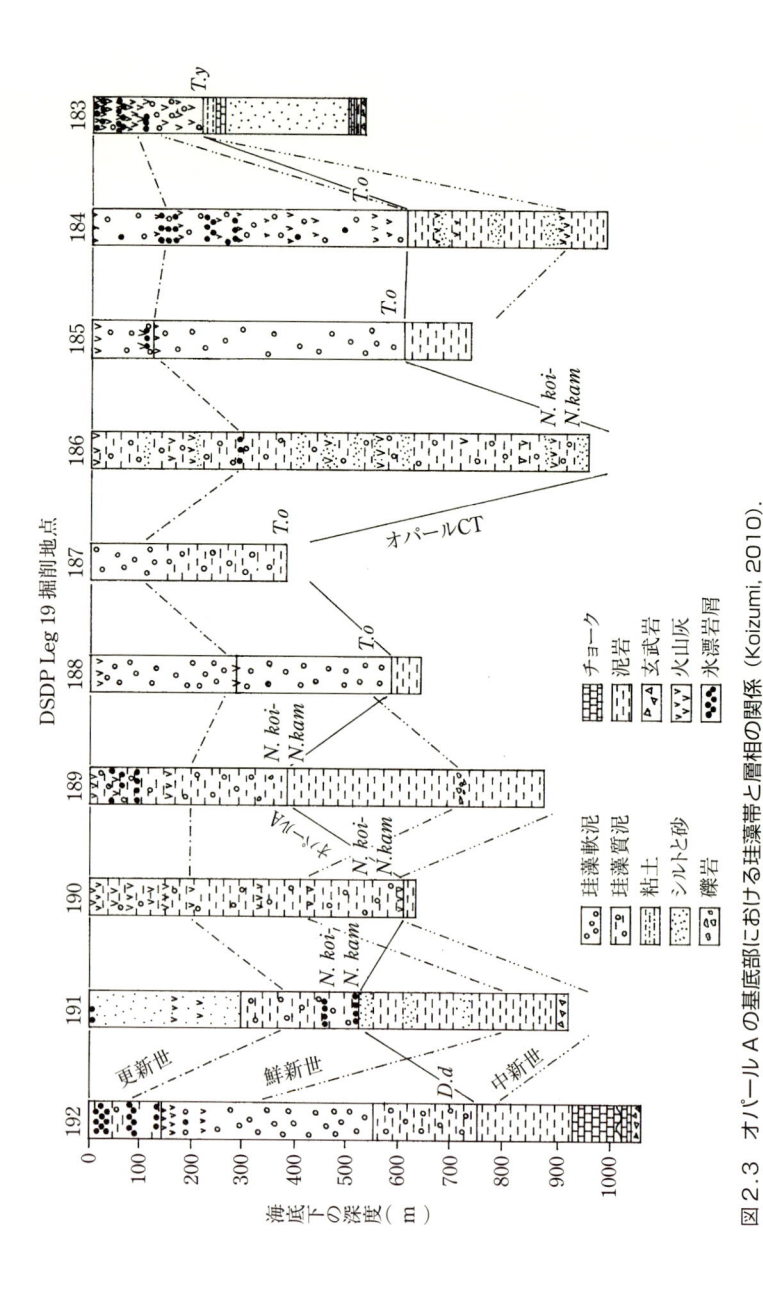

図2.3 オパールAの基底部における珪藻帯と層相の関係 (Koizumi, 2010).
オパールCTには珪藻殻が含まれていない. *T. y* : *Thalassiosira yabei*. *D. d* : *Denticulopsis dimorpha*. *N. koi-N. kam* : *Neodenticula koizumii-Neodenticula kamtschatica*. *T. o* : *Thalassiosira oestrupii*.

珪藻帯区分は中-高緯度域に適応できないことが判明した（Koizumi, 1975b）.その原因は新生代を通じて起こった段階的な寒冷化気候が緯度方向の温度勾配を増加させたので，中新世中期以降の北太平洋において珪藻群集の偏狭性が顕著になり，高緯度域と低緯度域における珪藻群集の地理区が分離したためであると考えられた．三陸沖における DSDP Legs 56 と 57（1977 年）の珪藻層序が東北地方や北海道の第三紀層と対比されたが，詳細は今後にゆだねられた（Koizumi *et al.*, 1980）．カリフォルニア縁辺域における DSDP Leg 63（1978 年）の珪藻層序は Barron（1981）によってまとめられ，陸域の珪藻質堆積岩の珪藻層序と対比された．

　珪藻層序の研究が進展するにつれて，詳細な研究には堆積物の回収率がよく，堆積間隙や乱れのない連続した堆積物を試料として入手することが切望された．1980 年に導入された水圧式ピストン・コアラー（Hydraulic Piston Corer；HPC）を改良した水密式コアラー（Advanced Piston Corer；APC）は，1981 年以降常用されている堆積物を完全に回収する最善の方法である．その後，まもなく各掘削地点においてコア回収の層準をずらした複数の孔（ホール）から得た堆積物を各種の物理特性による非破壊のマルチ・センサー・トラック（MST）装置で帯磁率・自然ガンマー線強度・密度・P 波伝播速度・可視分光反応能などを連続的に測定した．その結果に基づいて，堆積物コアを対比させ，完全に連続させたコンポジット（合成）記録を作成する方法が確立されて，高分解能解析が可能となった．さらに，詳細な地磁気極性層序が確立されるようになり，同一コアにおいて珪藻層序と非生物的な地球規模の時間面とが直接対応されて，珪藻古海洋学の研究は格段にレベルアップした．

　北西太平洋中緯度域における DSDP Leg 86（1982 年）の APC コアにおいて，地磁気極性層序を年代尺度として，亜極前線をはさんだ南北断面において示準珪藻種の出現と消滅が調べられた．それらを珪藻温度指数（Td 値）から復元した亜極前線が示す太平洋中央水塊と亜極水塊との境界の南北移動に伴う古気候変動と比較すると，暖流系温暖珪藻種の示準面は概して等時間的であるが，寒流系寒冷種のそれは時間面を横切る傾向のあることが判明した（Koizumi, 1986a）．この事実は，示準面の等時間性と帯区分の地理的適応

限界について，古気候帯や水塊分布などの要因を考慮しなければならないことを示している．

三陸沖の DSDP Leg 87 (1986 年) の 584 地点において，Akiba and Yanagisawa (1986) は主要な示準珪藻種を含む Denticulopsis 属の分類体系を再検討して，Crucidenticula 属，Denticulopsis 属，Neodenticula 属に細分して記載するとともに，Akiba (1986) は新種記載に基づいた新たな珪藻層序の枠組みを提唱して，北太平洋における標準的な珪藻層序を確立した (Yanagisawa and Akiba, 1990, 1998)．

日本海の深海掘削は計 3 回実施された．ODP Leg 127 (1989 年) では，中新世後期-第四紀の珪藻層序がオパール A/オパール CT 境界の上部で確立されたが，地磁気極性層序は鮮新世後期の C2A クロンまでしか測定されなかった (Koizumi, 1992)．その後，日本海の珪藻層序は隣接した陸域の新第三系模式地である男鹿半島の珪藻層序や日本海側の主要な地層の珪藻層序と対比された．その結果，中新世中期 1300 万年前に起こった地球規模の寒冷化事件と同時期に，日本海は急激に沈降して珪藻群集は温暖群集から寒冷群集へ変化したこと，1300 万年前から 650 万年前までの期間を通じて珪藻質堆積物が堆積したことが明らかにされた (Koizumi *et al.*, 2009)．

北太平洋高緯度域を東西に横断した ODP Leg 145 (1992 年) は，DSDP Leg 19 以来実に 21 年ぶりの北太平洋高緯度域の深海掘削航海であった．東西の 884 地点と 887 地点では，中新世前期の C5E クロンから現在までの地磁気極性層序と 40 層準以上の珪藻示準面が初めて直接に対応付けられた (Barron and Gladenkov, 1995)．また，*Actinocyclus ingens* Rattray var. *nodus* Baldauf, *Proboscia barboi* (Brun) Jordan & Priddle, *Neodenticula koizumii* Akiba & Yanagisawa などの出現時期が時間面を横切ることも判明した．さらに，884B 孔において漸新世前期-中新世前期の珪藻層序が堆積速度曲線に基づいて確立された (Gladenkov and Barron, 1995)．

北東太平洋中緯度域のカリフォルニア縁辺域における深海掘削航海 ODP Leg 167 (1996 年) も DSDP Leg 63 (1978 年) 以来約 20 年ぶりであった．待望の APC コアでは，中新世後期-鮮新世前期に珪藻軟泥は堆積していたが，鮮新世後期-第四紀では陸域から砕屑粒子が流入して，堆積速度が増加した

ために，帯磁率が弱まり，地磁気極性層序は鮮新世前期のC3nサブクロンまでしか得られなかった（Maruyama, 2000；Lyle *et al*., 2000）.

三陸沖におけるODP Leg 186（1999年）の2地点1150と1151では，中新世後期以降の珪藻層序を地磁気極性層序に直接対応付けられる機会が与えられた（Motoyama *et al*., 2004）が，珪藻層序を確実に確立するだけの高分解能解析はなされていない（Maruyama and Shiono, 2003）.

1971年以降に展開されてきた北太平洋の深海掘削計画（DSDP-ODP）において，珪藻層序を確立するために推し進められた調査や研究の手順は，現在まで大きな変更が行われずに継続されてきた．示準珪藻種の生物事件に基づく示準面の設定では，DSDPやODPのAPCコアが大量に追加され，珪藻種の分類学的検討も行われてきた．現在までに得られた北太平洋における珪藻層序の結果は，地磁気年代尺度との対比法や問題点を含めて本山・丸山（1998）によってまとめられている（図2.4）．中新世中期以降の主要な示準種を巻頭の口絵（図版I）に示す．太平洋における1800万年前から現在までの主要な海生珪藻種の出現と消滅（示準面）の年代がBarron（2003）によってまとめられたが，年代規定の仕方については記述されていない．示準面を規定する種の同定の難易度，分布範囲の広さ，産出頻度などの基準を考慮して，厳密に規定された示準面と副次的な示準面に基づいた明確で適応範囲の広い帯区分体系を北太平洋中-高緯度域に確立する必要がある（Koizumi, 1985b；Koizumi and Tanimura, 1985）.

最も信頼できる示準面は，先祖型から子孫型にいたる同一の進化系列において規定された系列帯の示準面である．先祖型が進化したことによって生じた子孫型種の出現と先祖型種の消滅といった生物事件は，生物進化が非可逆的であること，進化系列における先祖型から子孫型への分岐，すなわち新しい種の出現は同一の生物地理区において同時であることによって，最も重要で意義のある示準面となる．さらに，微化石の種は環境変化の影響を受けやすいために，種の個体形成に環境と遺伝要素の両方が関与して形態変化を引き起こしている可能性がある．分類の主眼が種間の系統進化上における関係を決定することに基づいてなされているとすれば，環境変化からもたらされる種群の形態変化を進化による形態変化から区別する必要がある．

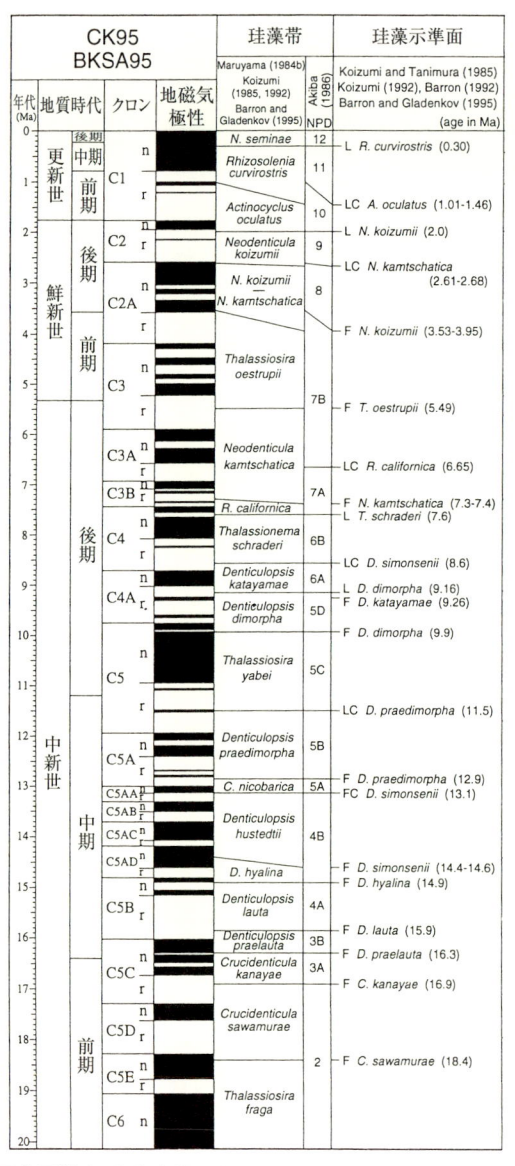

図2.4 北西太平洋中-高緯度域の中新世-第四紀の珪藻層序（帯区分と示準面の年代値）（本山・丸山，1998，© 日本地質学会）．
F；出現．L；消滅．FC；大量出現．LC；大量消滅．Ma；100万年前．

北西太平洋の亜極前線北側に位置する DSDP 580 地点と日本海の ODP 797B 孔における調査で，鮮新世前期の温暖期（440-340 万年前）前後の寒冷気候が，寒冷水塊に生息していた *Thalassiosira trifulta* グループに加わっていた淘汰圧を減少させたので，グループ内での多様化と進化が 570-540 万年前，530-480 万年前，340-320 万年前，250-220 万年前に促進されたことが明らかにされた（後述；Shiono and Koizumi, 2001）．さらに，北西太平洋の亜極前線南側の DSDP 579 地点を含む第四系における *Nitzschia fossilis* (Frenguelli) Kanaya ex Schrader から *Fragilariopsis doliolus* (Wallich) Medlin & Sims への SEM による殻構造の詳細な観察と珪藻温度指数（Td 値）との比較検討から，形態変異は種分化に基づくもので系列示準面になり得ることが明らかにされた（Koizumi and Yanagisawa, 1990）．

　珪藻層序の研究が進展するにつれて，堆積物を一層細かい単位で認識しようとする新しい層序区分が指向され，珪藻種の分類を細密化し，個々の種の層序分布とそれらの組み合わせが行われるようになった（Watanabe and Yanagisawa, 2005）．しかし，珪藻層序の分解能を高めると，それに反比例して適応範囲の時間的・地理的な範囲が縮小することに留意すべきである．

2.2　珪藻化石による古海洋環境（気候）の復元

　北太平洋の深海掘削コアにおける珪藻層序の確立に研究が集中され過ぎて，珪藻化石による古海洋環境や古海洋気候の復元に関する研究がおろそかにされてきた傾向がある．珪藻化石によって古海洋環境が復元できる原理と方法論は，北太平洋において熱帯-赤道域・亜熱帯域・亜極域・北西縁辺域・漸移帯と分割される水塊にそれぞれ対応する珪藻群集が存在し，多くの珪藻種が特定な海域に固有であることに基づいている．

　珪藻化石を使って北西太平洋の表層海水温を復元できる珪藻温度指数（$Td = [X_w/(X_w+X_c)] \times 100$，$X_w$ と X_c は暖流系温暖種および寒流系寒冷種の産出個体の相対頻度）は，簡単な式で表されるにもかかわらず，同一水塊内の海水温変化をかなり正確に復元できる（Kanaya and Koizumi, 1966）．暖流系温暖種種と寒流系寒冷種は巻頭の口絵（図版 II-III）に示されている．

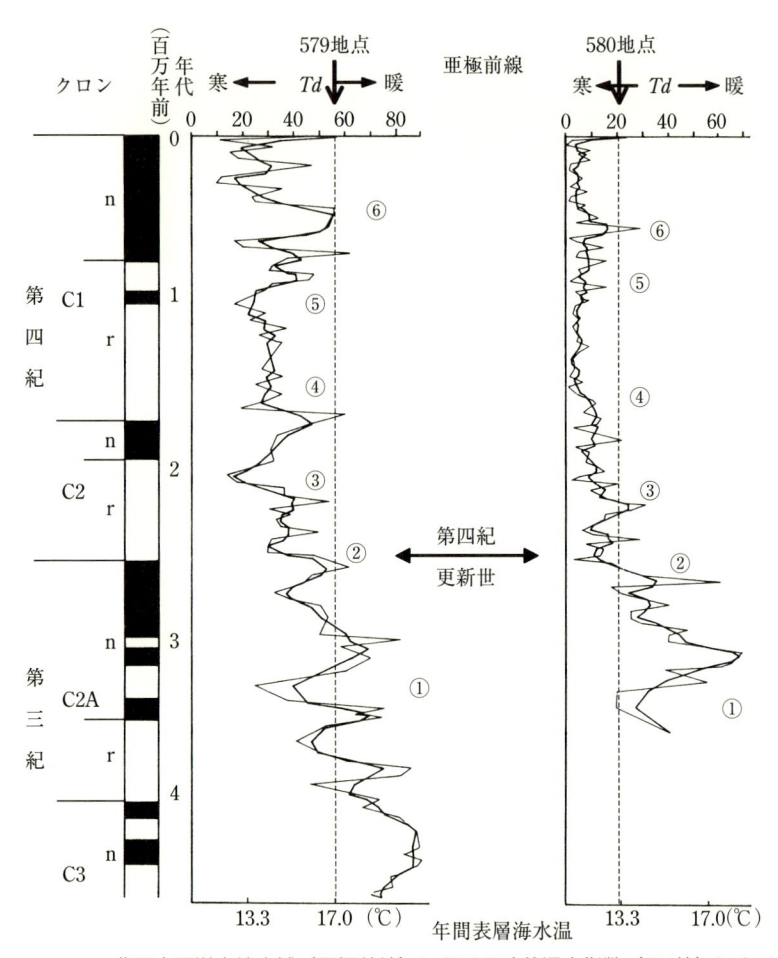

図 2.5　北西太平洋中緯度域（亜極前線）における珪藻温度指数（Td 値）による海水温変動（Koizumi, 1985a）.

　グラフ中の太線は細線をスムースにしたもの．①330 万年前に Td 値が減少するとともに暖流系温暖種 A. nodulifera から寒流系寒冷種 N. seminae へ交代する．②260 万年前に非氷河気候から氷河気候へ移行した．このとき以降，現在値より高くなることはなかった．その後，寒冷化が 200 万年前③と 160 万年前④に起こり，90 万年前⑤に氷期-間氷期の周期性が始まる．50 万年前⑥に温暖期が認められ，それ以降に周期性が規則的になる．

DSDP Leg 86 において，地磁気極性層序を年代尺度とした珪藻温度指数（Td 値）の変動が 450 万年前から現在まで明らかにされた（図 2.5；Koizumi, 1985a；Barron, 1992）．Td 値が低下する寒冷期は，炭酸塩が溶解するピークや浮遊性有孔虫群集の寒冷事件に対応する．

　579 と 580 地点の 330 万年前（図 2.5 の①）では，Td 値が減少するとともに，珪藻化石群集における相対頻度の優占順位が暖流系温暖種 *Azpeitia nodulifera*（A. Schmidt）Fryxell & Sims から寒流系寒冷種 *Neodenticula seminae*（Simonsen & Kanaya）Akiba & Yanagisawa へ交代する．この時期は北大西洋域に短期間であるが広範囲におよぶ氷河をもたらした MIS（海洋酸素同位体ステージ）のうち M2 のマンモス寒冷事件に相当する．300 万年前付近は鮮新世後期の温暖期として広く知られている（Cronin and Dowsett, 1991）．

　270 万年前はグリーンランド・スカンジナビア半島・北米などにおいて氷河が同時に発達し始め，北半球で氷河時代が始まった MIS G6 に相当する．260 万年前（②）に現在値より低下した表層海水温は，このとき以降回復することはなかった．ベーリング海を含めた DSDP Leg 19 の掘削コアでは，氷床が削剥してきた氷礫を氷山がもたらす氷漂岩屑（ドロップ・ストーン）の出現時期が *Neodenticula kamtschatica*（Zabelina）Akiba & Yanagisawa-*Neodenticula koizumii* Akiba & Yanagisawa 帯と *N. koizumii* 帯の境界（260 万年前）である（Rea and Schrader, 1985）．さらに高緯度域東西の ODP 883 と 887 地点においては，珪藻殻を主体にした含水珪酸塩の沈降粒子束が 260 万年前以降に減少するとともに，北半球大陸氷床が削剥した陸源物質による氷漂岩屑と帯磁率が急増する（Rea *et al.*, 1995）．270-240 万年前の期間を通じて *Coscinodiscus marginatus* Ehrenberg と *N. kamtschatica* が優占な珪藻群集から *N. koizumii* と *N. seminae* が優占な珪藻群集へ急激に変化している（Shimada *et al.*, 2009）．氷河時代の始まりを画する 260 万年前は，第三紀鮮新世と第四紀更新世の境界である．

　579 地点において 450 万年前，580 地点では 300 万年前から低下し続けてきた Td 値は 200 万年前（③）に最低となった後，現在まで珪藻群集は亜極グループが優勢である．南方の 578 地点では寒冷化が進んだ底層水による珪

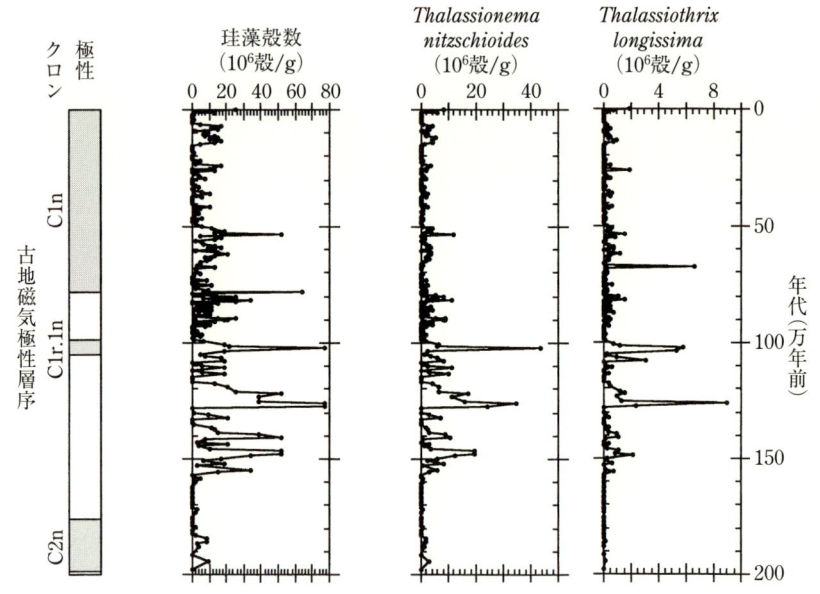

図2.6 日本海のODP 797地点における珪藻殻数と珪藻生産量を代表するT. nitzschioidesおよびT. longissimaの殻数の変動.
　200万年前以降, 地球軌道要素の離心率（グラフのピーク部分）に連動した周期性を示している.

藻殻の溶解がこの時期以降に断続的に起こっている.

　160万年前（④）から90万年前（⑤）までの期間を通じてTd値は振幅の少ない低い値で安定しているが, それ以降振幅が大きい周期的な変動が優勢となり, 50万年前（⑥）に著しい温暖期となる.

　日本海におけるODP Leg 127による797, 794, 795地点の珪藻化石群集には, 360万年前以降の古海洋環境の変遷が記録されている（Koya, 1999 MS). 300万年前から対馬暖流の流入が減少し始め, 日本海が閉鎖的になったために, 生物生産が低下して珪藻殻の溶解が起こっている. 270万年前に海水準が低下して海生沿岸性の珪藻が増加し始めるが, 220-160万年前（795地点では130万年前）の期間を通じて, 海生浮遊性珪藻の産出が著しく減少した. 隠岐堆のODP 798地点では260万年前に黄土高原起源の石英粒子量が急増する（Dersch and Stein, 1992). 現在のような高海水準期には, 対馬暖

流が強く流入することによって, *Fragilariopsis doliolus*, *Nitzschia marina* Grunow, *Hemidiscus cuneiformis* Wallich などの暖流系温暖種の産出がピーク状に卓越し, 現在の海水準よりやや低い時期には海水準の低下にともなって東シナ海や黄海起源の沿岸種 *Paralia sulcata* (Ehrenberg) Cleve の産出が卓越する. 海水準が著しく低下した氷期には対馬海峡がほとんど閉鎖するために, 珪藻の個体数が減少するとともに化石種や淡水性種が混入してくる.

大和海盆北端の797地点における200万年前以降の単位重量当たりの珪藻殻数は大きな周期的鋸状の変動を示し, *Thalassionema nitzschioides* Grunow と *Thalassiothrix longissima* Cleve & Grunow の産出頻度との相関係数が0.925と高いので, この2種の産出頻度が珪藻生産量の指示者となり得る (図2.6). 珪藻殻数が最大値を示す130万年前から現在までの時系列データを最大エントロピー法 (MEM) によってスペクトル解析 (データ点数184, 平均測定間隔990年) すると, 地球軌道要素の離心率 (10万年) に近いスペクトル・ピーク9万8950年周期の1成分のみを強く示す.

化石群集の年代が古くなるにつれて現生種が少なくなり, 生態の不明な絶滅種が漸増するので, 化石群集による古海洋環境の復元には時間的な限界がある. しかし, 新しい種の出現は非可逆的な進化現象であることから, 形態変化の類似性や相対頻度の変化などに基づいて先祖種と子孫種との関係を把握できるので, 絶滅種の生態的特性を同属の近縁種から推定することが可能である.

北西太平洋中緯度域のDSDP 580地点において, Barron (1992) は鮮新世の古気候曲線を描くために珪藻化石群集による T_{wt} 比を提唱した. $T_{wt} = (X_w + 0.5X_t)/(X_c + X_t + X_w)$ であり, X_w は亜熱帯-熱帯 (温暖) 種の産出頻度, X_c は亜寒帯-寒帯 (寒冷) 種の産出頻度, X_t は漸移的な温暖種 (*Coscinodiscus radiatus* Ehrenberg, *Thalassionema nitzschioides* Grunow, *Thalassiosira oestrupii* (Osterfeld) Proshkina-Lavrenko) の産出頻度である. 第3章3.3で記述する現生珪藻種群による珪藻温度指数 (Td' 比) の温暖種と寒冷種のほかに, 下記の絶滅種を加えるのが妥当である (Koizumi, in preparation).

温暖種:*Nitzschia fossilis* (Frenguelli) Kanaya, *Nitzschia jouseae* Burckle,

Nitzschia kolaczekii Grunow, *Nitzschia miocenica* Burckle, *Nitzschia reinholdii* Kanaya, *Rhizosolenia praebergonii* Mukhina, *Thalassiosira miocenica* Schrader, *Thalassiosira praeconvexa* Burckle.

寒冷種：*Actinocyclus oculatus* Jousé, *Neodenticula kamtschatica* (Zabelina) Akiba and Yanagisawa, *Neodenticula koizumii* Akiba and Yanagisawa, *Proboscia curvirostris* (Jousé) Jordan and Priddle, *Rhizosolenia barboi* Brun, *Thalassiosira nidulus* (Tempère and Brun) Jousé.

東北日本沖合のDSDP 436地点における中新世後期以降のT_{wt}比では，中新世後期でT_{wt}比の0.6から0.1におよぶ激しい寒暖の繰り返しが認められる．中新世-鮮新世境界の530万年前から鮮新世前期（410万年前）までの期間を通じて温暖化した．その後，370万年前まで急激な寒冷化が起こっている．450万年前はBarron（1998）のイベントC，360万年前は鮮新世前期と後期の境界に相当する（Koizumi, in preparation）．

2.3 珪藻質堆積物の形成

地球は白亜紀における非氷河型の温暖気候から古第三紀の段階的な漸移期を経て，新第三紀の氷河型寒冷気候に変化し，第四紀に氷河時代となった．過渡期の始新世前期（5300-5000万年前）には，アイスランドとフェローズ諸島間の海底の高まりとヤンマイエン断裂帯が沈降したために，ノルウェー海とロフォーテン-グリーンランド海が形成されて，北大西洋中層水と深層水が寒冷化した．さらに，赤道循環流の崩壊と南極循環流の発達が高緯度域と低緯度域の間の温度勾配を強化し，水塊の分化をもたらした．その結果，熱帯-亜熱帯域に幅広い湧昇流帯が形成されるとともに，温度躍層の断面と深度に地域的な差異が増大し，太平洋縁辺域に沿岸湧昇流帯が形成されて，東北日本・カムチャツカ・カリフォルニア・ペルー・ニュージーランドなどに珪藻質堆積物が堆積した．珪藻群集に偏狭性がまだ発達していないために，北太平洋中緯度域の珪藻群集においても熱帯-亜熱帯要素が認められる（小泉, 1981）．

深海掘削によって，赤道太平洋・カリブ海・大西洋の低緯度域に中新世前

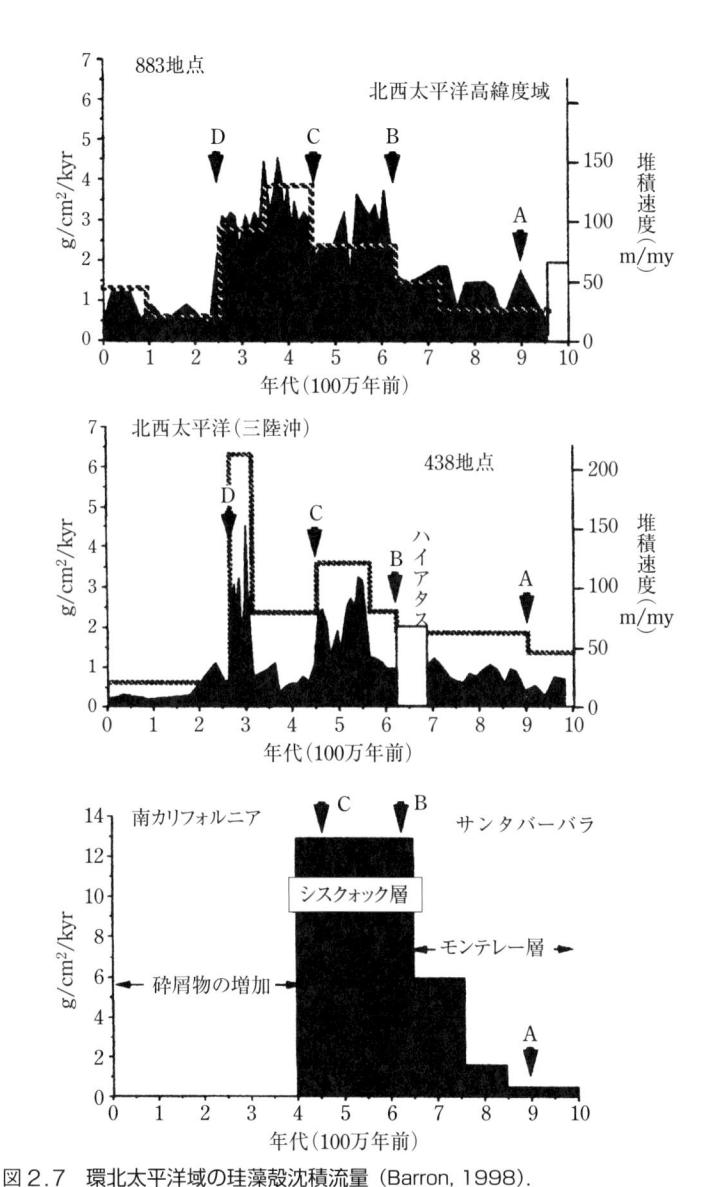

図 2.7 環北太平洋域の珪藻殻沈積流量 (Barron, 1998).
　A-D；中米海路の段階的な閉鎖にともなう堆積事件．A；中間層水の制限による 900 万年前の温暖化．B；640 万年前の寒冷化．C；表層水の制限による 470 万年前の温暖化．D；完全な閉鎖による 270 万年前の寒冷化．

2.3 珪藻質堆積物の形成

期の珪藻質堆積物が広く分布しており，赤道循環流の勢いが活発であったことと大西洋から太平洋へのシリカ交代が確認された（Keller and Barron, 1983）．中新世前期（1900万年前）に寒冷化が進んで，南極大陸周辺海域の堆積物が石灰質から珪質へ変化した．インド洋では1750-1350万年前に生物生産が増加し，二酸化炭素が減少したために寒冷化が起こり，大気と海洋の循環強化によってさらに生物生産が増加した．その結果，中新世前-中期の1600万年前頃から北太平洋縁辺域において大量の有機物を含む珪藻質堆積物が形成され始めた（Ingle, 1981；小泉，1986b）．

南米大陸が漸次北上して中米海路を狭くし，北太平洋深層水の栄養塩を豊富にしたので，中新世後期の900万年前以降に北太平洋中-高緯度の東西域で珪藻質堆積物が発達した（Barron, 1998；図2.7）．中新世晩期を通じて高緯度域の寒冷化が進行するにつれて，珪藻質堆積物の形成が南カリフォルニア（サンタバーバラ）から北西太平洋高緯度域（883地点），東北日本の三陸沖（438地点）に移動した．鮮新世後-末期を通じて中米海路が閉鎖されたために，メキシコ湾流は太平洋から北大西洋へ流路を変えた．さらに，ロッキー山脈とチベット大陸の隆起にともなう大気循環の風路変更と風力の強化が北半球高緯度域の氷河化を促進し，300万年前に北半球における氷河化作用が開始されて，北半球高緯度域の氷床が270-260万年前以降に汎世界的な寒冷化気候をもたらした．高緯度域では栄養塩に富んだ湧昇流が減少してシリカ生産は低下した．また，260万年前以降に北太平洋高緯度域で火山活動が活発化して火山ガラスが急増した（Rea et al., 1995）．

2.4　珪藻マット（ラミナ）とは何か

東赤道太平洋の湧昇流域における深海掘削は，DSDP Leg 85（1982年）の572と573地点，およびODP Leg 138（1991年）の847, 849, 850地点の5地点から，中新世前期-鮮新世前期（1500万年前，1300-1200万年前，1050-950万年前，630-610万年前，440万年前）のマット（ラミナ）状になった珪藻軟泥を掘削回収した（図2.2）．珪藻マットは外洋浮遊性珪藻の*Thalassiothrix longissima*を主体とした*Thalassiothrix*グループから構成さ

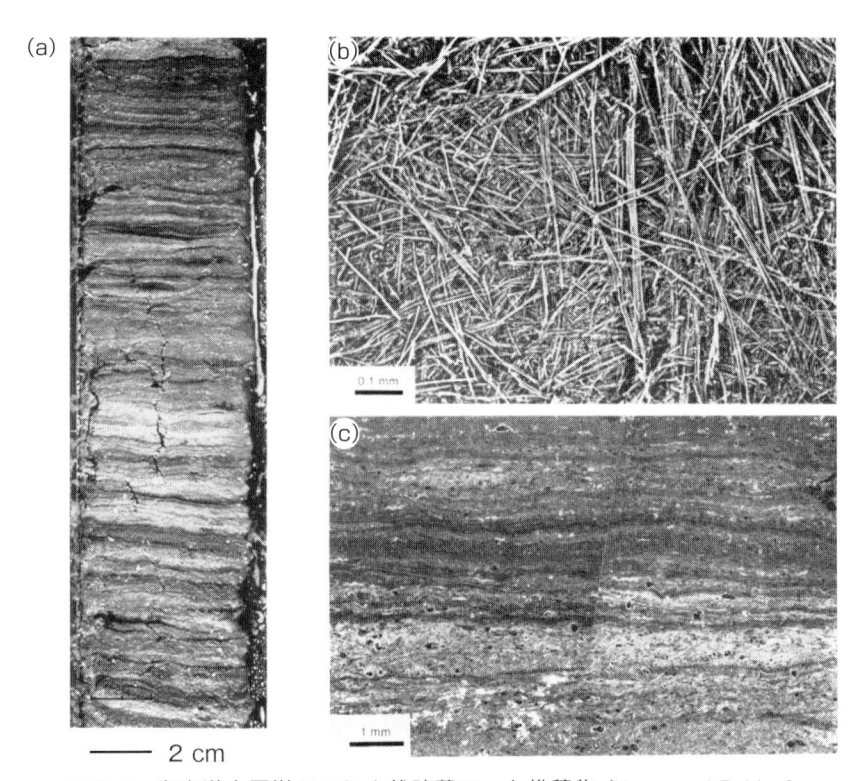

図2.8 東赤道太平洋のラミナ状珪藻マット堆積物 (Kemp and Baldauf, 1993).
(a) ODP 851B-29X-5, 84-100 cm のコア堆積物の写真. 440万年前の濃緑色珪藻軟泥と白色の珪藻混合群集を含んだ石灰質ナノ化石軟泥の互層.
(b) *T. longissima* のみからなる珪藻マットの産状. (c) 高密度の暗色ラミナは *T. longissima* からなる珪藻マット. 低密度の明色ラミナはコッコリス, 珪藻, 有孔虫からなる. 白い外壁で囲まれた直径 0.1-0.3 mm の黒紋は有孔虫殻.

れており，2000 km 以上の範囲にわたって 1000 年に 10 cm の速度で連続的に沈降し形成されたと考えられた（Kemp and Baldauf, 1993；Kemp, 1995；Kemp *et al.*, 1995；Pearce *et al.*, 1995）．*T. longissima* の生体は海水 1 L 中に 10^3-10^6 細胞含まれている針状の羽状目珪藻で，単独ないし群体でマットを形成する．掘削コア試料の断面を磨いた SEM の二次電子像は，幅 3-5 μm，長さ 3 mm の *T. longissima* が相互に絡み合って厚さ 20-300 μm のラミナ（マット）を形成していた（図 2.8b）．厚さ 10-20 cm の珪藻マットは主に 3 種類のラミナが組み合わさっている：①完全な個体の *T. longissima* のグループのみの単一群集からなるラミナ，②円心目珪藻を含む珪藻混合群集・石灰質ナノ化石・放散虫・有孔虫などからなるラミナ，③石灰質ナノ化石群集が主体のラミナ，である．①と②の互層は平均の厚さが約 6 mm，①と③は約 3.5 mm の厚さである（Pearce *et al.*, 1995）．

珪藻マットのフラックスは，以下のようにして形成されたと考えられた（Kemp *et al.*, 1995）．ラ・ニーニャ様現象によって東西方向に強力な前線帯が発達した海洋環境において，寒冷水塊が前線帯の温暖水塊側へ沈み込む．それにともなって，寒冷水域の表層直下に形成された珪藻マットの浮揚が阻害されて温暖水域に運ばれた後，マットの浮力が表層へ浮揚し濃集させる．このために，栄養塩類の消耗・珪藻の死滅・珪藻殻の沈降が温暖水域における再生生産となって促進される（図 2.9）．

北太平洋の亜極前線においても，ODP Leg 145, 886B 孔の深度 33.05-30.05 m から回収された厚さ 3 m の珪藻軟泥は，舟型の羽状目珪藻 *Thalassionema* 属と *Thalassiothrix* 属からなる種群が珪藻群集の 70% 以上を占めている．中新世−鮮新世の境界付近（590-500 万年前）の北太平洋における栄養塩の増加ないしは再配分が極前線に栄養塩の供給をもたらして，舟型の羽状目珪藻が急激に繁殖したと考えられた（Dickens and Barron, 1997）．

鮮新世と第四紀を経るあいだに，珪藻群集の偏狭性と珪藻殻の脆弱性が促進され，長い群体を形成する珪藻群集が中緯度温帯域や沿岸湧昇域で卓越していった．さらに，時代の進行とともに季節性が顕著になった．この好例が東地中海とカリフォルニア湾の深海掘削やピストン・コアリングによって回収された海底堆積物中に見いだされた更新世と完新世の珪藻マットである．

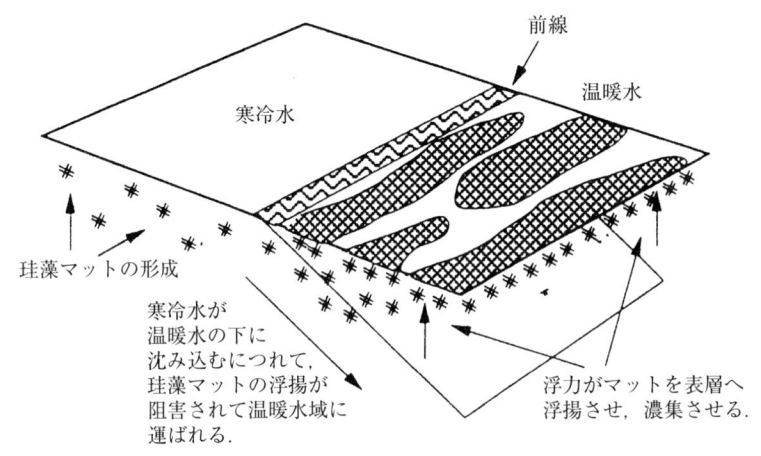

図2.9 海洋前線帯における珪藻マットの形成と濃集・沈降 (Kemp et al., 1995).
　寒冷水域における珪藻マットの形成と温暖水域における凝集による栄養塩消耗・死滅・沈降は，前線の寒冷水域における珪藻の一次生産を示さず，温暖水域における再生生産を示すことになる．

　東地中海のナポリ泥火山麓の窪地における ODP 967, 969, 971 地点では，mm 単位のラミナ状珪藻質サプロペル（有機炭素に富む暗色の腐泥層）S5（12 万 5000 年前）は，Rhizosolenia 属の珪藻ラミナと珪藻混合群集に石灰質ナノ化石が加わったラミナの互層から構成されている（Kemp et al., 1999; Koizumi and Shiono, 2006）．Rhizosolenia 属が大量に絡み合った珪藻マットはサプロペル形成時に存在していた深層クロロフィル最大層において形成されたものである．多産する Pseudosolenia calcar-avis (Schultze) Sundström は，栄養塩が乏しい夏季にゆっくりと成長する大型珪藻で膨大な数になる．珪藻混合群集は，季節的な珪藻ブルームとナイル川から流入する洪水がもたらす晩夏のブルーム特徴種から構成されているので，秋-冬-春の季節を通じて形成されたと考えられた（Kemp et al., 1999）．

　カリフォルニア湾における完新世ラミナ形成の年間サイクルでは，春先の急速な生育による Chaetoceros spp. が休眠胞子として堆積物中に保存されるとともに，春先の降雨が隣接する陸地から砕屑粒子をもたらす．夏季-初冬季に深海性クロロフィルの最大層において Stephanopyxis palmeriana (Greville)

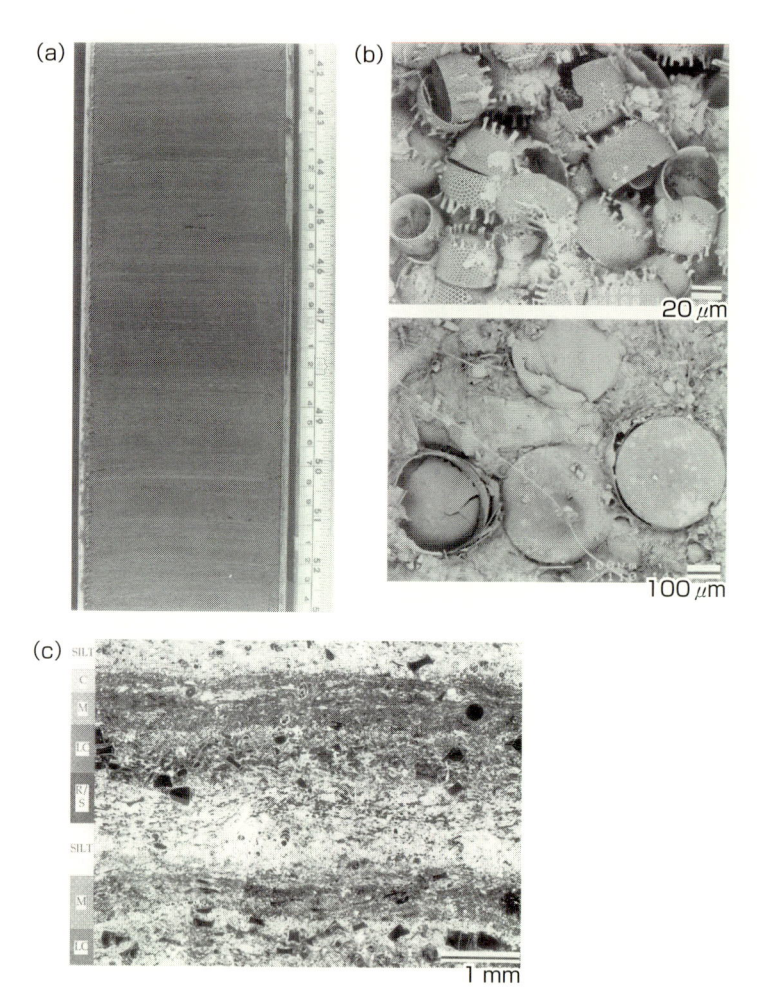

図2.10 珪藻フラックスの年間サイクル (Kemp et al., 2000).
　夏季の深海性クロロフィル最大層で生育し (日陰群集), 秋季・冬季に混合群集となった後, 成層状態の崩壊によって一斉に沈降して堆積する. (a) カリフォルニア湾の完新世ラミナ堆積物のコア (JPC56). 写真左のスケールは cm. 右のスケールはインチ. (b) 特徴的な日陰群集の二次電子像. 上; S. palmeriana, 下; 大型の C. asteromphalus. (c) 珪藻遺骸の沈降-堆積の年間サイクルを示す後方錯乱電子像. SILT; 砕屑粒子 (夏季-秋季), C; Chaetoceros spp. 休眠胞子ラミナ (春季), M; 珪藻混合群集ラミナ (冬季), LC; 大型 C. spp. ラミナ (初冬季), R/S; Rhizosolenid 属 /S. palmeriana (初冬季深海性クロロフィル最大層の日陰群集).

Grunow や *Rhizosolenia* spp., *Thalassiothrix* spp. などが珪藻マットを形成するとともに，大型珪藻の *Coscinodiscus* spp. が生育する．そして，秋季-冬季の波浪が成層状態を破壊するために，すべてのラミナが一斉に沈降して冬季の珪藻混合群集となって堆積すると考えられた（図 2.10；Kemp *et al.*, 2000）．珪藻マットを含む約 300 年のコア堆積物を時系列解析すると，珪藻マットのラミナは太陽活動の周期に影響された 50 年，11 年，22-24 年の周期性を示した（Pike and Kemp, 1997）．50 年周期は，北太平洋の海洋-大気循環の変化に関連した魚類生産量の変化と共通している．北赤道海流が優勢な時期にコスタリカ沿岸流が湾内に流入して珪藻マットを形成したと考えられた．

2.5 微化石（珪藻）標準試料センター

DSDP-ODP の微化石リファレンス・センターが世界 16 カ所に設置されている（http://iodp.tamu.edu/curation/mrc.html）．DSDP-ODP の掘削試料は 4 カ所のコア貯蔵所に冷蔵保管されているが，堆積物から微化石標本を作成している 5 つの微化石リファレンス・センター（バーゼル自然史博物館，フンボルト大学自然史博物館，ブレーメン大学，国立科学博物館，宇都宮大学）は，1 年に 1 回掘削コア試料のうち重要なコアと層準を選んでサンプル・リクエストをすることができる．国立科学博物館（新宿）は珪藻をステラックスで封入した散布スライドを作成して，7 カ所の微化石リファレンス・センターに送付している．交換標本としての有孔虫・放散虫・石灰質ナノ化石・堆積物が国立科学博物館（新宿）に保管されていて，自由に利用することができる．また，標本情報はテキサス A&M 大学の ODP キュレータが管理しており，World Wide Web 上の微化石リファレンス・センターのホーム・ページに公開されている（http://iodp.tamu.edu/curation/mrc/collections.html）．

第 3 章
完新世古海洋環境の復元

　人間主体の近世においては，人間が自然環境を変えつつあるために，自然環境が主体であった文明史の初期段階とは状況がまったく違っている．小氷期（1300 年–1850 年）以降の氷河の後退は，19 世紀中期以降の汎世界的な大気温度の上昇と一致している．しかし，20 世紀における氷河の縮小は，気候変動の外部要因である太陽フォーシングよりも，気候内部システムにおけるエアロゾル濃度や温室効果ガスなどの人工的な影響が大きくなった結果である．人間と環境との関わり方が問われている「環境革命の時代」において，われわれはそれぞれが生存している地域–場所における実質的な環境データに基づく地球環境–気候変動の歴史を把握することなしに，地球温暖化の対策を策定することはできない．

　海底において海水と堆積物とが接している海底堆積物の表層部分は「地質学的に現在」であり，下位の海底堆積物が占めている過去への窓口となる．過去から現在にいたる地球表層の環境変化や変動を復元するためには，絶え間なく海底に沈積して形成された堆積物（アーカイブ）を調べることが必要である．それゆえ，海底堆積物を乱さないで採取することが，海洋古環境の変遷を復元するための第一歩となる．深海掘削によって，海水と接している海底堆積物の表層部分を回収する場合には，掘削管の先端を海底に静かに下ろすパンチ・コアリングを行うが，掘削管の重量のために表層数十 cm は失われてしまう．ピストン・コアリングにおいても，船上でパイプを横倒しにするために表層堆積物の数 cm が流出してしまうので，グラビティ・コアラーを使用して表層堆積物を回収する．

3.1 海底堆積物

採泥の予定地点においては，音響測深（シービーム）によって海底地形を調べ，3.5 kHz の音波探査で海底堆積物の堆積状態を探査して，コアラーの投下地点を決定する．パイプ長 20 m，重さ 1.5 t，直径 80 mm の中口径，あるいはパイプ長 15-20 m，重さ 2.5 t，直径 115 mm の大口径ピストン・コアラー内に表層堆積物を乱さないで採取するために，ピストン・コアラーを落下させるトリガーとしてグラビティ・コアラーを使用する．グラビティ・コアラーの代表は，阿修羅コアラー（ミニ・マルチプル・コアラー；図 3.1）とフレーガー・コアラーである．

100-1000 年スケールにおける自然環境の変動を高分解能で解析する場合には，試料間隔と年代精度が問題となるので，堆積速度が速く，乱れのない，

図 3.1　海面上に現れた阿修羅コアラー（内径 82 mm，長さ 600 mm）．
　　内部に表層堆積物とその直上の海水が採取されている（山本浩文氏による）．

連続試料が必要である．周期変動の解析においては，1周期の変動の中に最低5つ以上，できれば9つの測定値が必要である．海域や堆積物コアの層準において，堆積速度が異なるために，堆積物の厚さを共通尺度としての時間（年代）に換算する必要がある．第四紀と呼ばれる現在を含む過去260万年間の堆積物（第四系）の年代値を決めるためには，以下のような方法がある．

(1) 放射性炭素同位体による年代決定

放射性炭素 ^{14}C での測定年代値は，主に浮遊性有孔虫殻の $^{14}C/^{12}C$ 比に基づいて，1950年を基準に何年前かを計算した年代値である．1945年以降の原水爆実験と化石燃料の使用によって，大気中の ^{14}C 量が人工的に変化したために，1950年を放射性炭素 ^{14}C の年代測定の現在としている．

さらに，過去の宇宙線強度の変動によって，大気中の ^{14}C の生成量が変動したことに対しては，次のような補正を加えて，暦年代値を算出している（中村，2001）．

① 放射性炭素測定年代値（measured ^{14}C age）：^{14}C のリビーの半減期5568年に基づいて，試料の $^{14}C/^{12}C$ 比を1950年から何年前かを指示した測定年代値．

② 補正放射性炭素年代値（conventional ^{14}C age）：大気中の二酸化炭素から ^{14}C が試料中に固定される量を試料の $^{13}C/^{12}C$ 比から $^{14}C/^{12}C$ 比を推定して補正した年代値．同位体分別と宇宙線の照射量とが極域と赤道域で4倍も異なること，大気中の二酸化炭素生成量が地域によって異なること，大気循環や海水循環によっても異なること，などによって地域的蓄積量を考慮しなければならない．

③ 暦年代値（calibrated ^{14}C age）：過去の宇宙線強度の変動による大気中の ^{14}C 濃度の変動に対する補正を行い，真の半減期5730±40年に基づいて算出した暦年代値．

(2) 酸素同位体比層序による年代決定

底生有孔虫殻の酸素同位体比と標準試料の酸素同位体比との偏差値（$\delta^{18}O$）に基づいて，海洋酸素同位体比ステージ区分（Marine Isotope Stage；MIS,

Oxygen Isotope；OI）の境界や特徴的な同位体比ピークが示す年代値．

底生有孔虫殻の酸素同位体比は全地球の氷河量と連動しているので，酸素同位体比と地球軌道要素との相関は0.9以上で，酸素同位体比の変動の85％が地球軌道要素で説明される．そのために，地球軌道要素が気候システムにおよぼす影響を考慮して，酸素同位体比の変動を調整したSPECMAP（Mapping Spectral Variability in Global Climate Project）酸素同位体比年代尺度（SPECMAP $\delta^{18}O$ time scale）を標準尺度としている．地軸の傾きの変動（周期4万1000年）と歳差運動による季節変化（周期1万9000年と2万3000年）が，大気-海洋系の気候システムに影響した非線形応答として10万年周期の氷河量の変動となって現れ，その効果は離心率の変動（周期100万年）以上になる（Imbrie, et al., 1992；Ruddiman, 2003）．

(3) テフラ層序による年代決定

海底堆積物に挟在する特徴的で同定しやすい広域テフラ（供給火山から数百km以上離れた範囲内に分布する火山灰）のうち，放射性炭素^{14}C年代値が判明しているテフラの年代値．

日本列島と周辺海域には，多数の広域テフラが分布しており，それらの供給源火山やカルデラの噴火年代が判明している（町田・新井，2003）．しかし，供給源から遠く離れたテフラは，風で運ばれる間に淘汰されて重鉱物が少なくなり，火山ガラスの形態と粒度が類似してくるので，これらのテフラを同定するためには火山ガラスの化学組成を分析することが必要である（青木・町田，2006）．また，海底堆積物に挟在するテフラの噴出年代を底生有孔虫殻の酸素同位体比層序（大場，1991）やSPECMAP酸素同位体比年代尺度から検討することが可能である（青木ら，2008）．

(4) 地磁気極性層序による年代決定

地磁気は方位（極性）と強度からなるベクトルである．地磁気極性層序は主に方位の変動に基づいているが，地球規模の地磁気強度（geomagnetic paleointensity）の変動が明らかにされつつある．

地磁気は10^4-10^7年の時間間隔で磁極を逆転させている．磁極逆転の間隔

において，10-10³年の周期で地磁気スペクトルが20-30°の範囲内で変動する永年変化を起こしているが，過去1万年間では永年変化の範囲を大きく逸脱するエクスカーションは起こっていない．

湖底の堆積環境は静穏で堆積速度が速いために，良質な堆積残留磁化の高分解能データを得ることが可能である．偏角と伏角の永年変化の記録における特徴的な変動によって，数百年間隔の年代測定を実施することが可能である（Yamazaki et al., 1985；兵頭・峯本，1996）．

岩石や土壌には，磁性鉱物が含まれており，600℃以上に加熱された後に冷却されると冷却時の磁場を獲得する（熱残留磁化と呼ぶ）．焼土の熱残留磁化を測定して，磁場強度や偏角と伏角の永年変化（考古地磁気ジャークと呼ぶ）によって，年代を決めることが可能である（Gallet et al., 2003, 2005）．

世界各地の相対的な地磁気強度の変動に，共通な変動パターンが見いだされ，過去80万年間ではSint-800（Guyodo and Valet, 1999）が指標とされている．その後，過去12万年までの高解像度の相対地磁気強度変動が明らかにされた（Laj et al., 2000；Yamazaki and Oda, 2002, 2004）．

3.2　第四紀—更新世と完新世

過去の環境や事件を包含した海底堆積物を解読するためには，堆積物に具体的な数値年代を入れて，世界共通の時代区分に従うことが必要である．現在を含む最新の地質時代である「第四紀」は，現生生物の化石を多く含む堆積物が形成されたこと，中-高緯度域や山地に氷河が発達した寒冷気候であったこと，人類が繁栄して地球環境に影響をおよぼすまでになった時代である．さまざまな地球事件が時間間隔の密集した状態で良好に保存されている．第四紀においては，相互に関連し合っている多元的な環境要素を選定して，環境変動の因果関係を高分解能で分析・解析することが可能である．地球環境の変遷過程と変動機構の解明に基づいて，未来予測を可能にする地質時代である．

第四紀の基底は，南北両半球における大陸氷床の形成を記録した地磁気極性年代尺度のC2A（ガウス正帯磁期）上限の260万年前で，模式地はイタ

リア，シチリア島モン・サンニコラの海成層ジェラ階（Gelasian）の基底（MIS 103）である（Ogg and Pillans, 2008）．北半球高緯度域に生成した北極圏氷床は，地球軌道要素のうち自転軸傾動の4万1000年周期のみが優勢な影響を受けて，80万年前までその規模を拡大させた．その後，80万年前以降に大陸氷床は数千–数万年かけてゆっくり形成されるが，融解するときは数百–千年の短時間しかかからない10万年周期の氷期–間氷期からなる氷床規模と気候サイクルが確立した．260-80万年前の期間は更新世前期と呼ばれ，最終間氷期基底（MIS 5.5）の13万年前までの期間は更新世中期（80-13万年前），現間氷期（完新世）基底の1万1600年までの期間が更新世後期（13万-1万1600年前）である（小泉，2008）．更新世後期において，氷河は後退と前進を繰り返しながら，寒暖気候の繰り返しと一体化したとして，時代区分の目安とされている．

(1) 更新世と完新世の境界

　第四紀後期における最終氷期の寒冷期から現在の温暖な後氷期へ移行した時期が，暦年代1万1600年前の更新世と完新世の境界である．完新世の気候は最終氷期に比べると非常に安定しているといわれてきたが，完新世においても100-1000年スケールの気候変動が地球規模で周期的に起こっている．暦年代3万-2万4000年前は最終氷期最後の亜間氷期（MIS 3.1-3.0）に相当し，100-1000年スケールのダンスガード・オシュガー周期が記録されている．この時期は汎世界的に温暖で湿潤な気候と寒冷で乾燥した気候とが繰り返された激動の時代である．2万4000-1万7000年前は最終氷期の最寒期（Last Glacial Maximum；LGM）である．1万7000-1万4700年前は晩氷期（Last Glacial）と呼ばれ，気候が回復して温暖となったボーリング/アレレード期との1万4700-1万2900年前への移行期である．1万2900-1万1600年前は，「寒の戻り」と呼ばれる新ドリアス寒冷期である．

(2) 完新世

　完新世は気候変動を反映した3期（前期・中期・後期）に区分される．北半球の夏季日射量は地軸傾きの変動（周期4万1000年）と歳差運動による

季節変化（周期1万9000年と2万3000年）の軌道フォーシングによって，1万1000年前に最大となった．しかし，多量の氷河が9000-8000年前まで北半球高緯度域に存在し続けたために，寒冷気候から温暖気候への温暖化は段階的に進み，1万1600-8200年前の完新世前期では，非氷河化が遅れ気味となり，広域におよぶ激しい気候変動が起こった．ヒプシサーマル（高温）で始まる温暖期の中期（8200-3300年前）には，氷河が縮小して半球規模の大規模な気候変動への影響がなくなったために，北半球夏季の気温は増加し続けた．3300年-現在の後期は北半球の夏季日射量が減少して，寒冷化気候が再び訪れた新氷河時代（ネオグレーシャル期）である．氷河の前進が，5400-4800年前，3800年前，3100年前，2500年前にいくつかの地域で同時に起こっているが，過去2000年間における西暦600年，1050-1150年，1300-1850年ほど氷河拡大の同時性は確かではない（Wanner *et al.*, 2008）．

ヨーロッパでは氷河の後退・前進と花粉帯によって，温暖で乾燥していた1万1600-9000年前のプレボレアル/ボレアル期，最も温暖で湿潤なピプシサーマル（高温）期と呼ばれる9000-5500年前のアトランティック期，寒冷なネオグレイシャル（新氷河）期と呼ばれる5500年-産業革命前（1700年）に区分される．

3.3 珪藻温度指数（Td'比）による表層海水温（℃）の復元

北太平洋において厚さ1cmの表層堆積物中に含まれる寒暖の指標珪藻種とその個体数の地理的分布は，現在の太平洋の上層水塊の分布と表層海流を反映しているので，堆積物コア中の珪藻化石群集から過去の海洋環境（古海洋）を復元することが可能である．

(1) 現在は過去を解く鍵，過去-現在は未来を予測する手段

北太平洋において規定された珪藻温度指数（Td値）は，その後の研究による温暖種と寒冷種の分類と分布に関する新たな資料に基づいて，それらの指標種と各々の産出個体の頻度によって，暖流系温暖種（XW）と寒流系冷種（XC）とした（口絵の図版IV）．さらに指標種を生存期間の全期間を浮

表 3.1　珪藻温度指数（Td′比）に用いた指標種（温暖種と寒冷種）(Koizumi, 2008)

種名	生態区分	海域
Actinocyclus elongatus Grunow, in Van Heurck 1883	外洋性, w	熱帯-亜熱帯
Alveus marinus（Grunow）Kaczmarska & Fryxwll 1996	外洋性, w	熱帯-亜熱帯
Asterolampra marylandica Ehrenberg 1844	外洋性, w	熱帯
Azpeitia africana（Janisch）Fryxell & Watkins, in Fryxell, Sims, & Watkins 1986	外洋性, w	熱帯
Azpeitia nodulifera（Schmidt）Fryxell & Sims, in Fryxell, Sims, & Watkins 1986	外洋性, w	熱帯
Fragilariopsis doliolus（Wallich）Medlin & Sims 1993	外洋性, w	熱帯-亜熱帯
Hemidiscus cuneiformis Wallich 1860	外洋性, w	熱帯
Planktoniella sol（Wallich）Schutt 1892	外洋性, w	熱帯
Rhizosolenia bergonii Peragallo 1892	外洋性, w	熱帯-亜熱帯
Roperia tessellata（Roper）Grunow 1881	外洋性, w	熱帯-亜熱帯
Thalassiosira leputopus（Grunow）Hasle & Fryxell 1977	外洋性, w	熱帯
Actinocyclus ellipticus Grunow, in Van Heurck 1881	外洋性, W	熱帯-亜熱帯
Asteromphalus arachne（Brebisson）Ralfs, in Pritchard 1861	外洋性, W	熱帯-亜熱帯
Asteromphalus flabellatus（Brebisson）Greville 1859	外洋性, W	熱帯-亜熱帯
Asteromphalus petterssonii（Kolbe）Thorrington-Smith 1970	外洋性, W	赤道
Asteromphalus sarcophagus Wallich 1860	外洋性, W	熱帯
Azpeitia tabularia（Grunow）Fryxell & Sims, in Fryxell, Sims, & Watkins 1986	外洋性, W	南温帯
Nitzschia interruptestriata（Heiden）Simonsen 1974	外洋性, W	熱帯-亜熱帯
Nitzschia kolaczekii Grunow 1877	外洋性, W	温暖
Pseudosolenia calcar-avis（Schultze）Sundstrom 1986	外洋性, W	熱帯-亜熱帯
Rhizosolenia acuminata（Peragallo）Gran 1905	外洋性, W	亜熱帯-温帯
Thalassiosira oestrupii（Ostenfeld）Hasle 1972	外洋性, W	亜熱帯
Actinocyclus curvatulus Janisch, in Schmidt 1878	外洋性, c	北温帯-亜北極
Actinocyclus ochotensis Jouse 1968	外洋性, c	北温帯
Asteromphalus robustus Castracane 1875	外洋性, c	北温帯
Bacterosira fragilis Gran 1900	外洋性, c	北極-亜北極（海氷）
Chaetoceros furcellatus Bailey 1856	外洋性, c	北極-亜北極
Coscinodiscus marginatus Ehrenberg 1841	外洋性, c	北温帯
Coscinodiscus oculus-iridis Ehrenberg 1839	外洋性, c	北温帯
Fragilariopsis cylindrus（Grunow）Krieger, in Helmck & Krieger 1954	外洋性, c	亜北極（海氷）
Neodenticula seminae（Simonsen & Kanaya）Akiba & Yanagisawa 1986	外洋性, c	北温帯
Porosira glacilis（Grunow）Jorgensen 1905	外洋性, c	北極-北温帯
Rhizosolenia hebetata（Bailey）Gran forma *hiemalis* Gran 1904	外洋性, c	北温帯
Thalassiosira gravida Cleve 1896	外洋性, c	亜北極（海氷）
Thalassiosira hyalina（Grunow）Gran 1897	外洋性, c	北極-温帯
Thalassiosira kryophila（Grunow）Joergensen 1905	外洋性, c	北極
Thalassiosira nordenskioeldii Cleve 1873	外洋性, c	北極（海氷）
Thalassiosira trifulta Fryxell, in Fryxell & Hasle 1979	外洋性, c	亜北極-北温帯
Fragilariopsis oceanica（Cleve）Hasle 1965	外洋性, C	亜北極（海氷）

遊性で過ごす外洋種に限定したので，寒冷種とされていた *Odontella*（＝ *Biddulphia*）*aurita* は，浅海-沿岸性種であるために指標種から除外された（表3.1）．したがって *Td′* 比は ［$(X_w+\mathrm{XW})/(X_c+\mathrm{XC}+X_w+\mathrm{XW})$］×100 と再定義された（Koizumi *et al.*, 2004；Koizumi, 2008）．

(2) 変換関数法

Td 値や *Td′* 比は表層海水温の変化を相対的にしか表せないために，珪藻化石群集から表層海水温（Sea Surface Temperature；SST）（℃）を復元する変換関数法が日本海（入野・小泉，1999）と三陸沖（小泉ら，2001）で行われた．この方法は，因子分析や主成分分析によって，まず群集型の地理的分布とそれを支配する主として表層海水温と塩分の環境因子を抽出する．ついで，指標種の産出頻度とある環境因子（この場合は表層海水温と塩分）との回帰関係（変換関数）を得ておけば，微化石の群集組成を重回帰分析することによって，過去の環境因子を復元することができることに基づいている（Imbrie and Kipp, 1971）．しかし，この方法では新たな堆積物コアを取り扱う場合には，改めて変換関数法を実施しなければならないので，過去の環境因子を復元する数式表示が必要とされた．

(3) *Td′* 比に基づく表層海水温（℃）の復元

厚さ1cmの表層堆積物に珪藻殻を100個体以上含んでいる海底堆積物が北日本太平洋岸沖から47地点，日本海から76地点の合計123点から採取された．それらの試料を用いて，珪藻化石群集の温暖種と寒冷種の個体数比に基づく珪藻温度指数（*Td′* 比）から過去の表層海水温（℃）が復元された（Koizumi, 2008）．

表層海水温の復元においては，通常夏季に測定された表層海水温に基づくので，海洋資料センター（1978）の海洋環境図に記載されている等温線から夏季の表層海水温を読み取り（図3.2），*Td′* 比と表層海水温度（℃）との関係を回帰関係式で算出した．この結果を海洋環境変化に関する国際協同研究（International Marine Global Change Study；IMAGES）プログラムによって，鹿島沖から採取されたコア長45.5mのピストンコアMD01-2421

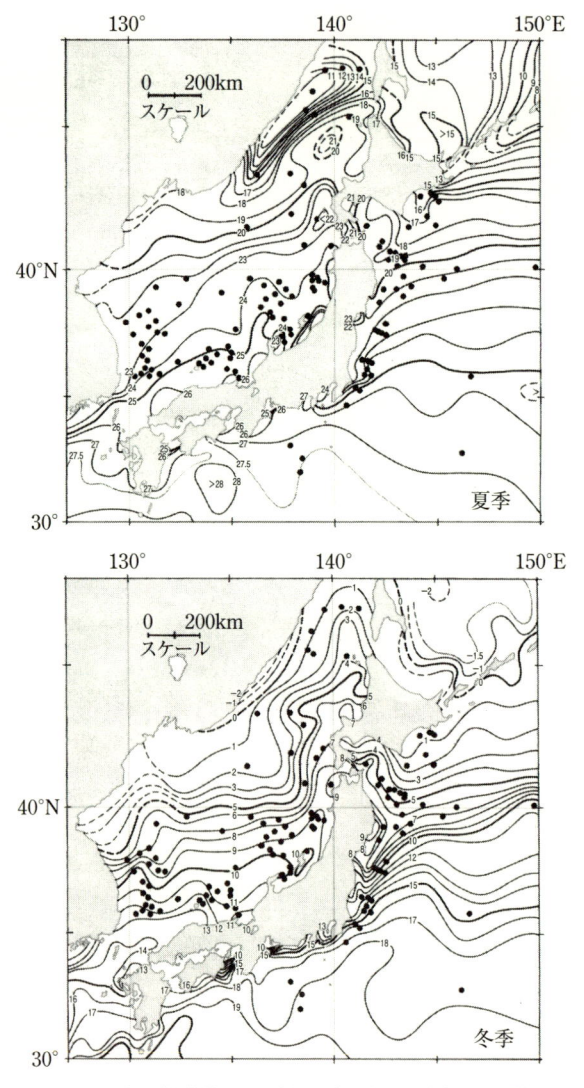

図3.2 表層堆積物123地点（図中の黒丸）と海洋環境図の等温線（海洋資料センター，1978）による夏季および冬季の表層海水温（℃）との関係（Koizumi, 2008）.

春季ブルーミング
（湧昇パルス）

珪藻の
Skeletonema costatum
Chaetoceros spp.
Thalassionema nitzschioides
などは，
数日-数週間の生育後
急速に集積して沈降する．

温度躍層の形成

夏季深層性クロロフィル最大層
（日陰群集，shade flora）

マット形成，大型珪藻

温度躍層，栄養塩躍層

Rhizosolenids
Stephanopyxis palmeriana
Coscinodiscus spp.
Thalassiothrix spp.
などの日陰群集（shade flora）は，マットを
形成して夏季の数カ月を深層性クロロフィル
最大層と表層の間を移動しながら生育する．

一斉沈降（Fall Dump）

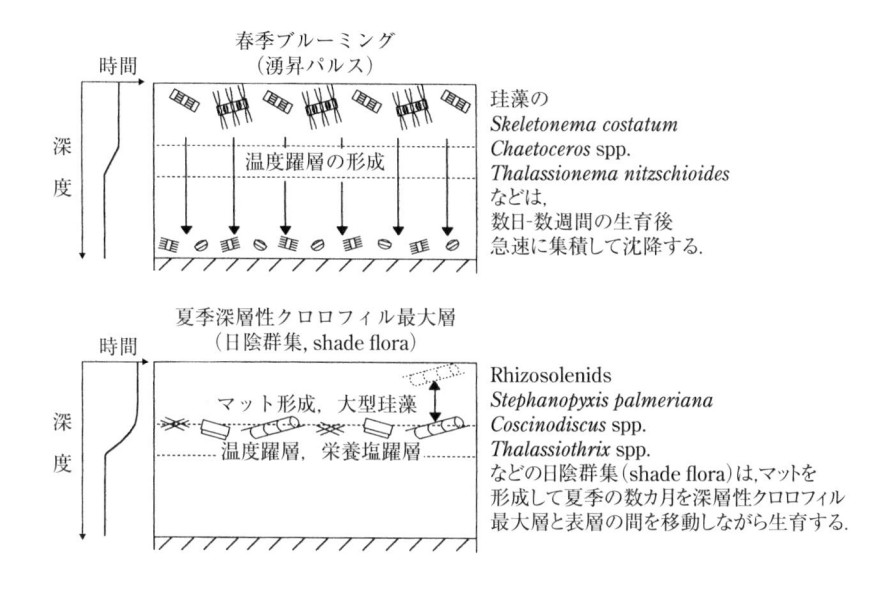

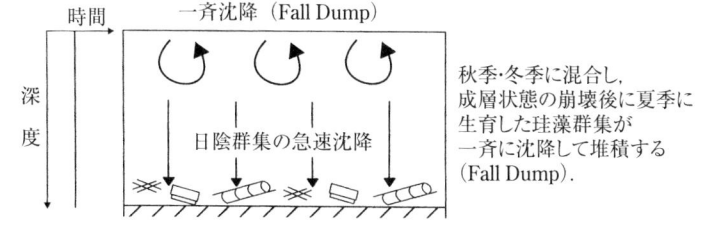

日陰群集の急速沈降

秋季・冬季に混合し，
成層状態の崩壊後に夏季に
生育した珪藻群集が
一斉に沈降して堆積する
（Fall Dump）．

図3.3 珪藻マットの形成機構（Kemp *et al.*, 2000）．
　春季のブルーミング，夏季の深層性クロロフィル最大層での生育，秋季・冬季の混合と成層状態崩壊後の夏季群集の一斉沈降と堆積．

3.3 珪藻温度指数（Td' 比）による表層海水温（℃）の復元　53

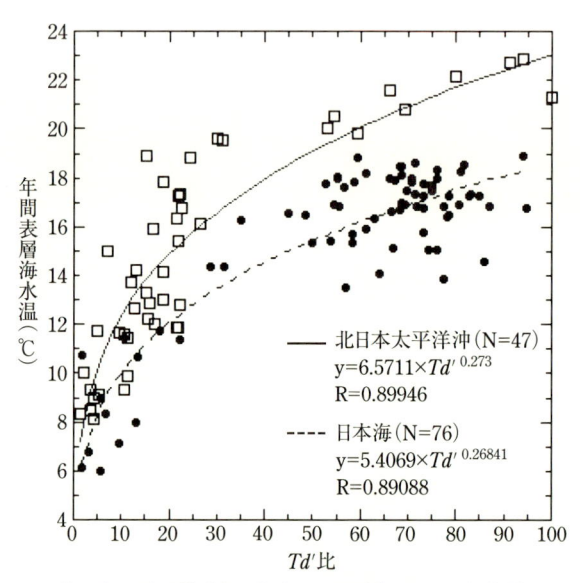

図3.4 Td'比と年間表層海水温（℃）との関係を示す回帰曲線.
白四角は北日本太平洋岸沖，黒丸は日本海の地点を示す（Koizumi, 2008）.

において解析された浮遊性有孔虫殻の$\delta^{18}O$（Oba et al., 2006）とアルケノンUk'_{37}の夏季SST（℃）（Yamamoto et al., 2004；Isono et al., 2009）の変動と比較・検討したところ，Td'比に基づいて復元した夏季の表層海水温度（℃）がそれらより数℃高く復元されることが判明した.

その理由として，以下の2つが考えられる：①表層堆積物が特定の季節を代表するラミナ・サイズでないこと．すなわちTd'比に基づくSST（℃）は夏季と冬季とで相似した水温変化を復元しており，独立した季節温度を記録し表示していない恐れがあること，②珪藻遺骸の沈降−堆積の年間サイクルが明らかにされた結果，夏季−冬季初期に形成される日陰群集（shade flora）の*Rhizosolenia*マットが，冬季に沈降して（一斉沈降，Fall Dumpと呼ぶ），混合群集となることが判明したこと（Kemp et al., 2000；図3.3）がある.

したがって，過去の表層海水温の復元においては季節間の水温より年間水温が妥当であると判断されたので，夏季と冬季それぞれの表層海水温（℃）

を平均化した値を年間表層海水温（℃）として，Td' 比との回帰関係を求めた．北日本太平洋岸沖における年間表層海水温（℃）は，SST（℃）＝ $6.5711 \times Td'^{0.273}$ で表示され，相関係数は R＝0.89946 である．一方，日本海における年間表層海水温（℃）は，SST（℃）＝$5.4069 \times Td'^{0.26841}$ で，相関係数は R＝0.89088 である（Koizumi, 2008；図3.4）．

3.4 日本列島周辺海域における表層堆積物中の珪藻化石群集

　北日本太平洋岸沖の表層堆積物に含まれる珪藻化石群集には，以下のような特徴が認められる（Koizumi, 2008）：① 表層海水温（SST）の回帰値が混合水域の北端付近において実測値より高くなること，② 黒潮続流の流路が境界となっている混合水域南端において，外洋性温暖種から寒冷種への入れ替わりが起こっていること，③ 浅海-沿岸性寒冷種 *Odontella aurita* は，親潮貫入と暖水渦や黒潮続流北端とが混合する混合水域-混合水域北端で激しく増減しながら増加すること，④ 珪藻殻数は水塊混合による栄養塩類の供給が著しい親潮域において黒潮域における珪藻殻数の2倍に増加すること，などである．

　日本海においては，① 日本海南部の温暖水域における珪藻化石群集の温暖種と寒冷種の産出頻度，および Td' 比は対馬暖流がこの海域において激しく蛇行することを反映して局所的に激しく変動していること，② 外洋性温暖種と寒冷種の産出頻度はチョンジン（清津）と佐渡島を結ぶ「亜極前線」を境界とした日本海の水塊分布を反映して南北に大きく2分されること，③ 表層海水温の回帰値が亜寒帯前線において実測値より低くなること，④ 東シナ海沿岸水の指標種 *Paralia sulcata* の産出は南部海域の北緯36-36.5度内に限定されており，北緯38-40度では対馬暖流の指標種 *Fragilariopsis doliolus* が優勢となること，などである．

3.5 表層海水温と海流系の復元

　北日本太平洋岸沖の黒潮-黒潮続流域（コア MD01-2421）と津軽暖流域

(コア MD01-2409) からそれぞれ 1 本ずつ，日本海を北上する対馬暖流に沿って 3 本の堆積物コア (コア POI-J3, コア DGC-6, コア CGC-8) において，試料間隔を緊密にした時間間隔 70-80 年で珪藻化石群集の高分解能解析に基づいて，表層海水温の変動を復元した (Koizumi, 2008；図 3.5).

完新世の海水準は，汎世界的な氷河の後退と前進を反映させて上昇を続けた．日本では「縄文海進」と呼ばれる．表層海水温は 10-100 年スケールの短期間変動が 1000 年スケールの長期間変動を構成している (図 3.6)．完新世を通じて，1800-1500 年の周期で寒暖気候の変動を繰り返しながら，ヒプシサーマル (高温) 期後に再び新しい寒冷 (ネオグレーシャル) 期となっている．したがって，完新世中期は温暖期である．日本海では縄文海進に伴う海水面上昇に伴って，対馬暖流は日本海へ 1 万 750 年前に一時流入するが，持続する本格的な流入は 9000 年前以降である．6700 年前に流入規模がピークに達した後，対馬暖流の流入は 1800-1500 年の顕著な周期変動を示している (Koizumi, 1989, 2008).

(1) 北日本太平洋岸沖

本州の太平洋沿岸を北上してきた黒潮は鹿島沖で東に転向すると，黒潮続流と呼ばれる．鹿島沖コア MD01-2421 における年間表層海水温は，最終氷期最寒期の最低値 10.7℃ から上昇し始め，ヒプシサーマル (高温) 期で 20.8℃ に達する．その後，コア最上部の 17.8℃ に向かって減少する (図 3.6)．最終氷期末期 (晩氷期) から完新世前期までの表層海水温は，変動幅 10℃ の範囲内を 10-100 年スケールの 2-3℃ の幅で激しく変動している．完新世中期の年間表層海水温は，前期と後期の表層海水温よりも総じて 1-2℃ 高い．

しかし，同じ緯度の北太平洋東側のカリフォルニア沖 (Barron et al., 2003, 2010) では，完新世中期の表層海水温は反対に低温である (Yamamoto et al., 2004；Koizumi, 2008；Isono et al., 2009)．表層海水温が北太平洋域の東西で反相となる原因は，北太平洋高気圧が発達して，熱帯-亜熱帯にラ・ニーニャ様状態，中緯度域に負の太平洋 10 年振動 (Pacific Decadal Oscillation；PDO)，中-高緯度域に負の北極振動 (Arctic Oscillation；AO) をもたらし

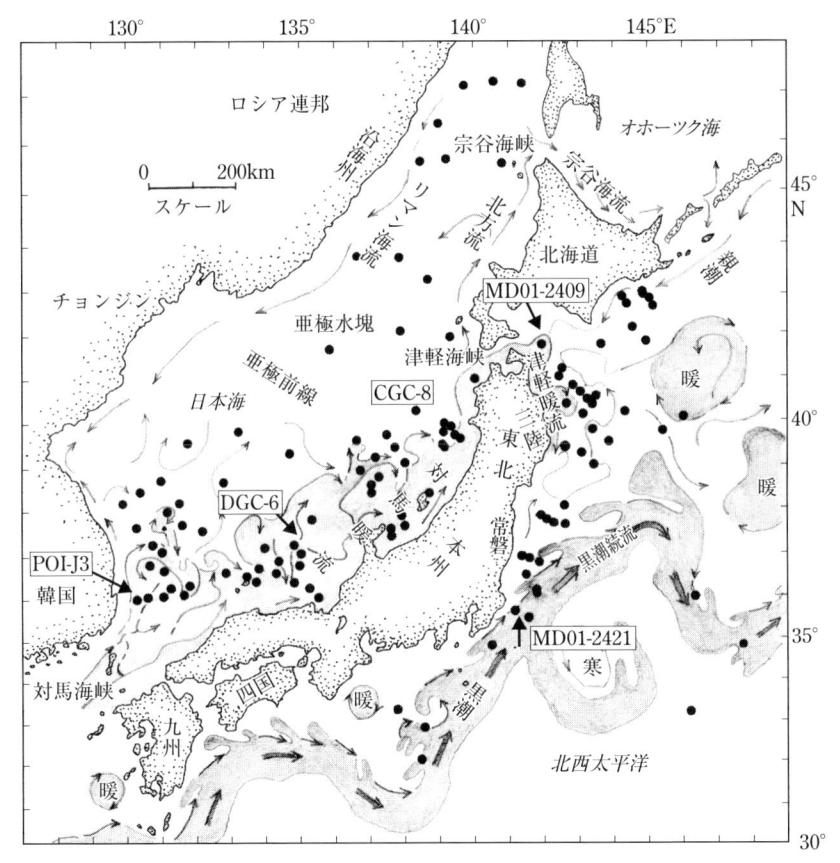

図3.5 1万3000年前以降の海況変動を取り扱ったコア堆積物の地点.
日本列島周辺海域における表層堆積物123地点(図中の黒丸)の分布と海流系,および水塊との関係を示す.

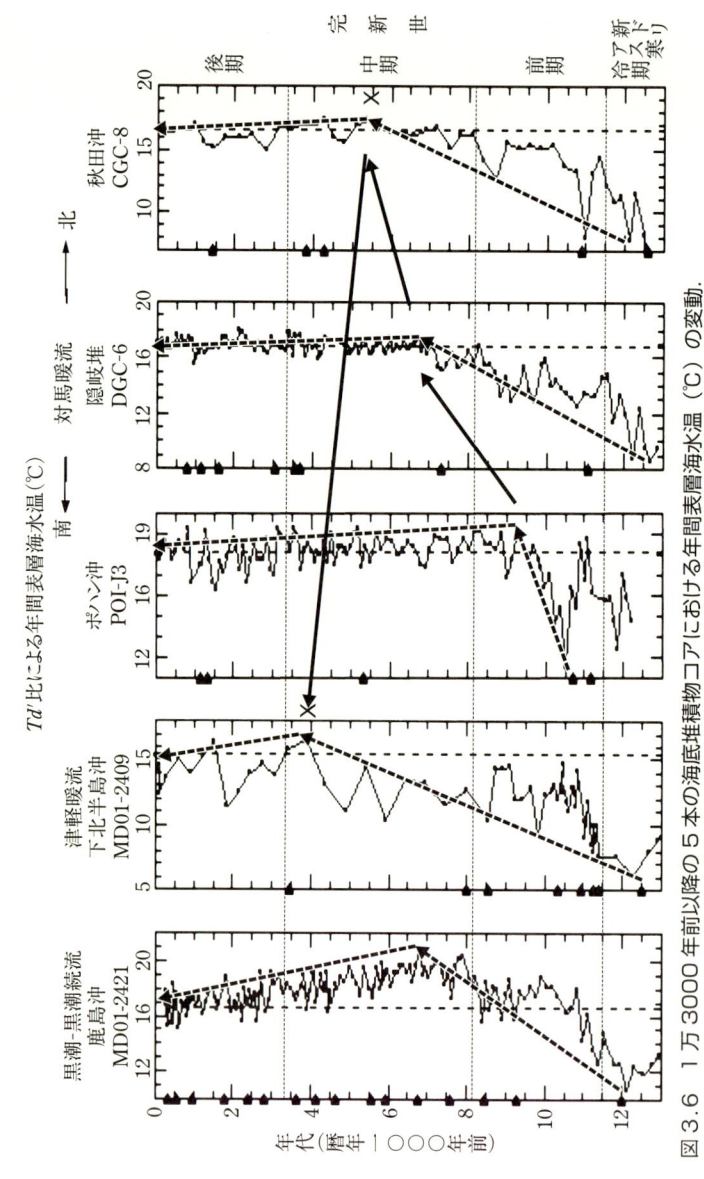

図3.6 1万3000年前以降の5本の海底堆積物コアにおける年間表層海水温（℃）の変動。
1万3000年前以降の5本の海底堆積物コアにおける年間表層海水温（℃）は、10-100年スケールの短期間変動と1000年スケールの長期間変動とから構成されている。新ドリアス寒冷期からヒプシサーマル（高温）期まで上昇した後、現在まで減少する（点線の矢印）。実線の矢印は日本海の対馬暖流が津軽海峡を通過して津軽暖流となることを示している。黒三角印は測定年代値の層準を示す。

58　第3章　完新世古海洋環境の復元

たために，黒潮とカリフォルニア海流が強化された結果である（Menking and Anderson, 2003；山本，2009；Isono et al., 2009；Barron and Anderson, 2010）．

津軽暖流域におけるコア MD01-2409 の表層海水温は，後述する日本海における対馬暖流域の表層海水温の変化に類似しており，津軽暖流が対馬暖流起源であることを示している．最終氷期最寒期の 6.2℃ から完新世中期の 16.5℃ へ上昇した後，現在の 15.3℃ まで減少する．この期間を通じて表層海水温は 10.5℃ の変動幅内を 4-5℃ の幅で増減している．

鹿島沖の堆積物コアにおける珪藻殻数は新ドリアス寒冷期で著しく減少している．完新世前期-中期前半では，海水温変動を反映して細かく増減している．完新世中期から後期へ増加した後，最上部へ減少する．親潮と津軽暖流が混合する下北沖における珪藻殻数は完新世前期の前半で増加しており，完新世を通じて鹿島沖の珪藻殻数より約 2 倍多い．

外洋性寒冷種が新ドリアス期から完新世前-中期へ減少するのに代わって，浅海-沿岸性寒冷種 *Odontella aurita* が増加する．北方域では，親潮の南下を反映して，*O. aurita* が 9500 年前から増加し始め，外洋性温暖種の産出頻度はきわめて低い．

過去 1 万 3000 年間を通じて，表層海水温の低下が 1 万 1000 年前，1 万年前，9300 年前，8300 年前，7500 年前，5500 年前，4200 年前，2800 年前，西暦 50 年，350 年，700 年，1000 年，1550 年，1650 年，1800 年などに起こっている．これらの低温-寒冷化気候の年代は 100-1000 年スケールにおいて，北半球の海域に限らず，陸域の雪氷コアや湖底堆積物，沖積層，洞窟の石筍，樹木年輪，など多数の詳細な地域的気候変動の古気候プロキシ（間接指標）の記録と一致している（第 5 章で詳述）．

(2) 日本海

表層海水温は新ドリアス寒冷期から完新世前-中期へ増加するが，韓国ポハン沖では 1 万 520 年前に 11.5℃，秋田沖では 1 万 2110 年前に 7.8℃ となり，現在値の 17.0℃ や 16.8℃ より著しい低温化が起こっている（図 3.6）．表層海水温は完新世前-中期を通じて 1-3℃ の幅を 10-100 年スケールで激しく変動している．その後，完新世中-後期から現在へ減少する．完新世中期

の表層海水温が前期や後期の表層海水温よりも高くなっていることは，北日本太平洋岸沖と同じ原因による．

　南部海域のコア DGC-6 では，東シナ海沿岸水の指標種 *Paralia sulcata* が完新世前期から中期へ減少し，対馬暖流の指標種 *Fragilariopsis doliolus* が 8500-7500 年前から増加する．ポハン沖のコア POI-J3 では，*F. doliolus* の産出頻度がきわめて少なく，対馬暖流の影響が少なかったと考えられる．秋田沖のコア CGC-8 は亜極水域に位置しており，対馬暖流の影響が少なかったために *F. doliolus* の特徴的な 4 回の多産層準が 3 回しか認められない．

　外洋性の寒冷種と温暖種は完新世前期を通じて産出頻度の多寡を繰り返すが，中期以降を通じて温暖種が優勢となる．その時期は南部域の北緯 35.6 度で 9000 年前，北緯 37 度で 8500 年前，亜極前線付近の北緯 39.6 度では 7500 年前であり，それぞれの地点を対馬暖流が本格的に北方へ通過した時期を示している．日本海においても，北日本太平洋岸沖で認められたような完新世後期における表層海水温の低下が起こっている．

　表層海水温の変動を精細に復元した後に，海水温の変動をもたらした気候変動の原因を解明することが必要である．完新世を通じて起こった氷河の後退と前進の記録，および海と陸におけるさまざまな古気候プロキシに基づいて復元された地域的な気候変動は，大気圏の宇宙線によって生成される宇宙線生成核種 ^{14}C と ^{10}Be の 100-1000 年スケール変動と同調している．^{14}C と ^{10}Be の挙動がまったく異なっているにもかかわらず，両者の変動が一致していることは，両者が太陽活動の変動を主に反映していることの証拠である (Vonmoos *et al.*, 2006).

3.6　表層海水温の時系列解析

　鹿島沖（コア MD01-2421）および日本海隠岐堆（コア DGC-6）の表層海水温と，それらの変動を一義的に制御していると考えられる太陽活動のプロキシである大気中の ^{14}C 生成率（‰）との関連性を確認するために時系列解析を行った（小泉・坂本，2010）.

(1) スペクトル解析

　最大エントロピー法（Maximum Entropy Method；MEM）と最小二乗法を理論的中核とする汎用時系列データ解析システム・ソフトウェアMemCalc1000（諏訪トラスト）を使用して，両コアにおける表層海水温変動のパワー・スペクトル解析を行った結果，長周期の成分が圧倒的に強く抽出された．すなわち，鹿島沖コアMD01-2421の1万2234年，5915年，3759年，3077年，1647年などの5周期成分と，日本海隠岐堆コアDGC-6における1万2384年，4208年，1862年，1604年，961年などの周期値である．これら5つの長周期成分によって，時系列データに対する最適当てはめ処理を最小二乗法で行って，5周期成分の妥当性を検査した（図3.7の中と下）．

　また，短周期成分の安定性を検討するために，時系列データから基底変動曲線としての当てはめ曲線を差し引いた残差の時系列データをMEMスペクトル解析した結果，コアMD01-2421では2434年，959年，336年の周期値が得られ，コアDGC-6では2543年と378年が得られたので，両者に共通している300-400年周期が妥当である．データの時間間隔がコアMD01-2421では平均80年，コアDGC-6は90年であるために，周期解析において1周期5点程度のデータが必要であるとすれば，400-450年以上の周期値が有意義であると考えられる．

　木の年輪による時間間隔が1年の大気中の^{14}C生成率（‰）のデータと両コアの表層海水温データの時間間隔とを合わせるために，大気中^{14}C生成率（‰）のデータ間隔を40年と70年の2つで再サンプリングした時系列データを作成して解析した（図3.7の上）．残差のMEMスペクトルでは3857年，1576年，527年，356年などの周期値が優勢である．

　また，最適当てはめ曲線を近未来の1000年後まで外挿させて，年間表層海水温と太陽活動の予測曲線を描いた（図3.7の中と下）．その結果，コアMD01-2421の表層海水温と太陽活動は小氷期後の温暖化が今後300年間継続されることを示唆したが，コア最上部のデータが不足しているので，疑問が残る．一方，コアDGC-6の表層海水温では，数百年前に始まった寒冷化が今後数百年後まで継続することを示した．今後のより詳細な分析と解析が

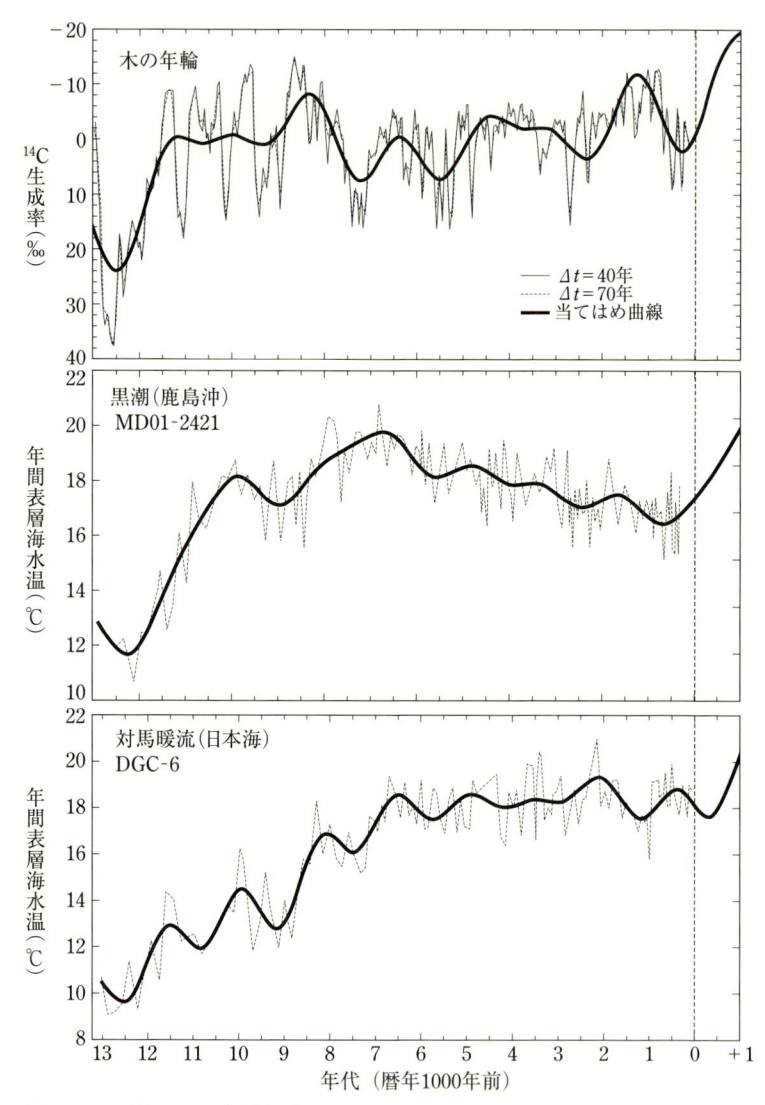

図 3.7 1万3000年前以降のコア MD01-2421 と DGC-6 の Td' 比による年間表層海水温（℃）（Koizumi, 2008）および ^{14}C 生成率（‰）（Stuiver and Reimer, 1993）の MEM スペクトル解析（小泉・坂本, 2010），
最小二乗法による5つの長周期成分の当てはめ曲線と近未来1000年後までの変動予測曲線．$\Delta t=$ 再サンプリングした時間間隔．

必要である.

(2) クロス・スペクトル解析

　大気中の^{14}C生成率（‰）とコアMD01-2421およびコアDGC-6の表層海水温とのクロス・スペクトル解析を時系列ソフトウェアAnalyseriesを使用して，Blackman-Turkey法によって行った．大気中の^{14}C生成率（‰）とコアMD01-2421の表層海水温とのクロス・スペクトルは，6000年，2400年，1600年などの長周期成分で干渉性（コヒーレンス）が高く，同位相であるので，太陽活動と鹿島沖の表層海水温は関連していると判断される（図3.8）．大気中の^{14}C生成率（‰）とコアDGC-6の表層海水温とのクロス・スペクトルはコアMD01-2421の表層海水温と同様に，6000年，2400年，1600年などの長周期成分で関連性が高い．400-300年の短周期において，干渉性が中程度，位相が－1.4-＋1.2であることから，大気中の^{14}C生成率（‰）の変動に対して表層海水温（℃）が0-150年遅れて変動していることが考えられる（図3.8(c)と(d)）．

　これらの周期値のうち，2400年の周期値は，中緯度域におけるフェレル循環の強化による大気循環の2500年周期（Nederbragt and Thyrow, 2005；Debret et al., 2007）に近似している．Hood and Jirikowic（1990）は過去7200年間における大気中^{14}C生成率が100年スケールの短周期成分を基底とした2200-2600年（中間値2400年）の長周期を示すとした．とくに西暦年間におけるオーロラと黒点の出現頻度，およびマウンダー極小期，シュペーラー極小期，ウォルフ極小期などの100年スケールにおける太陽活動の衰退は，2400年周期に重なっていることを明示した．

　1600年周期は，北大西洋で周期的に起きた深層水形成の弱体化によるボンド事件の1500年周期として有名になった（Bond et al., 1993；2001）が，それ以前に小泉（1987；Koizumi, 1989）は対馬暖流が1500-1800年の周期性で脈動することを明らかにした．1000-2000年の範囲内にある気候変動はダンスガード・オシュガー周期（Dansgaard et al., 1984；Oeschger et al., 1984），あるいは1000年バンド（Bond et al., 1997）として，最終氷期における世界中の気候変動スペクトルで広く認識されている．ダンスガード・オシュガー周

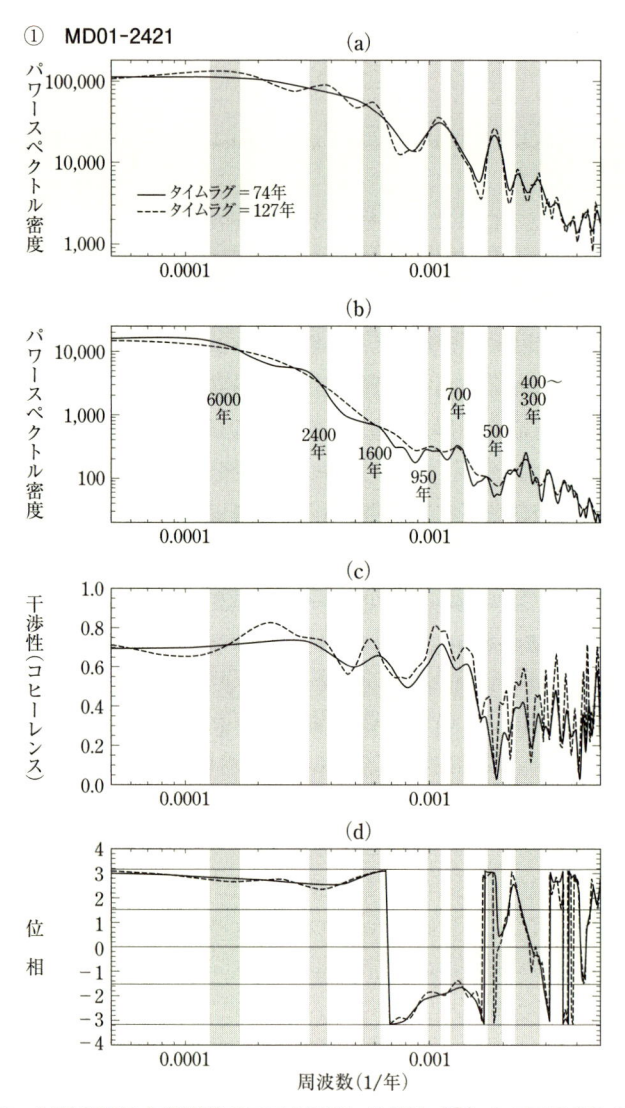

図 3.8 1 万 3000 年前以降のコア MD01-2421（①）とコア DGC-6（②）の Td' 比による年間表層海水温（℃）(Koizumi, 2008), ^{14}C 生成率（‰）(Stuiver and Reimer, 1993) の Blackman-Tukey 法によるクロススペクトル解析（小泉・坂本, 2010）.
　(a) ^{14}C 生成率（‰）(Stuiver and Reimer, 1993) のパワースペクトル密度, (b) コア MD01-2421 の Td' 比による年間表層海水温（℃）のパワースペクトル密度, (c) クロススペクトルの干渉性, (d) クロススペクトルの位相.

② DGC-6

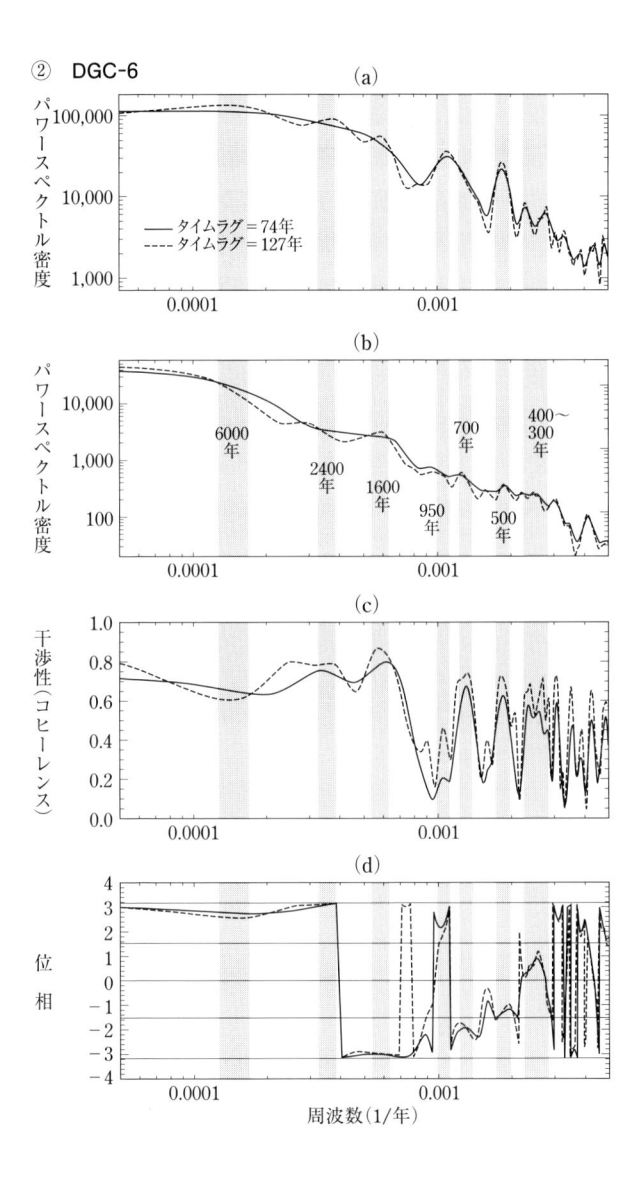

(a)

パワースペクトル密度

—— タイムラグ＝74年
---- タイムラグ＝127年

(b)

パワースペクトル密度

6000年, 2400年, 1600年, 950年, 700年, 500年, 400〜300年

(c)

干渉性（コヒーレンス）

(d)

位相

周波数(1/年)

3.6 表層海水温の時系列解析

期は，北日本太平洋岸沖の最終氷期においても識別されている（Koizumi and Yamamoto, 2010）．著しく周期的な1000年バンドの変動は，外部要因としての太陽起源の日射フォーシングが急激な気候変化をもたらし（Rahmstorf, 2003），不規則なあるいは周期的でない変化は気候システムに関わる内部要因の機構を示唆する（Broecker, 2003）とされている．

1000年バンドの気候スペクトルは，高緯度域雪氷圏のグリーンランド氷床コアと低緯度域アジア・モンスーンに位置する南京東方のホゥルゥ（Hulu）石筍の$\delta^{18}O$変動に見られる1190年，1490年，1667年の3つの周期値から構成されている（Clemens, 2005）．1000年スケールの気候変動は周期的フォーシングが氷河量や海水準のような地球表層システムの境界状態を発展させることによって，発端のタイミングが影響されて発現するとされている．北大西洋の完新世における1000年スケールの古気候プロキシは，ウェブレット変換解析によって，2500年，1600年，1000年の3つの周期から構成されていることが示された（Debret et al., 2007）．太陽活動による1000年と2500年の周期は，全気候システムに幅広く分布している（Nederbragt and Thurow, 2005）．完新世前期では，太陽活動が大陸氷床の崩壊へ影響した結果として，波長の90%を説明しており，5000年前以降に優勢になる1600年周期は海洋内部フォーシングによる海流の強度であると解釈されている（Debret et al., 2007）．

400-300年の短周期値は，地磁気スペクトルの永年変化の範囲内である．太陽活動プロキシとしての大気中^{14}C記録のスペクトル解析は750-250年の範囲内に多数のスペクトル・ピークを示している（Stuiver and Braziunas, 1989；Clemens, 2005）．かなりの状況証拠が100-1000年スケールの気候変動が太陽起源であることを示唆する．なぜ，小さな外部フォーシングが気候システムの内部に振幅の大きな変動をもたらすのか？の問いに対しては，気候スペクトルが気候システム内部に存在する海面温度や風による湧昇のような表層環境の変動に対して，迅速な反応を含んでいることが挙げられる．また，振幅メカニズムは，成層圏におけるオゾン生産と温度に影響を与える太陽スペクトルの紫外線領域における変化，および雲形成と降雨における宇宙線強度の変化が太陽放射の増幅効果として考えられている（van Geel et al.,

1999）．

(3) ウェブレット変換解析

　時間によって変化する信号をフーリエ解析すると，そのスペクトルが得られる．このスペクトルは周波数の関数であり，時間の情報は失われるので，スペクトルの時間変化を求めるためには，連続ウェブレット変換（Continuous Wavelet Transform）と呼ばれる解析法を使う．ウェブレットとはさざ波のことである．ウェブレット変換では，1つのマザー・ウェブレットという基本的な関数を拡大・縮小させることにより，信号の周波数-時間軸の解析を行う．周波数が高くなるにしたがって，そのサイズは小さくなり，時間軸の詳細な情報を検出できるので，高分解能解析の評価には最適であり，近年さまざまな分野で活発に使用されている．

　Torrence and Compo（1998）のウェブレット・ソフトウェアーを使用して，鹿島沖コア MD01-2421 の表層海水温をウェブレット変換解析した（図3.9）ところ，1万1500-1万500年前，9000-8000年前，5500-4500年前，4000-3000年前など1000年の期間内において短周期の380-250年周期が優勢となることが判明した（図3.9（b）上部の太線で囲んだ部分）．図3.9の（a）は年間表層海水温（℃）の時系列であり，（b）の時間と周期の関係図と対応している．図3.9（b）の濃淡で表現された周期に卓越している変動の大きさは，振幅を二乗したパワーで表現されている．図中の網掛けの部分は検出精度がなく，周期としての存在が弱いことを示している．マザー・ウェブレットの振動を決定するパラメータは6.00（図3.9（a）の右）である．（c）は（b）の期間全体の信号のスペクトルを次々に解析した結果を平均化した図（グローバル・ウェブレットと呼ぶ）で，フーリエ解析のパワー・スペクトルに該当する．図中の点線は96％以上の周期成分が4％の確率で破棄されることを示している．日本海，隠岐堆コア DGC-6 の表層海水温のウェブレット変換解析では，1万2500-1万1250年前と1万-9000年前の期間で500年の周期が強い．6500年前以降の期間は，優勢な1500年周期と弱い375年周期からなる．

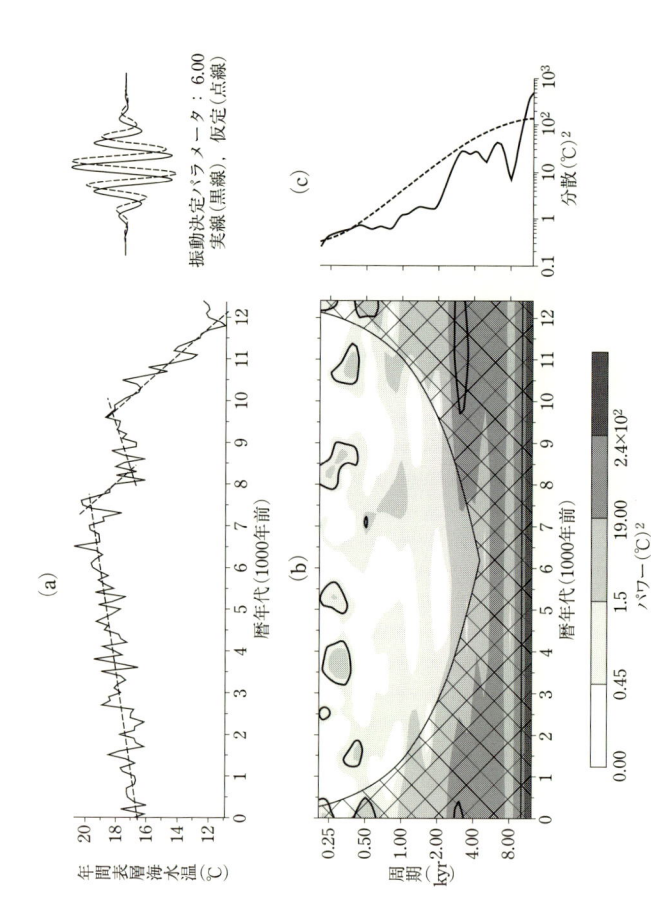

図 3.9 鹿島沖コア MD01-2421 における過去 1 万 2500 年間の年間表層海水温のウェーブレット変換解析（山本浩文氏による）．
Torrence and Compo (1998) のウェーブレット・ソフトウェアーを使用．(a) 鹿島沖コア MD01-2421 の年間表層海水温（℃）の時系列，(b) ウェーブレット・パワー・スペクトル，(c) グローバル・ウェーブレット．

3.7　表層海水温を復元するほかの方法

(1) 有孔虫殻の酸素同位体比法

　浮遊性有孔虫殻の酸素同位体比（$^{18}O/^{16}O$）は，浮遊性有孔虫の石灰質殻が形成されるときの，海水の^{18}O濃度と海水温との2つの要因によって決定される．海水面からは質量の軽い^{16}Oを含むH_2Oが，^{18}Oを含むH_2Oより多く蒸発するために，水蒸気が雲となり雨や雪から大陸氷床が形成される氷期には，海水の^{18}O濃度は濃くなる．また，海水温が低いほど，反応速度は遅くなるので，寒冷期（氷期）に海水（H_2O）の^{18}O濃度は濃くなる．一方，海水温度の変化がほとんどない底生有孔虫殻の酸素同位体比は，海水の^{18}O濃度のみで決まる．算出の式は以下の通りである．

$$\delta^{18}O(‰) = [(^{18}O/^{16}O)_{試料}/(^{18}O/^{16}O)_{標準試料} - 1] \times 1000$$

標準試料は，米国サウスカロライナ州の上部白亜系 Peedee 層から産出するBelemnite類（イカやタコの仲間）化石（PDB）の$^{18}O/^{16}O$である．温度スケールは，$T = 16.9 - 4.38 \times (\delta_c - \delta_w) + 0.10 \times (\delta_c - \delta_w)^2$で，$\delta_c$は有孔虫殻の酸素同位体比，$\delta_w$は有孔虫が生息していた海水の酸素同位体比である（Shackleton, 1974）．海水の^{18}O濃度は，海水温だけでなく陸水や外洋水の塩分の影響を受ける．日本列島の太平洋岸沖合では，表層海水の$\delta^{18}O$が塩分と比例関係にあることが判明している（Oba and Murayama, 2004；Oba et al., 2006）．

　海底堆積物コア中の浮遊性有孔虫殻による酸素同位体比曲線は，間氷期に奇数番号を，氷期に偶数番号を付して，気候変動に基づく酸素同位体比のステージ区分が行われる（MIS, OI）．最終間氷期のステージ5は5期に細分され，新しい時代から 5a, 5b, 5c, 5d, 5e とされている．

　一方，底生有孔虫殻の酸素同位体比（$^{18}O/^{16}O$）は，底層水温がほぼ一定であるので，当時の海水の^{18}O濃度と同時に大陸氷床の多寡を記録している．さらに，底生有孔虫殻の酸素同位体比の変動曲線が，地球軌道要素の変動と合致していることから，SPECMAP 年代尺度として使用されている．

(2) アルケノン Uk'$_{37}$ 法

　アルケノンは，長い直鎖炭化水素の一部に炭素-炭素二重結合とケトン（CO）基を持つ化学物の総称である．石灰質ナノプランクトン（ハプト藻綱）が生成する生体脂質のアルケノンは，生育温度が低いと不飽和度が高くなる．それゆえ，不飽和指標（Uk'$_{37}$ 値）は，ハプト藻綱が生育していた海水温度を指示することになる．海成堆積物中のアルケノンは，石灰質ナノプランクトン（コッコリス）の *Emiliania* 属と *Gephyrocapsa* 属に由来している．

$$\text{Uk}'_{37} = [\text{C37}:2\text{Me}] / ([\text{C37}:2\text{Me}] + [\text{C37}:3\text{Me}])$$

　C37：2Me は炭素数 37 の 2 不飽和アルケノンを示し，Me は炭素数 37 のアルケノンに特有なメチルケトンを示している．

(3) 浮遊性有孔虫殻の Mg/Ca 比

　浮遊性有孔虫殻の Mg/Ca 比は，古水温のプロキシとなり得る（Nürnberg *et al.*, 1996；Lea *et al.*, 2000；Sagawa *et al.*, 2006）．浮遊性有孔虫殻の Mg/Ca 比は過去の海水の δ^{18}O を与えてくれるので，浮遊性有孔虫殻の δ^{18}O 変動を解析する際の有力な補助手段となる．鹿島沖コア MD01-2420 の過去 3 万年間を通じて，浮遊性有孔虫 *Globigerina bulloides* 殻の Mg/Ca 比による表層海水温は，δ^{18}O による表層海水温と類似した変動を示している（Sagawa *et al.*, 2006）．

コラム1 ── 気候変動と文明の盛衰

　従来，最終氷期後の完新世（1万1600年前-現在）は比較的安定した気候の時代であったと見られていた．しかし，古気候に関するプロキシ（間接指標）記録の高分解能解析は，完新世を通じて寒冷気候と温暖気候が日射量の変動による2500年と1000年，および大気-海洋循環の強さの変動による1600年の周期性で繰り返されていたことを示した（Debret *et al.*, 2007；小泉・坂本, 2010）.
　人類の歴史を通観すると，社会崩壊は突然に起こり，崩壊に伴った居住地の放棄や食糧確保の違いによるほかの生存基盤への変換，社会集団の縮小などの現象が観察される．自然が主体であった地球環境から人類主体の地球環境へ変遷してきた文明社会化において，社会・政治・経済などの諸要因が複雑になり，複合化した相乗効果が社会崩壊の根底をなしていると一般的に結論されている（Weiss and Bradley, 2001）．しかし，高分解能解析による過去の気候事件の時期（タイミング），振幅，継続時間（タイム）などに基づいて10-100年スケールで気候変動の復元をしてみると，人類の歴史における社会崩壊や文明の画期などに与えた気候変動の影響が重大であったことを明らかにしている（図）．
　太陽放射量の変動が駆動力となって，地球規模で起こった気候システムにおける変動が局地的ないしは地域規模の人類活動を制約して，文明の盛衰が生起したと考えられる．われわれの先人たちが気候異常へどのように対応してきたか，社会や国家が崩壊して人々の暮らしがレベルダウンしたか，それとも他処へ移住して，新しい暮らしに適応できたか，などを知ることは，将来の気候変化に対する複雑な現在社会の戦略を立てるときに重要になると考えられる．

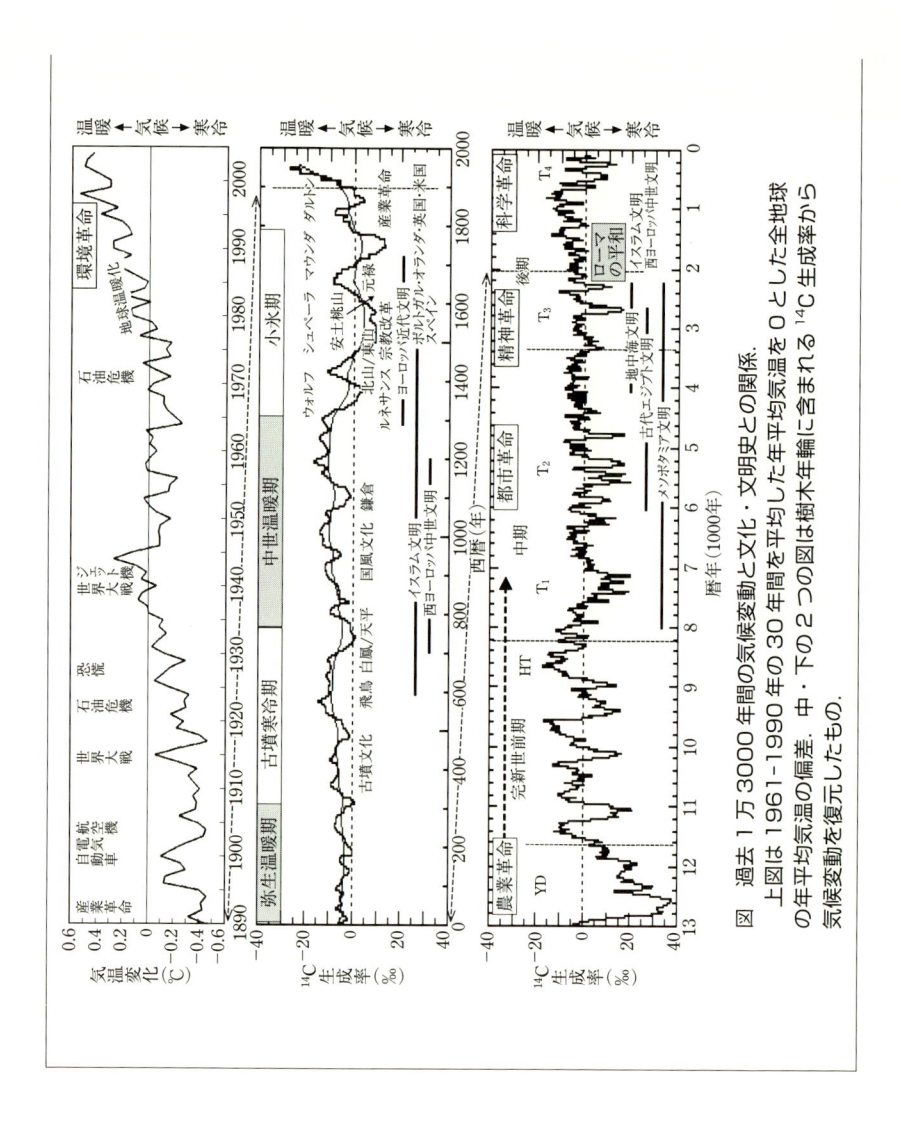

図 過去1万3000年間の気候変動と文化・文明史との関係.
上図は1961-1990年の30年間を平均した年平均気温を0とした全地球の年平均気温の偏差.中・下の2つの図は樹木年輪に含まれる^{14}C生成率から気候変動を復元したもの.

72　第3章　完新世古海洋環境の復元

第4章

日本列島における気候変動

　暦年代2万1500年前の最終氷期最寒期から完新世前期までの期間を通じて，気温と海水温が上昇するにつれて，北半球高緯度域の氷河は一進一退を繰り返しながら後退を続けた．氷河の融解した水が海に戻ったために，海水準は融氷量に応じた上昇を続け，広域におよぶ海水準変化となって日本列島周辺海域の内湾にも侵入した．海底堆積物中の珪藻化石群集は，海況変動の1500-1800年周期（Koizumi, 1989；小泉，1995, 2006）よりさらに短期間の周期変動として，鹿島沖の黒潮と日本海の対馬暖流域から共通に800-900年と300-400年の周期値を提示した（Koizumi, 2008；小泉・坂本，2010）．これらの周期値は日本列島を含めた北半球の気候変動と半球規模で共通しており，宇宙線起源の ^{14}C と ^{10}Be の生成率が指示する太陽活動の周期とも一致している．

　黒潮とその分流である対馬暖流は，多雨と多雪をもたらす以外に，熱を日本列島にもたらし，多彩な自然環境と食糧，交流のための海の道を提供してきた．四方を海に囲まれた日本は，気候だけでなく文化面でも海洋から大きな影響を受けてきた．人間は自然環境の一部として生きている．自然環境に対する抵抗力が弱かった古代の人間の生活は，とくに食糧やエネルギーの確保などで太陽活動の影響を強く受けたはずである．しかし，現在では反対に，人類活動が自然環境の悪化をもたらし，自らしかけて将来の人間の生活を危うくしつつある．

4.1 海水準（海面水位）変動

　気候変動に関する政府間パネル（IPCC）の第4次報告書（松野，2007）によれば，気候システムの温暖化による大気や海洋の世界平均温度の上昇，雪氷の広範囲におよぶ融解，世界平均の海面水位の上昇などが1961年以降に観測されている．気温の上昇による海水の膨張と大陸氷床の融解によって，世界平均の海面水位が21世紀末までの100年間に18-59 cm上昇すると予測されている．海水の膨張とは，表層海水温の上昇が深層へおよんで，海水の体積が膨張することである．表層海水温は緯度と季節に依存して−2℃から30℃までの範囲内にあるが，水深数千mの深層では世界中で0℃前後である．

　1961年以降の観測によれば，全海洋の水深3000 mまでの平均水温は0.04℃上昇しており，気候システムにおける熱の約80%を吸収したことに相当する．南北両半球において，山岳氷河と積雪面積は平均して縮小している．100-1000年スケールの海水準（海面水位）変動では，完新世（後氷期）の始まりとともに，氷河の融解水が海へ流入して海水準が上昇した．海岸や湖岸に居住していた人類や生息していた生物は，海水準上昇に伴う海岸線の前進や高潮，波浪洪水などによって死滅し，あるいは追い立てられて移動を余儀なくされた．

　気候変動による氷河や氷床の消長は，以下のような海水準変動をもたらす：①氷河や氷床の拡大あるいは縮小によって，海水量が増減し，海水準が昇降する（氷河性海水準変動と呼ぶ），②大規模な氷河の拡大や縮小にともなって生じる地殻のアイソスタシー（地殻均衡）によって，海水準が昇降する（氷河性アイソスタシーと呼ぶ），③海水量の増加によって，海底が沈降し，大陸縁辺部や島が隆起して海水準が昇降する（ハイドロ・アイソスタシーと呼ぶ），④地域的な地殻変動（テクトニクス）によって，地形が変化して海水準が昇降する，などである．

　海水準変動を時間経過にしたがって把握するためには，過去の海水準を記録した海成段丘の旧汀線や海成堆積物，潮間帯生物の化石，あるいはサンゴ礁などの海抜高度を正確に調べることと，それらの絶対年代を知ることが必

要である．

　縄文海進に伴う海水準の急激な上昇によって，縄文時代早期の低地に作られた貝塚遺跡は現在は水没して，海底下あるいは海成沖積層の中に埋没している．完新世前期の海水準は東京湾や仙台湾，伊勢湾，大阪湾などの海抜約 -40 m に位置している．それらのうち，知多半島の南端にあるおぼれ谷の内海低地（古内海湾）では，^{14}C 年代約 8590 年前の先苅貝塚遺跡の旧汀線は海抜約 -13 m であったが，その後の隆起の影響を受けて縄文海進最盛期の ^{14}C 年代 6250 年前には海抜 $+5$ m となった（図 4.1；松島，1983；前田ら，1983）．^{14}C 年代 4560 年前の縄文中期の小海退（太田ら，1982）による海抜約 1 m までの海水準低下と，3220 年前の縄文時代後期における 1.5-2 m の海水準上昇が確認されている（松島，1983）．また，弥生の海退（古川，1972）に対応する約 1800 年前の海水準低下が推定されている．

　島根県浜田市から兵庫県香住町までの山陰海岸において，地形測量と遺物や遺跡，それらを包含する地層の観察，およびそれらの形成年代から，海水準変動が周期的に変動したことが判明している（豊島，1978）．すなわち山陰海岸では，縄文時代前期（^{14}C 年代約 6000 年前）の海抜 5 m 以上のごく短期間の高海水準期の後，1500-1000 年間を通じて海水準は海抜 2.5-2.0 m で停滞し，縄文時代後-晩期（約 4000-3000 年前）の海水準は現海水準ないしは 0.7 m 付近で停滞した．縄文時代中期と弥生時代に海退が認められ，平安時代（1000-700 年前）には海抜 0.4-3 m の海水準上昇があった．

　地震に伴って起こった地殻変動による隆起は，房総半島南端部と大磯丘陵南西部において縄文海進最盛期の旧汀線が海抜 20 数 m に存在することや，4 段の完新世海成段丘が形成されたことに認められる（松島，2007b）．また，能登半島七尾西湾の日用川谷底平野では，^{14}C 年代 4000-3300 年前，2200-1600 年前，1600-500 年前に地震に伴う 3 度の間欠的な地盤隆起が確認されている（藤本，1993）．

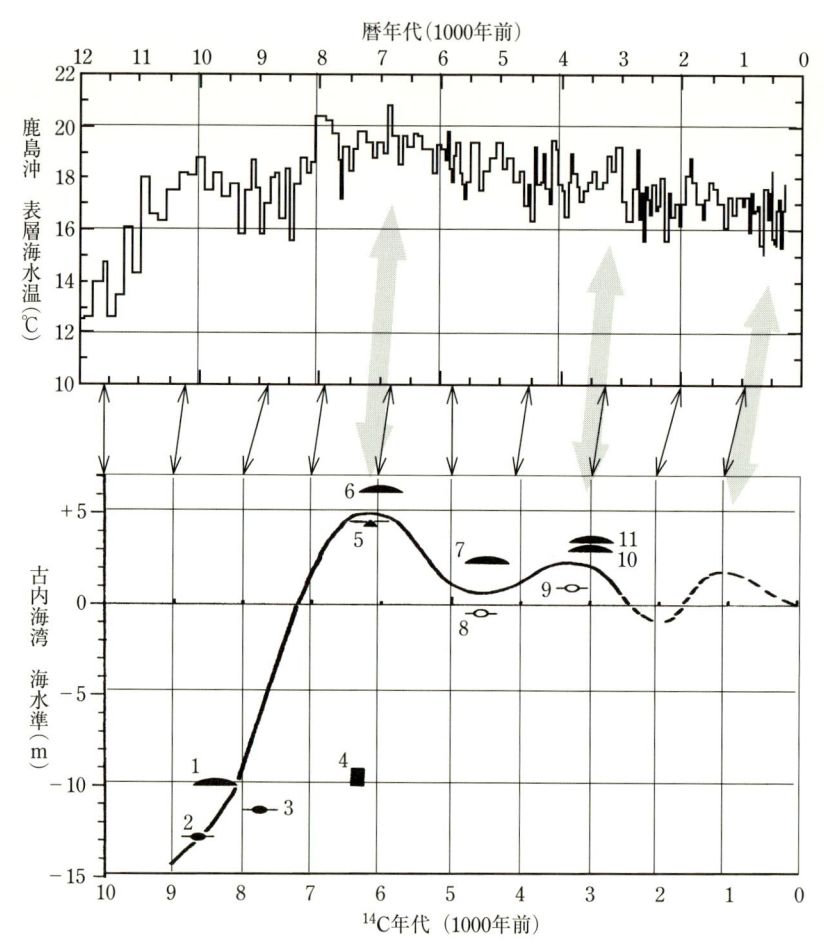

図4.1 古内海湾の縄文海進以降の海水準変化(松島,1983)と鹿島沖コア D01-2421における1万2000年前以降の年間表層海水温(℃)変化との対応関係.
　グレーの矢印は海水温の上昇期が海水準の上昇期と対応していることを示す.
1;先苅貝塚. 2;−12.85−−13.00 mの泥炭質シルト. 3;−11.50−−10.0 mの泥炭質シルト. 4;アカホヤ火山灰. 5;生痕化石の上限. 6;清水ノ上貝塚. 7;乙福谷遺跡. 8;上部砂層のハマグリ. 9;上部砂層のハマグリ. 10;林ノ峰貝塚. 11;下別所遺跡.

4.2 海—沿岸域

(1) 太平洋沿岸域

　縄文海進による海水準の上昇に伴って，海が房総半島や三浦半島などの内陸部にまで入り込んだ．おぼれ谷となった内湾の堆積物からは，現在の紀伊半島ないしは沖縄以南，あるいは台湾以南に分布するタイワンシラトリやカモノアシガイ，チリメンユキガイなどの熱帯性貝類やハイガイ，シオヤガイなどの亜熱帯性貝類の化石が多数産出する（図4.2）．これらの熱帯種群と亜熱帯種群の南関東における出現は，それぞれ^{14}C年代9500-1500年前と6500-4200年前に限定される（松島，1984）．また，現在の本州に分布するハマグリ，シオフキ，ウネナシトヤマガイなどの温帯種群は7500年前に北海道南部から石狩低地へ進出し，6900-5300年前には宗谷海峡-オホーツク海を経由して北海道東部にまで達していた（図4.2；赤松，1965）．

　ヒプシサーマル期直前の7500-7000年（暦年代8342-7821年）前には，海水温と海水準が急激に上昇したために，日本列島を取り巻く沿岸域には，多数の内湾が出現して，温暖性貝類の分布域が著しく拡大した．ヒプシサーマル期の6500-5500年（暦年代7426-6293年）前に，熱帯種群は南関東，亜熱帯種群は本州北部まで北上し，温帯種群は北海道の全沿岸域を取り巻いた．しかし，5500-5000年（暦年代6293-5730年）前に始まった寒冷化気候と同時に，これらの温暖種群は南方へ後退していった（図4.2）．

(2) 日本海沿岸域

　日本海は浅く狭い海峡でのみ外洋とつながっているために，外洋における氷河性海水準変動が増幅されるので，地球全体におよんだ気候変動の影響を受けやすい「ミニ海洋」である．

　対馬暖流がもたらした温暖種のハイガイは，^{14}C年代8240年（暦年代9259年）前の鳥取平野や8160年（暦年代9126年）前の秋田県八郎潟から出現する．ヒプシサーマル期の6500-5500年（暦年代7426-6293年）以前に，対馬暖流の一部は津軽海峡を通過し，津軽暖流となって三陸沿岸を南下するとともに噴火湾から勇払平野へ北上した（荒川，1992, 1994）．また北海道の

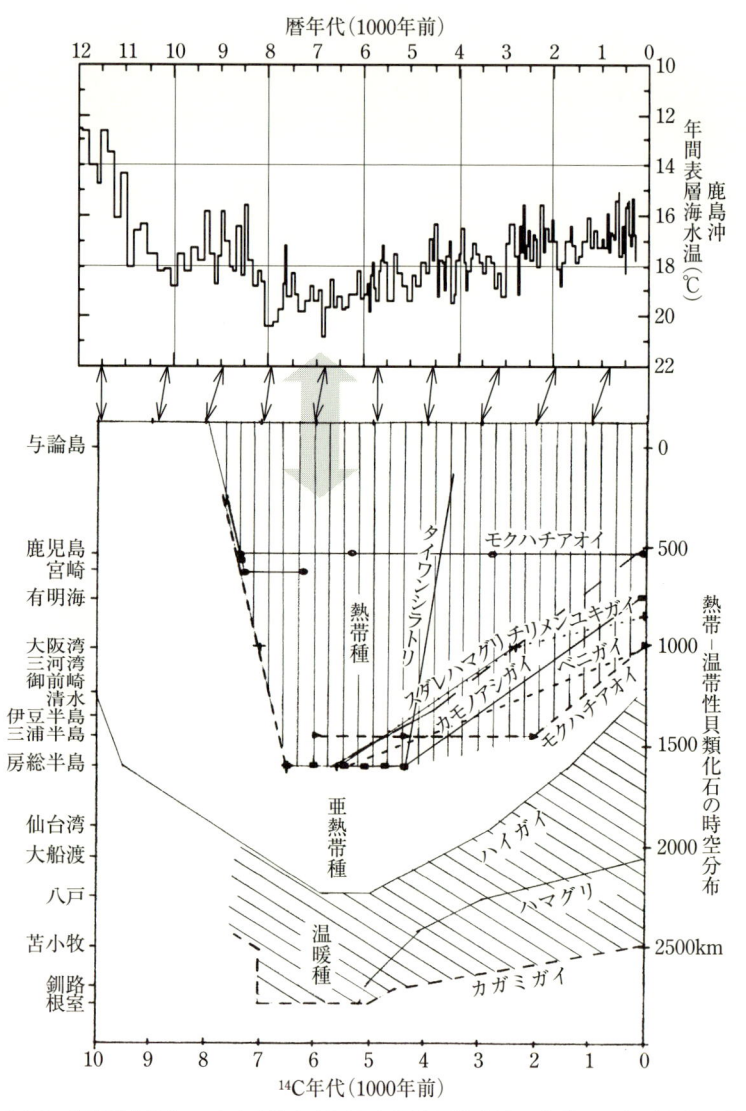

図 4.2 完新世を通じての鹿島沖における年間表層海水温の変動と日本列島太平洋岸における 熱帯性-温帯性貝類化石の時空分布（松島，2007a, b）との対応関係．グレーの矢印はヒプシサーマル（高温）期の対応関係を示す．

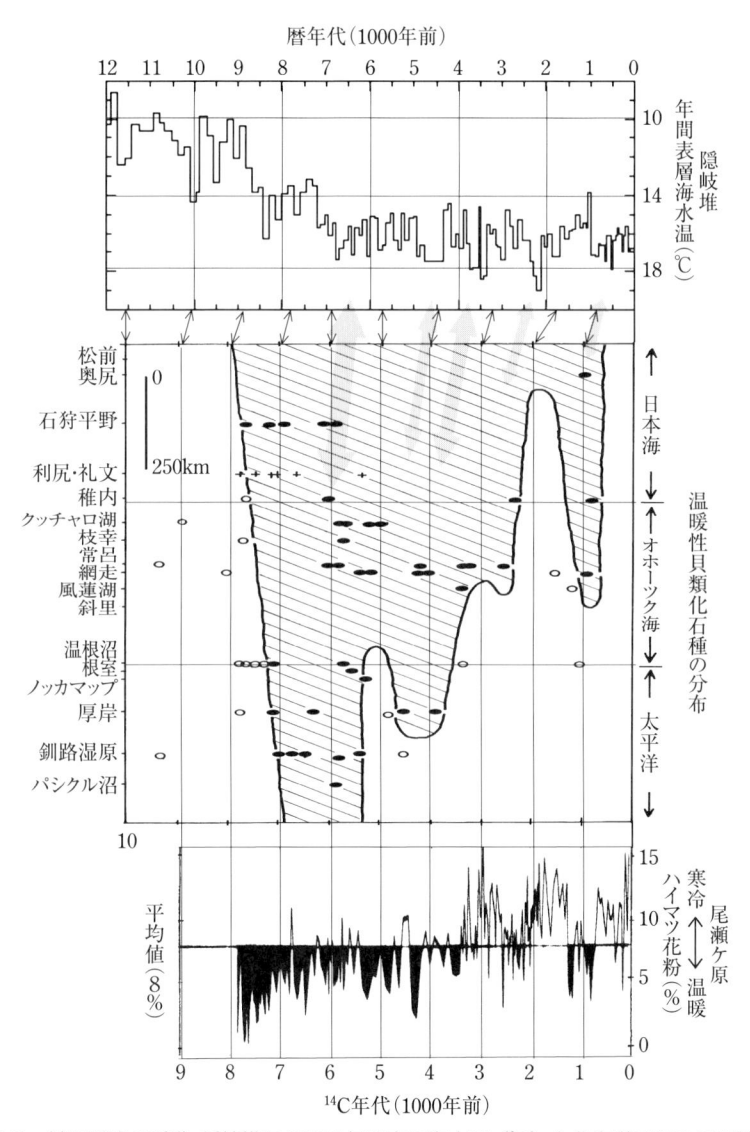

図 4.3 対馬暖流の脈動-隠岐堆における年間表層海水温（℃）と北海道周辺の温暖性貝類化石（松島，2007a）および尾瀬ケ原のハイマツ花粉（％）（阪口，1993）との対応関係．黒丸；温暖種を含む自然貝層または貝塚．白丸；温暖種を含まない自然貝層または貝塚．斜線部分；ウミナシトマヤガイの出現範囲．グレーの矢印は表層海水温の上昇が温暖性貝類化石の北上と対応していることを示す．

西岸を北上した北方流は宗谷海峡を通過し宗谷暖流となって，オホーツク海沿岸から知床半島を回って根室湾へ，さらに根室半島を回って道東沿岸を南下して，シオフキガイ，ハマグリ，ウネナシトマヤガイなどの温帯種群を全道の沿岸にもたらした（図4.3；紀藤ら，1998；松島，2007a）．その後，オホーツク海沿岸では，ウネナシトマヤガイを伴った温暖種群が4200-3200年（暦年代4826-3400年）前，2500-2300年（暦年代2711-234年）前，1000-900（暦年代929-790年）前に出現しており（松島，2007a），いずれの時期も海水温が上昇した温暖期に相当する．

4.3 陸域

(1) 尾瀬ケ原のハイマツ花粉

　尾瀬ケ原は夏のミズバショウやニッコウキスゲ，秋の紅葉などで有名な湿原である．標高2000 m級の山地に囲まれた尾瀬ケ原はブナ帯の中にある．東側の燧岳（標高2346 m）では，1550-1800 mの針葉樹林帯を過ぎると，2050 mからハイマツが現れる．西側の至仏山（標高2228 m）では，1700 mが森林限界線で，1800 mから山頂までハイマツ帯となる．本州中部の山岳地帯でも，ハイマツは2800 m以上に分布し，ハイマツ帯として高山帯下部の主要な植生を構成している．気温が低下すると，ハイマツ帯の下限は下降して，ハイマツ帯が拡大する．気温が上昇すれば，反対にハイマツ帯の下限が上昇して，ハイマツ帯は縮小する．したがってハイマツ花粉の百分率が大きいほど，寒冷気候を表していることになる．湿原植物の遺体からなる泥炭層には，火山灰や軽石などの火山噴出物と，周辺山地の森林から飛来した花粉が含まれている．

　尾瀬ケ原中央部の泥炭層に含まれるハイマツ花粉の百分率によると，過去8000年を通じて，温暖な時代が^{14}C年代3400年前まで連続した後，350年間の激しい寒暖振動の移行期を経て，寒冷気候が優勢となる．顕著な寒冷気候は，^{14}C年代4500年（暦年代5500年）前の縄文中期寒冷期（JC_1）と約3000年（暦年代3200年）前の縄文晩期寒冷期（JC_2），約1500年（暦年代1350年前）の古墳寒冷期，700-100年前の小氷期，および最上部の西暦

1806年から現在まである（Sakaguchi, 1983；阪口，1993）．それらの時期はいずれも日本列島周辺海域において，年間表層海水温が著しく低下した寒冷気候の時期である．また北海道における温暖性貝類が後退した時期とも一致する（松島，2007a）．

　弥生時代は前200年–西暦300年間が温暖であったので，弥生温暖期と呼ばれる．また，古墳寒冷期は480年の温暖期によって，310年の前期と650年の後期に2分される（図6.1）．約1000年前の温暖期（西暦732-1296年）は，寒冷期をはさんで1300-1200年前と1000-600年前に分けられる（図4.3）が，阪口（Sakaguchi, 1983）は全体を「奈良・平安・鎌倉温暖期」と呼んだ．この温暖期は北海道ではオホーツク文化の影響を受けた擦文時代に相当し，温暖気候が地域文化の拡大をもたらしたと考えられる（Koizumi et al., 2003）．ヨーロッパにおいても，1300-1150年前は非常に温暖な時期で中世温暖期（Medieval Climatic Optimum）と呼ばれている．

(2) ミズゴケ泥炭層の炭素同位体比

　尾瀬ケ原湿原の泥炭層を構成しているミズゴケ木質部の炭素同位体比（$\delta^{13}C = {}^{13}C/{}^{12}C$）は約2500年周期で変動し，暦年代7500年前，5000年前，3000年前で$\delta^{13}C$値が増加している（Akagi et al., 2004）．この変動周期は，アフリカ大陸北東部とアラビア大陸との間にある紅海のサンゴ礁が示す0.3℃の表層海水温の上昇に相当する，10mの海水準上昇に対応した海水準変動（Siddall et al., 2003）と同調している．しかし，Akagi et al.（2004）は太陽活動（Eddy, 1981；Stuiver et al., 1998）やハイマツ花粉（Sakaguchi, 1983；阪口，1993）の変動とは連動しないとした．その理由として以下が挙げられている．①太陽放射量がミズゴケ成長の制限要素でないこと，②尾瀬ケ原の年間平均気温はミズゴケ泥炭の最適気温である7℃以下であったために，気温上昇は好都合であること，③海水準上昇は湿潤と降雨を増加させるので，成長に好都合であること，④海水準上昇が大気中の二酸化炭素濃度を増加させるので，気孔のないミズゴケの同化作用は活発になると推論できること，である．

　しかし，ミズゴケ木質部の炭素同位体比（$\delta^{13}C = {}^{13}C/{}^{12}C$）から得られた2500年周期は，日射フォーシングによる大気循環の2500年周期（Nederbragt and Thurow, 2005；Debret *et al.*, 2007) と一致している．

(3) ブナの北上

　日本の冷温帯林を特徴付けるブナ (*Fagus crenata*) は，湿潤気候の本州中部以北の日本海側に分布の中心がある．最終氷期最寒期に本州中部以南に分布していたブナは，その後の温暖化気候に伴って北上し始め，約9000年前に本州北端に到達した (Tsukada, 1982)．その後，約6000年前に北海道渡島半島で増加した後，北上して1200-1000年前に分布北限の黒松内低地帯に到達した（五十嵐，1990；萩原・矢野，1994)．渡島半島南部から北部へのブナの移動速度がほぼ一定であることから，この地域に分布しているブナは気候変動の影響を受けていないと考えられている（紀藤・瀧本，1999)．

第 5 章
完新世の気候変動史

　黒潮の流れる鹿島沖の表層海水温は，晩氷期最後の新ドリアス期から完新世前期までの期間に起こった汎世界的な温暖化気候に応じて，6800 年前のヒプシサーマル（高温）期まで海水温を上昇させながら，振幅 2-3℃ の激しい変動を繰り返した．その後，現在まで非常に不安定な気候環境の中で海水温が低下した．完新世全体を通じて，平均約 1600 年ごとに著しい寒冷化が起こっている．一方，対島暖流の流域である日本海隠岐堆の表層海水温は，1 万 3000 年前から 6500 年前までの昇温期間を通じて 1750 年の規則的な周期性を示すが，1 万 2000-9000 年前の漸移期では 500 年の周期性が強い．その後の 6500-2750 年前は振幅の小さい約 375 年の周期からなる水温変化の少ない期間であり，2750 年前以降は優勢な 1500 年周期と弱い 375 年周期からなる（図 5.1）．

　日本列島の周辺海域における海水温変動は，北大西洋に隣接した陸域のヨーロッパや北米東部，アフリカ，南米，などにおけるさまざまなプロキシ（間接指標）によって復元された古気候変動の詳細な時系列記録と 100-1000 年スケールにおいて一致している．

　1000-2000 年スケールにおける急激な気候変動は，宇宙線生成核種である ^{14}C や ^{10}Be の 100 年スケールの変動が示唆する，太陽活動を外部要因とする可能性が強い（Rahmstorf, 2003）．不規則なあるいは周期的でない気候変動は，地球表層における気候システムの複雑な内部要因の機構を示唆する（Broecker, 2003）．かなりの状況証拠が 100-1000 年スケールの気候変動は太陽起源の周期的駆動力を変動の根底として，地球表層の大気-雪氷-植生-海洋における

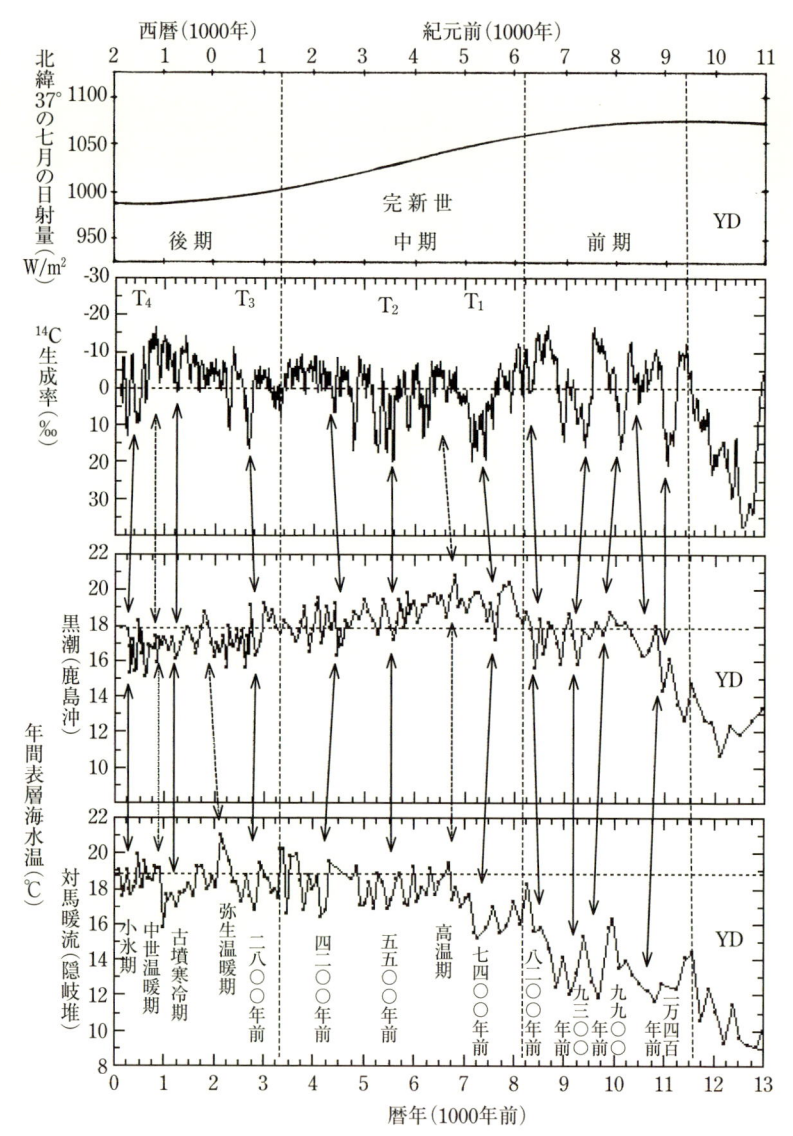

図5.1 黒潮（鹿島沖）および対馬暖流（隠岐堆）の脈動による表層海水温の変動と太陽活動との対応関係（小泉・坂本，2010）．
　実線矢印；寒冷期．点線矢印；温暖期．YD；新ドリアス寒冷期．T_1-T_4；小氷期に匹敵するような寒冷気候期．

大気循環や海水循環，氷河量や海水準のような気候システム内部での境界状態を進行させ，しきい値を超えるきっかけが影響されて，ある気候モードを発現することが周期解析やモデル・シミュレーションによって明らかにされている（Clemens, 2005；Debret *et al.*, 2007）．

一方，「太陽-雪氷モード」の気候変動は，晩氷期から完新世前期にかけての寒冷期から温暖期への長期的な温暖化傾向をたびたび中断し，広域におよぶ厳しい寒冷化気候がもたらした段階的気候変動である．北半球高緯度域に氷期から引き継がれた広大な氷床と山岳氷河が残存していたことが，地軸傾きの変動（周期4万1000年）と，歳差運動による季節変化（周期1万9000年と2万3000年）による軌道フォーシングが1万1000年前に北半球夏季の日射量を最大としたにもかかわらず気候を段階的に温暖化させた原因である．

新ドリアス寒冷期後の温暖化は，北ヨーロッパと北米北部の巨大氷床や山岳氷河を融かし，その大きさを減少させた．北米最大の氷河湖であったアガシー湖は，8400年前の最終的な湖水の排出直前には150万km^{2}以上に拡大していた（図5.2）．ローレンタイド氷床の融氷水が湖水として溜まり，新しい出口が開口するたびに，湖水準の低下が8mから110mにおよぶ湖水の海洋への急激な排出が最低18回起こった（図5.3；Teller and Leverington, 2004）．そのうちの3回の排水期は，グリーンランド氷床コアGRIPとGISP2に$\delta^{18}O$の負の同位体異常として記録されている（Stuiver *et al.*, 1995；Johnsen *et al.*, 2001；Rasmussen *et al.*, 2007）．北大西洋の高緯度域における淡水と流氷，海氷の増加が深層水の形成を衰退させ，熱塩循環を弱体化させた結果，熱が海洋から大気へ運ばれて，北大西洋が寒冷化したと考えられている（Clark *et al.*, 2001；clarke *et al.*, 2003；Fisher *et al.*, 2002；Teller *et al.*, 2002；Teller and Leverington, 2004；Rasmussen *et al.*, 2007）．

北大西洋へ流入した融氷水が熱塩循環を弱体化させた経過や，太陽活動が地球表層へおよぼした過程，などがさまざまな古気候プロキシで確かめられた．雪氷-海洋-大気-太陽システムにおける気候変動の機器観測データとモデル計算との照合に基づいて，モデル化された結果が研究者の関心を高めて，21世紀の始まりと同時にさらなる研究が促進された（Renssen *et al.*, 2001；Alley and Ágústsdóttir, 2005；Wiersma and Renssen, 2006；LeGrande *et al.*,

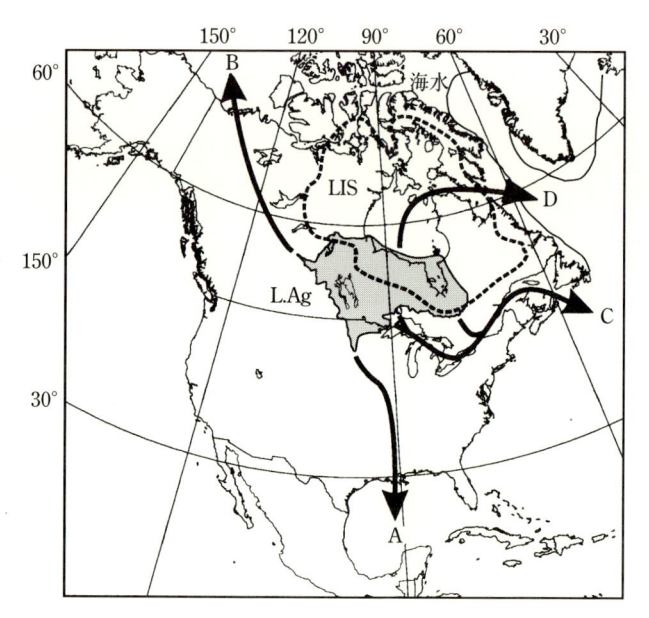

図5.2 アガシー湖から海洋への融氷水の排水路 (Teller et al., 2002).
A;ミシシッピー谷からメキシコ湾へ. B;マッケンジー谷から北極海へ.
C;セントローレンス川から北大西洋へ. D;ハドソン湾から北大西洋へ.
L.Ag（図中の網がけの部分）；アガシー湖. LIS（図中の点線で囲んだ部分）；1万200年前のローレンタイド氷床.

2006；Kendall et al., 2008).

　北大西洋における海水の温度と密度に依存する海洋の大循環は完新世に弱体化し，ロックされていた海洋コンベア循環はオフとなり，ぐらついている．そのために，1000年スケールでは全般として調和しているが，10-100年スケールで検出されたさまざまな古気候プロキシでは，タイミングと周期が地域ごとにそれぞれ異なっている．事実，日本近海における表層海水温のウェブレット解析では，日本海の隠岐堆コアは1500年周期と1000年間隔ごとの250-500年周期が優勢であるが，鹿島沖コアでは1万2000-9500年前と8000-7500年前の昇温期間，および9500-8000年前と7500年前以降の降温期間を通じて，短期間の300-400年周期が優勢である．微化石層序の研究が進展した段階で見られたように，分析や解析の分解能を高めると，適合する範囲が小さくなったことに類似している．

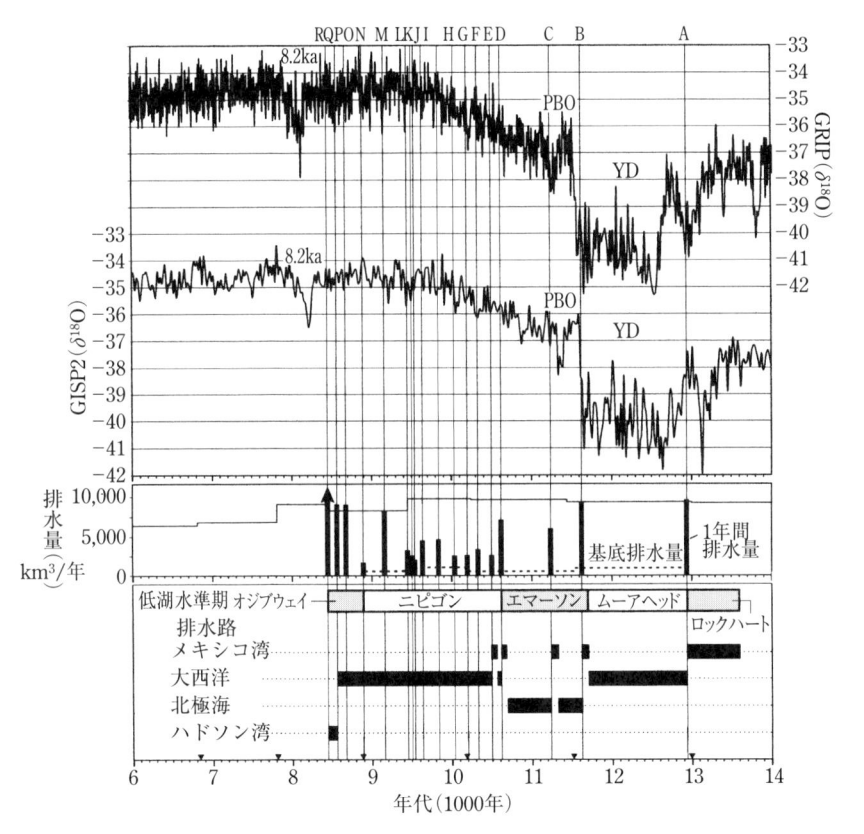

図 5.3 グリーンランド氷床コア GRIP（Johnsen *et al.*, 2001）および GISP2（Stuiver *et al.*, 1995）の $\delta^{18}O$ 記録とアガシー湖からの融氷水の排水記録（A-R）との対応関係（Teller and Leverington, 2004）.

$\delta^{18}O$ 記録における負の同位体異常が新ドリアス寒冷期（YD），プレボレアル振動（PBO），8.2 ka 事件の時期に起こっている．最終の排水は 8450 年前の 16 万 3000 km^3 であった（矢印）．1 万 km^3 の排水量は 0.32 Sv（32 万 m^3/s・yr）に相当する．

アガシー湖からの排水時期は，大気中の ^{14}C や ^{10}Be の生成起源である太陽活動の弱体期に相当している（van Geel et al., 2003；Magny and Bégeot, 2004）．完新世の気候変動と気候フォーシングとの比較によって，地球軌道要素の変動と太陽活動の変動とによってもたらされた日射量の変化が，完新世の汎世界的な気候を変動させた直接的な原因-結果であるとする考え方がある（Denton and Karlén, 1973；Mayewski et al., 2004；Clemens, 2005；Bakke et al., 2008；Wanner et al., 2008）．しかし，完新世の気候変動は，古気候プロキシ（間接指標）の高分解能解析によって主に太陽活動と火山活動を駆動力とした熱帯収束帯や，アジア・モンスーンなどの位置を移動させる大気-海水循環が地表環境に影響をおよぼした結果である，とする気候システムにおける気候要素の相互作用を考慮した考え方（Bianchi and McCave, 1999；Crowley, 2000；Bond et al., 2001；Neff et al., 2001；Fleitmann et al., 2003；Wang et al., 2005；Asmerom et al., 2007）が妥当であると考えられる．

グリーンランド氷床コア DYE-3, GRIP, NGRIP における新しい年代軸と $\delta^{18}O$ 変動とが完新世前期で統合された結果（van Geel et al., 2003；Vinther et al., 2006；Rasmussen et al., 2007），晩氷期-完新世前期の北大西洋高緯度域で起こった急激な寒冷化気候は，以下のように明らかにされた：①新ドリアス寒冷期，②新ドリアス寒冷期直後の漸移的な温暖化で始まり，1万1200年前の急激な寒冷化で終わるプレボレアル振動期（Björck et al., 1997；Teller et al., 2002；Teller and Leverington, 2004），③9300年前の寒冷化事件（Bond et al., 1997；von Grafenstein et al., 1999；Rasmussen et al., 2007），④8200年前の寒冷化事件（O'Brien et al., 1995；Alley et al., 1997）などである．これらの寒冷化事件は北半球高-中緯度域で広く認められ，北大西洋における熱塩循環の消長や，宇宙線核種 ^{14}C と ^{10}Be の増減に基づいた太陽活動との関連性などが議論されてきた．

その後の完新世中期（ヒプシサーマル期）には，氷河が縮小して半球規模の大規模な気候への影響がなくなったために，北半球の夏季日射量は増加し続けた．「太陽モード」による気候変動である．完新世後期は北半球の夏季日射量が減少して，氷河の前進が北半球山岳地帯のいくつかの地域で同時に起こった「氷河モード」による新たな氷河（ネオグレーシャル）期である

(図5.1).

　最終氷期だけでなく，完新世においても気候変動は周期的になっている．多くの研究が2500年および2000-1000年の周期性をもって，完新世の気候は変動してきたことを示している（Koizumi, 1989, 2008；Bond et al., 1997, 2001；Noren et al., 2002；Debret et al., 2007）．たとえば，一番新しい小氷期における太陽活動の減衰期は，ウォルフ極小期，シュペーラー極小期，マウンダー極小期と命名された3つの極小期から構成されている．過去の太陽活動史において，類似した3つの太陽活動の極小期が一組になった時期は，小氷期に匹敵するような寒冷気候になった可能性のあることが指摘され，T_1-T_4と名付けられた（Stuiver et al., 1991；Stuiver and Reimer, 1993）．この3つ一組の太陽活動の極小期は，過去の太陽変動史において約2500年の周期性をもって変動するのみならず，さまざまな古気候プロキシの記録においても検出されている．

　北西大西洋の海底堆積物に含まれる氷漂岩屑のうち，赤鉄鉱・アイスランド起源の火山ガラス粒子・砕屑性炭酸塩鉱物などの含有量は10-100年スケールの変動を示すが，振幅の大きな変動は1500年周期を持ち，太陽放射量の変動ときわめて緊密に対応している（Bond et al., 2001）．砕屑物の含有量が増加した層準に0から8までの番号を付けてボンド事件と名付けられた．ボンド事件の層準は太陽活動が衰退した寒冷期に相当し，深層水の形成が弱体化した時期であるとされた（Bond et al., 1997）．

　Debret et al.（2007）は，ウェブレット変換解析によって北大西洋の完新世における1000年スケールの古気候プロキシが2500年，1600年，および1000年の3つの周期から構成されていることを明らかにした．太陽活動の駆動力による1000年と2500年の周期はすべての気候システムに幅広く存在している（Nederbragt and Thurow, 2005）．これら2つの周期値は，完新世前期における大陸氷床の崩壊へ太陽活動が影響した結果として，波長の90％を説明している．1600年周期は5000年前以降に優勢となった気候内部フォーシングによる海流の強さの変動である．

　日本列島の周辺海域における黒潮と対馬暖流の脈動による表層海水温の変動は，図5.1に見られるように，北半球において検出された100-1000年ス

ケールの気候変動と，以下のように同調している．

完新世の気候変動を，最終氷期晩氷期から完新世前期（5.1），完新世中期（5.2），完新世後期（5.3）に分けて見ていく．年代区分は国際的合意に従った（第3章3.2参照）．各節では，それぞれの年代区分の中でとくに顕著な寒冷期や高温期を扱う．なお，表に掲載する暦年代は，もとにした古気候プロキシが多様で算出される年代に幅があるため，年代区分や寒冷期・高温期の期間より幅広くなっている．

5.1 最終氷期晩氷期-完新世前期（1万2900-8200年前）

(1) 1万2900-1万1600年前の新ドリアス（YD）寒冷期（表5.1）

新ドリアス寒冷期は，晩氷期の温暖化傾向の中で起こった「寒の戻り」である．ヨーロッパ中部では現在より6-8℃低温であった．グリーンランド中央のGISP2氷床コアにおいて，$\delta^{18}O$ が顕著な負の同位体異常を示し，積氷量が著しく減少した期間である（Alley *et al.*, 1993；Alley, 2000）．氷床コアはYD期では現在値よりカルシウムCaが6倍以上，塩素Clは2倍の高い含有量を示し，大規模大気循環があったことを示している．

表 5.1　最終氷期晩氷期における古気候プロキシの記録

新ドリアス寒冷期（1万2900-1万1600年前）

産地番号	場所	試料	分析手段	結果	気候型	暦年代（年前）	文献
1	グリーンランド	氷床コア	$\delta^{18}O$	負の異常	寒冷	12900-11600	Alley *et al.*, 1993；Alley, 2000
			積氷量	減少	乾燥・寒冷	12900-11600	Alley *et al.*, 1993；Alley, 2000
2	アガシー湖	地形，湖底堆積物	排水路	融氷水の排出	寒冷化	12900-11600	Teller and Leverington, 2004
3	中国，ホウルウ	洞窟石筍	$\delta^{18}O$	負の異常	寒冷・乾燥	12823-11473	Wang *et al.*, 2001
			成長率	遅い	乾燥・寒冷	12823-11473	Wang *et al.*, 2001
4	北米，グアダルーペ山脈	洞窟石筍	成長率	速い	湿潤	12500-10500	Polyak *et al.*, 2004
5	北米，ニューメキシコ南と中央	湖底堆積物	湖水準	上昇	湿潤・寒冷	10500	Anderson *et al.*, 2002；Longford, 2003
6	北米，北アリゾナ	地層（黒色マット）	化石，$\delta^{13}C$	草地，沼沢地	湿潤・寒冷	13820-13490	Quade *et al.*, 1998；Weng and Jackson, 1999
						11340	Quade *et al.*, 1998；Weng and Jackson, 1999
		湖底堆積物	花粉，植物化石	植生，湖水準	湿潤・寒冷	13500-現在	Quade *et al.*, 1998；Weng and Jackson, 1999
7	北西太平洋，鹿島沖	海底堆積物	珪藻化石群集	寒冷種群増加	寒冷	12900-11600	Koizumi, 2008
	日本海，隠岐堆	海底堆積物	珪藻化石群集	寒冷種群増加	寒冷	12900-11600	Koizumi, 2008

YD 開始時の1万2900年前には，アガシー湖からの湖水排出路が変化した．以前のミシシッピー川-メキシコ湾からセントローレンス川-北大西洋へ付け変わったことによって，熱塩循環が弱体化した結果，熱が海洋から大気へ運ばれて北大西洋が寒冷化し，グリーンランド氷床コアの $\delta^{18}O$ 記録に大きな負の同位体異常をもたらした．終了時の1万1600年前には，湖水の排水路がセントローレンス川-北大西洋からマッケンジー峡谷–北極海へ変わった (Teller et al., 2002；Teller and Leverington, 2004)．

　一方，減衰した太陽活動が YD 寒冷期の開始をもたらしたとする考えは，さまざまな古気候プロキシが地球規模で YD 寒冷期の同時性を示していること，晩氷期-完新世前期における寒冷化気候が太陽起源である大気中 ^{14}C 記録の 2500 年周期の増加期（太陽活動の減衰期）に位置付けられること，YD 寒冷期の開始時における大気中の ^{14}C 生成率は海洋循環の変化のみでは消化できないほど急激で膨大すぎること，などに基づいている（Renssen et al., 2000；van Geel et al., 2003；Magny and Bégeot, 2004）．

　中国，南京東方のホウルゥ洞窟から採取された石筍の $\delta^{18}O$ は YD 寒冷期に負の同位体異常となっており，グリーンランド氷床コアの $\delta^{18}O$ 記録に類似している（Wang et al., 2001）．北米，ニューメキシコ南西部グァダルーペ山脈の洞窟から採取された石筍の成長率（Polyak et al., 2004）やニューメキシコ南のルセロ湖や中央部のエスタンシア湖では，湖水準は YD 期を通じて上昇しており，湿潤気候を示している（Anderson et al., 2002；Longford, 2003）．北米中部の大平原でも湿度が増加していた（Quade et al., 1998）．しかし，この時期の北アリゾナでは寒冷・湿潤気候から温暖・乾燥状態へ変化している（Quade et al., 1998；Weng and Jackson, 1999）．

　すなわち YD の寒冷気候は，北半球の寒冷化気候による湿潤な偏西風ジェット流の強化と南下に始まり，コルディエラ-ローレンタイド氷床の縮小によるジェット気流の北への後退で終わっている．

(2) 1万1600-1万1200年前のプレボレアル振動（PBO）期（表5.2）
　PBO は当初 1 万 1200 年前と 8200 年前のみと考えられたが，その後の高分解能研究によって，1 万 1400 年前，1 万 700 年前，1 万 400 年前，9500 年

表 5.2 完新世前期における古気候プロキシの記録

プレボレアル振動期（1 万 1600-1 万 1200 年前）

産地番号	場所	試料	分析手段	結果	気候型	暦年代（年前）	文献
1	グリーンランド	氷床コア	$\delta^{18}O$	負の異常	寒冷	11450-11350	Rasmussen et al., 2007
		氷床コア	積氷量	減少	乾燥	11450-11350	Rasmussen et al., 2007
2	オランダ	泥炭, ユッチャ	植生	カバノキ	湿潤	11530-11500	Bohncke and Hoek, 2007；Bos et al., 2007
		泥炭, ユッチャ	植生	大陸相草原	寒冷・乾燥	11430-11350	Bohncke and Hoek, 2007；Bos et al., 2007
		泥炭, ユッチャ	植生	カバノキ	湿潤	11270-11210	Bohncke and Hoek, 2007；Bos et al., 2007
3	西ヨーロッパ中緯度域	湖底堆積物	湖水準	上昇	湿潤	11450-11400	Magny et al., 2007
		湖底堆積物	湖水準	上昇	湿潤	11350-11300	Magny et al., 2007
4	北西太平洋, 鹿島沖	海底堆積物	珪藻化石群集	寒冷種群増加	寒冷	11600-11200	Koizumi, 2008
	日本海, 隠岐堆	海底堆積物	珪藻化石群集	寒冷種群増加	寒冷	11600-11200	Koizumi, 2008

1 万 400 年前の寒冷期

産地番号	場所	試料	分析手段	結果	気候型	暦年代（年前）	文献
1	アイスランド南, レイキャネス海嶺	海底堆積物	微化石	寒冷種の増加, 殻数の減少	寒冷	10400	Giraudeau et al., 2000；Andersen et al., 2004
2	北大西洋, フェローズ諸島	湖底堆積物	花粉, 鉱物粒子	生産減少, 土壌侵食増加	寒冷・乾燥	10350-10300	Björck et al., 2001
3	チベット台地, ホンユアン	泥炭	花粉, 植物遺体	$\delta^{13}C$ の増加	乾燥	10300	Hong et al., 2003
4	オマーン, 中国コェイリン	洞窟石筍	$\delta^{18}O$	増加	乾燥	10000	Fleitmann et al., 2007
5	西地中海沿岸	陸上堆積物	花粉	寒冷・乾燥種の増加	寒冷・乾燥	10900-9700	Jalut et al., 2000
6	ボリビア-ペルー, チチカカ湖	湖底堆積物	有機物, 湖水準	$\delta^{13}C$ の増加, 低下	乾燥	10400	Baker et al., 2005
7	北西太平洋, 鹿島沖	海底堆積物	珪藻化石群集	寒冷種群増加	寒冷	10900	Koizumi, 2008

9900 年前の寒冷期

産地番号	場所	試料	分析手段	結果	気候型	暦年代（年前）	文献
1	グリーンランド	氷床コア	$\delta^{18}O$	負の異常	寒冷	9900-9890	Rasmussen et al., 2007
		氷床コア	積氷量	減少	乾燥	9900-9890	Rasmussern et al., 2007
2	アイスランド南, レイキャネス海嶺	海底堆積物	微化石	寒冷種の増加	寒冷	9800	Andersen et al., 2004
		海底堆積物	$CaCO_3$量	減少→生産低下	寒冷	9800	Giraudeau et al., 2000
3	中国, ホーシ走廊	レス-古土壌層序	色相, 帯磁率, $CaCO_3$量	暗色, 増加, 減少	寒冷・乾燥	10100-9900	Yu et al., 2006
		湖底堆積物	色相, 帯磁率, $CaCO_3$量	暗色, 増加, 減少	寒冷・乾燥	10100-9900	Yu et al., 2006
4	北西太平洋, 鹿島沖	海底堆積物	珪藻化石群集	寒冷種群増加	寒冷	9800	Koizumi, 2008
	日本海, 隠岐堆	海底堆積物	珪藻化石群集	寒冷種群増加	寒冷	9700	Koizumi, 2008

9300年前の寒冷期

産地番号	場所	試料	分析手段	結果	気候型	暦年代（年前）	文献
1	グリーンランド	氷床コア	$\delta^{18}O$	負の異常	寒冷	9310-9270	Rasmussen et al., 2007
		積雪量		減少	乾燥	9340-9270	Rasmussen et al., 2007
		氷床コア	陸源性風成塵	増加	乾燥	9300	O'Brien et al., 1995
2	アイスランド南, ODP 984地点	海底堆積物	微化石	寒冷種の増加	寒冷	9300	Came et al., 2007
		海底堆積物	微化石の$\delta^{18}O$とMg/Ca	減少	寒冷	9300	Came et al., 2007
3	中国, ホーシ走廊	レス-古土壌層序	帯磁率, $\delta^{18}O$	低い, 負の異常	寒冷・乾燥	9300-9000	Yu et al., 2006
		湖底堆積物	帯磁率, $\delta^{18}O$	低い, 負の異常	寒冷・乾燥	9300-9000	Yu et al., 2006
4	ドイツ南, アムメル湖	湖底堆積物	オストラコード殻の$\delta^{18}O$	負の異常	寒冷	9300	von Grafenstein et al., 1999
5	英国北西, ハウィス湖	湖底堆積物	炭酸塩の$\delta^{18}O$	減少	寒冷	9350-9300	Marshall et al., 2007
4	北西太平洋, 鹿島沖	海底堆積物	珪藻化石群集	寒冷種群増加	寒冷	9400	Koizumi, 2008
	日本海, 隠岐堆	海底堆積物	珪藻化石群集	寒冷種群増加	寒冷	9100	Koizumi, 2008

前などに寒冷化事件が見いだされた．グリーンランド氷床コアでは，遅い積氷速度と低い$\delta^{18}O$値がYD寒冷期後に100年間継続しており，この期間が狭義のPBO期である（Rasmussen et al., 2007）．

北海に面したオランダでは，1万1530-1万1500年前に拡大したカバノキの森林が1万1430-1万1350年前に大陸相の乾燥した草原によって中断されたが，1万1270-1万1210年前により湿潤な気候へ突然移行した影響を受け，再び拡大した（van der Plicht et al., 2004；Bos et al., 2007；Bohncke and Hoek, 2007）．

西ヨーロッパ中緯度域のPBO期は，湿潤気候によって1万1450-1万1400年前と1万1350-1万1300年前に高湖水準であったが，南と北ヨーロッパは乾燥気候であった．イタリア北部も乾燥状態であったが，1万1500年前に高湖水準（湿潤気候）となった．これらの気候と湖水準の変動は，弱体化した大西洋偏西風ジェット流が中緯度域で大きく蛇行したことによってもたらされたと考えられている（Magny et al., 2007）．

(3) 1万400年前の寒冷期（表5.2）

亜極前線に近いアイスランド南のレイキャネス海嶺から採取されたコアLO09-14では，亜極前線の珪藻指標種 *Rhizosolenia borealis* が1万400年前

に優勢であり，氷山を含む寒冷水が南東へ南下したことを示している（Andersen et al., 2004）．また，その東側に位置するコア MD95-2015 では，1万 400 年前に $CaCO_3$ 量とココリス殻数が減少するとともに，ココリスの *Calidiscus leptoporus* と *Gephyrocapsa muellerae* が減少して寒冷化を示している（Giraudeau et al., 2000）．

　北大西洋，フェローズ諸島の湖底堆積物では，1万 350-1万 300 年前にカバノキの花粉化石と全花粉化石量が減少し，イネ科と草本の花粉化石が増加する．また，鉱物粒子が増加し，生物源シリカと有機物や有機物の $\delta^{13}C$ が減少するので，湖水の生物生産が減少して，土壌侵食が増加したことを示している（Björck et al., 2001）．さらに，マツの年輪幅が狭くなっており，寒冷で乾燥した気候を示唆する．

　チベット台地，ホンユアン泥炭中のスゲ（*Carex mulieensis*）と全植物遺体のセルロース $\delta^{13}C$ 値は1万 300 年前に 1.5-2‰ 増加し，インド夏季モンスーンの弱体化による乾燥状態を示す（Hong et al., 2003）．オマーン北のホチ洞穴，南のディフォー洞穴とクンフ洞穴，中国コェイリン（桂林）北のトゥォンケ洞穴などの石筍 $\delta^{18}O$ 値は約1万年前に増加して，インド夏季モンスーンの弱体化による降雨量の減少（乾燥）を示している（Fleitmann et al., 2007）．

　フランス南東からスペイン南東にいたる西地中海沿いの完新統に含まれる花粉化石群集は，1万 900-9700 年前に乾燥した寒冷な気候を示す（Jalut et al., 2000）．

　ボリビア-ペルー，チチカカ湖の湖底堆積物中の有機物 $\delta^{13}C$ 値は1万 400 年前に増加し，ボリビア高原の降水量が減少したために，湖水準が低下したことを示唆している（Baker et al., 2005）．

(4) 9900 年前の寒冷期（表 5.2）

　グリーンランド氷床コアでは，9900-9890 年前の $\delta^{18}O$ に負の同位体異常が起こっており，積氷量がわずかに減少している（Rasmussern et al., 2007）．

　先行した1万 400 年前の寒冷化気候と同じように，コア LO09-14 では珪藻化石群集による8月の表層海水温が1万 400 年前に約1℃低下，9800 年前

には 12℃ から 8℃ へ 4℃ におよぶ急激で激しい低温化が起こっている（Andersen et al., 2004）．コア MD95-2015 では 9800 年前に堆積物のシルト分画（10-63 μm）の平均粒径が 17 μm に減少して，流速が低下したこと，またコッコリス殻数とコッコリス殻による $CaCO_3$ 量が減少するとともに，コッコリスの *Emiliania huxleyi* が減少して，寒冷化による生産性の低下を示唆している（Giraudeau et al., 2000）．

中国北西のチーリエン（祁連）山脈は東アジア夏季モンスーンと北半球偏西風の境界に位置するが，その北にある広大な乾燥地帯を横断するシルクロードの東端に位置するホーシ（加西）走廊におけるレス-古土壌層序と湖底堆積物は，1 万 100-9900 年前に帯磁率の増加，炭酸塩（$CaCO_3$）量の減少，堆積物色相の暗色化などが寒冷で乾燥した気候を示している（Yu et al., 2006）．

(5) 9300 年前の寒冷期（表 5.2）

グリーンランド氷床コア GISP2 では，9300 年前に $\delta^{18}O$ は負の同位体異常となり，陸源の風成塵が増加して，乾燥・寒冷気候を示す（O'Brien et al., 1995；Rasmussen et al., 2007）．

アイスランドの南，北大西洋海流の分流に位置する ODP 984 地点では，9300 年前に寒流系浮遊性有孔虫 *Neogloboquadrina pachyderma* 右巻き殻の Mg/Ca 比と $\delta^{18}O$ が塩分の減少と 1-2℃ の海水温低下を示している（Came et al., 2007）．この層準は北大西洋で漂氷岩屑が増加するボンド事件 8（Bond et al., 2001）に相当する．

中国北西，ホーシ（加西）走廊のレス-古土壌層序と湖底堆積物では，9300-9000 年前に低い帯磁率と $\delta^{18}O$ の負の同位体異常が乾燥・寒冷気候を示している（Yu et al., 2006）．ドイツ南，アムメル湖の湖底堆積物に含まれるオストラコード殻の $\delta^{18}O$ はグリーンランド氷床コアの $\delta^{18}O$ と同調しており，9300 年前に短期間の負の同位体異常となる（von Grafenstein et al., 1999）．英国北西，ハウィス湖の湖底堆積物に含まれる炭酸塩の $\delta^{18}O$ は 9350 年前の 50 年間に 1.6℃ の低下と $\delta^{18}O$ 降水量の 1.3‰ 減少を示している（Marshall et al., 2007）．

表5.3 8200年前の寒冷期における古気候プロキシの記録

産地番号	場所	試料	分析手段	現象	気候型	暦年代（年前）	文献
1	グリーンランド	氷床コア	$\delta^{18}O$	負の異常	寒冷	8250-8090	Rasmussen et al., 2007
		氷床コア	積氷量	減少	乾燥	8250-8090	Rasmussen et al., 2007
2	アガシー湖	地形，湖底堆積物	排水路	融氷水の排出	寒冷	8400	Teller and Levrring, 2004
3	北米東縁，ローレンシア扇状地	海底堆積物	アルケノン	低温化	寒冷	8500-7800	Keigwin et al., 2005
		海底堆積物	浮遊性有孔虫殻 $\delta^{18}O$	最低値	寒冷	8500-7800	Keigwin et al., 2005
4	ベネズエラ沖合，ODP 1002地点	海底堆積物	鉄とチタン	減少	乾燥	8300-7800	Haug et al., 2001
5	コスタリカ，ベナド	洞窟石筍	$\delta^{18}O$	増加	乾燥	8300-8000	Lachniet et al., 2004
6	東赤道アフリカ，キリマンジャロ	氷河コア	風成塵 F^- と Na^+	最高値	乾燥	8400-8200	Thompson et al., 2002
7	北アフリカ	湖底堆積物	湖水準	低下	寒冷・乾燥	8500-7800	Gasse, 2000
8	アイスランド南，ODP 984地点	海底堆積物	浮遊性有孔虫殻 $\delta^{18}O$	増加	寒冷	8200	Came et al., 2007
		海底堆積物	Mg/Ca	増加	鹹水化	8200	Came et al., 2007
9	アイスランド北，大陸斜面	海底堆積物	浮遊性有孔虫殻 $\delta^{18}O$	増加	低温	8600-8000	Knudsen et al., 2004
		海底堆積物	底生有孔虫	海水の成層	停滞	8600-8000	Knudsen et al., 2004
10	ノルウェー沖合，ノルウェー海峡	海底堆積物	寒流系浮遊性有孔虫	増加	寒冷	8200	Klitgaard-Kristensen et al., 2001
		海底堆積物	暖流系底生有孔虫	減少	寒冷	8200	Klitgaard-Kristensen et al., 2001
	ノルウェー沖合，ボーリング海台	海底堆積物	底生有孔虫殻 $\delta^{18}O$	減少	寒冷	8000	Risebrobakken et al., 2003
		海底堆積物	寒流系浮遊性有孔虫	増加	寒冷	8000	Risebrobakken et al., 2003
		海底堆積物	砕屑岩片	増加	寒冷	8000	Risebrobakken et al., 2003
11	ノルウェー西，グローバブリーン	氷河	標高	前進	寒冷	8000	Seierstad et al., 2002
	ノルウェー西，フラットブリーン	氷河	標高	前進	乾燥した冬季	8300-8000	Nesje et al., 2000
	スェーデン北，アルプス	湖底堆積物	珪藻，ユスリカ，花粉	低温化	寒冷	8200	Roosen et al., 2001
12	フィンランド北	湖底堆積物	花粉，珪藻	低温化	寒冷	8200	Seppä and Birks, 2001 ; Korhola et al., 2000
13	エストニア	湖底堆積物	花粉	低温化	寒冷	8600-8000	Seppä and Poska, 2004
14	ドイツ，マイン河	河川堆積物	オークの年輪幅	減少	寒冷	8000	Spurk et al., 2002
		河川堆積物	花粉	オーク減少，マツ増加	寒冷・乾燥	8000	Spurk et al., 2002
15	フランス，アヌシー湖	湖底堆積物	花粉	低温化と湿潤化	寒冷・湿潤	8300-8200	Magny et al., 2003
	西ヨーロッパ中央域	湖底堆積物	湖水準	上昇	湿潤	8300-8050	Magny and Bègeot, 2004
	北緯50°以北	湖底堆積物	湖水準	下降	乾燥	8300-7650	Magny and Bègeot, 2004
	北緯43°以南	湖底堆積物	湖水準	下降	乾燥	8300-8050	Magny and Bègeot, 2004

産地番号	場所	試料	分析手段	現象	気候型	暦年代（年前）	文献
16	カナダ北極圏，ヌナヴット	湖底堆積物	有機物	増加	寒冷	8200	Seppä et al., 2003
		湖底堆積物	植生	乾燥・低温	乾燥・寒冷	8200	Seppä et al., 2003
17	北米東，ニューイングランド	湖底堆積物	湖水準	上昇	湿潤	9000-8000	Shumana et al., 2002
	北米大陸中央部	湖底堆積物	湖水準	下降	乾燥	8200	Shumana et al., 2002
18	北米，ミネソタ，エルク湖	湖底堆積物	マンガン，リン，$\delta^{18}O$	減少	温暖	8200	Dean et al., 2002
		湖底堆積物	シリカ（珪藻），有機物	急増，生産性増加	乾燥	8200	Dean et al., 2002
19	北米，テキサス，エドワード台地	洞窟，石灰質シルト	帯磁率	増加	温暖・乾燥	8250-8050	Ellwood and Gose, 2006
20	カナダ，ブリティッシュコロンビア山脈	氷河	漂流木	氷河前進	寒冷	8630-8020	Menounos et al., 2004
		湖底堆積物	砕屑粒子	氷河前進による浸食作用	寒冷	8300-7800	Menounos et al., 2004
21	アフリカ，地中海西部域	海底堆積物，堆積岩	花粉化石	北アフリカ起源の風成塵	乾燥	8100	Magri and Parra, 2002
	イタリア中西部，アッペンニーノ山脈	地層	サプロペル S1	成層状態の海と嫌気性海底	寒冷・乾燥	8150-7650	Ariztegui et al., 2000
	地中海中部，チレニア海	海底堆積物	サプロペル S1	成層状態の海と嫌気性海底	寒冷・乾燥	8150-7650	Ariztegui et al., 2000
22	スペイン南東，セグラ山地シレス	湖底堆積物	植生	シダやヨモギが少なくマツが多い	乾燥	8200-5700	Carrión, 2002
23	西アフリカ，モーリタニア，ODP 658C	海底堆積物	浮遊性有孔虫群集	低温化	寒冷	8000	deMenocal et al., 2000a, b
		海底堆積物	陸源砕屑物	急増	乾燥	8000	deMenocal et al., 2000a, b
	北アフリカ，ボスムトウ湖，チャド湖	湖底堆積物	湖水準	低下	乾燥	8300-8000	Gasse, 2000
	エチオピア，シウェイーシャラ湖，アビヘ湖	湖底堆積物	湖水準	低下	乾燥	8200	Gasse, 2000
24	中国，コェイリン	洞窟石筍	$\delta^{18}O$	増加	乾燥	8260	Wang et al., 2005；Dykoski et al., 2005
		洞窟石筍	$\delta^{18}O$	増加	乾燥	8080	Wang et al., 2005；Dykoski et al., 2005
	中国，チンハイ湖	湖底堆積物	花粉	カラマツソウの出現	寒冷・乾燥	8200	Ji et al., 2005
	中国，ホーシ走廊	レス-古土壌	帯磁率，$\delta^{18}O$	弱い，負の異常	寒冷・乾燥	8400-7800	Yu et al., 2006
		湖底堆積物	帯磁率，$\delta^{18}O$	弱い，負の異常	寒冷・乾燥	8400-7800	Yu et al., 2006
	中国，チンハイ-チベット	氷床コア	$\delta^{18}O$	負の異常	寒冷	8200	Thompson et al., 1997
25	アラビア海，オマーン沖 ODP 723A	海底堆積物	暖流系浮遊性有孔虫	減少	寒冷	8400-8000	Gupta et al., 2003
26	ソマリア沖	海底堆積物	暖流系浮遊性有孔虫	減少	寒冷	8200	Jung et al., 2004a, b
		海底堆積物	浮遊性有孔虫殻 $\delta^{18}O$	減少	寒冷	8200	Jung et al., 2004a, b
27	オマーン，イエメン	洞窟石筍	$\delta^{18}O$	増加	乾燥	8260±60	Fleitmann et al., 2007
		洞窟石筍	$\delta^{18}O$	増加	乾燥	8080±70	Fleitmann et al., 2007
28	北西太平洋，鹿島沖	海底堆積物	珪藻化石群集	寒冷種群の増加	寒冷	8400	Koizumi, 2008
	日本海，隠岐堆	海底堆積物	珪藻化石群集	寒冷種群の増加	寒冷	8150	Koizumi, 2008

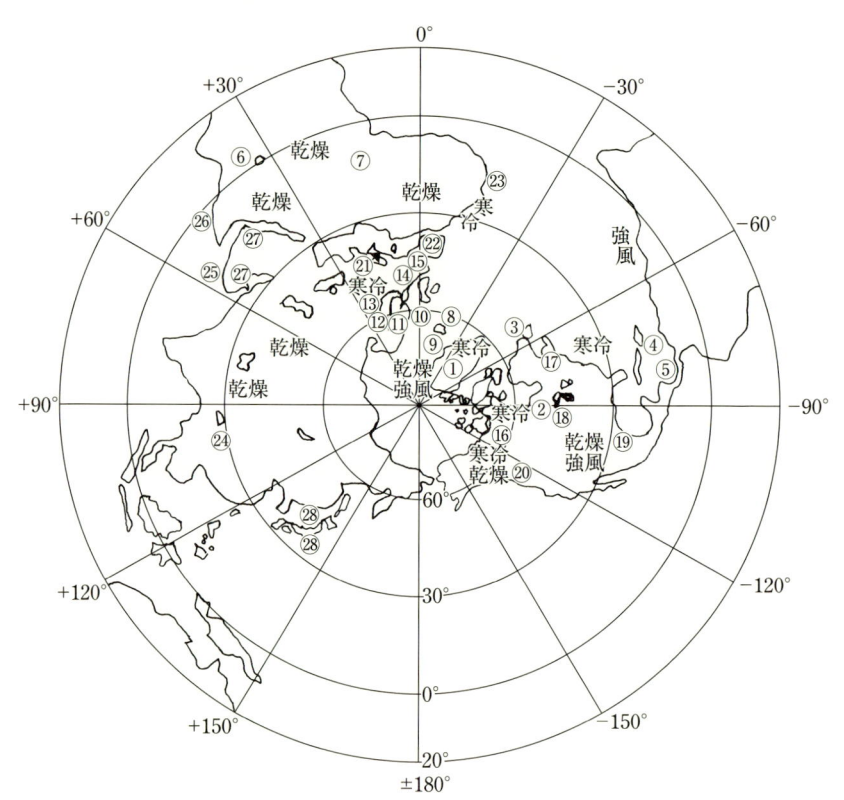

図5.4 完新世前期-中期境界8200年前の寒冷期を記録している地点（表5.3の産地番号に対応）と気候型.

(6) 8200年前の寒冷期（表5.3）

グリーンランド氷床コアでは，8250-8090年前の160年間に$\delta^{18}O$が1-2‰急激に減少し，積氷量は10％の振幅幅で変動している（図5.3）．

8200年前の急激で短期間の寒冷化事件は，ほぼ安定した温暖化傾向を中断している．このことによって，現在あるいは将来に起こる可能性のある気候変化の規模の限界を推定する模擬過程を含んでいることから，北大西洋を含む広域におけるさまざまな古気候プロキシによる研究結果が21世紀初期までに多数報告された（図5.4；表5.3）：とくに，①ベネズエラ沖合，カリアコ海盆ODP 1002地点（表5.3の4）の海底堆積物では，8300-7800年前に鉄とチタンの鉱物粒が減少しており，侵食-運搬-堆積作用を低下させた乾燥気候が熱帯収束帯の南下によってもたらされた（Haug et al., 2001）．②コスタリカ，ベナド洞窟から採取された石筍の$\delta^{18}O$値は8300-8000年前に増加しており，中米でモンスーン降雨が弱まって乾燥気候となったことを示している（表5.3の5；Lachniet et al., 2004）．③東赤道アフリカ，キリマンジャロの山岳氷河コアでは，8400-8200年前に風成塵のF^-とNa^+の含有量が最高値となった（表5.3の6；Thompson et al., 2002）．東アフリカ地衡帯の火山岩は主にアルカリ質であるので，Na^+やF^-に富んでおり，乾燥した地域の土壌や塩湖の沈殿物としてアルカリ性フッ化物が生成される．ケニアのマカディ湖はF^-に富んだトロナ（重炭酸ソーダ石）の産地として有名であるが，風化したトロナが風成塵となって，キリマンジャロの氷河域に落下したことは大気循環が強かったことを示唆している．この時期は，また北アフリカで湖水準が短期間に急激に低下した寒冷で乾燥した時期である（Gasse, 2000）．

これらの古気候プロキシの記録は，北半球の高緯度域と熱帯域とが同時期に異なった気候変動を起こしたことを示している．

8200年前における大気中の^{14}C濃度は，汎世界的な海洋循環の変化を引き起こすには寒冷化の継続期間が短すぎることと，気候変化に直接関連しない^{10}Beや^{14}Cの変動が8200年前の前後に存在している．このことから，8200年前の寒冷化事件は太陽放射量の減少によって始まったが，気候悪化の主因ではなく，太陽活動の衰退が引き起こした寒冷化が気候システムに引き継が

コラム2——農業革命

　気候変動による寒冷化や乾燥化が，労働を集約させた野生植物の栽培と動物を使った耕作を促し，遊牧狩猟と採取作業を補う形で定着した「農業革命」は文明化への第一歩であった（Weiss and Bradley, 2001）．農業革命は1万3000-1万2000年前の新ドリアス寒冷期に起こったが，地域によっては7500-7000年前頃の寒冷・乾燥化気候期（T_1）に遅れて生起した．

　新ドリアス期の寒冷で乾燥した気候は，シリア・パレスチナ地方で狩猟・採集をしていたナトゥフ文化社会の人々の野生資源の収穫量を減少させ，当地で存続し続けることを困難にした．このため，ナトゥフの人々は温暖で湿潤な冬季と暑く乾燥した夏季の季節性がオークやテレビンの原生林と野生穀物をもたらしていたレバント内陸とメソポタミア北部近くの新しい居住地に移動して，農業革命を行なった．

　また，9200年前にギリシアで始まった農業とその後の陶器製造は，8200年前からバルカン諸国の沿岸と内陸で急速に増加して，7800年前にヨーロッパでピークとなった（Turney and Brown, 2007）．その背景には，8740-8160年前に残存していたローレンタイド氷床が崩壊して，過去10万年間で最大となった北大西洋への融氷水パルスの影響がある．海水準が汎世界的に突然1.4m上昇したのみならず，熱塩循環が停止して，8200年前に寒冷化は最高潮に達した．高潮を伴って海岸域を襲った暴風洪水は，土地を失った住民を集団移住させ，地域スケールでの文化革命が起こってヨーロッパにおける新石器時代（農業）の開始を促進させた．

　7500-7000年前頃の寒冷・乾燥化気候期（T_1）は，夏季モンスーンを6300年前頃に冬季モンスーンに転換させた．夏季モンスーンは短期間の激しい豪雨であるが，冬季モンスーンは低温で蒸発しにくい夜間の降雨であるために，冬雨は表層流と蒸発が少なく土壌へ浸透しやすく，農耕に適している．乾燥化による水位の低下が農耕や牧畜の開始を促したことがエジプト最古の農耕文化であるファイユームA文化（7500-6400年前），下エジプトのメリムデ文化（7000-6100年前）や上エジプトのバダリ文化（6500-6000年前）に見られる（内田，2007）．北メソポタミアにおいても7000年前頃に用水路・河川・湖沼・潮の干満などを利用した灌漑による農耕が始まった．

れて寒冷気候に移行したとする（Muscheler et al., 2004）．しかし，北米東縁域のハドソン海峡とハッテラス岬間のローレンシア海底扇状地の堆積物では，8500-7800年前にアルケノンUK'$_{37}$による表層海水温が5℃/年の割合で低温化し，寒流系浮遊性有孔虫 *Neogloboquadrina pachyderma* の左巻き個体が急増する．さらに，8200年前に浮遊性有孔虫殻のδ^{18}O値は最低となり，融氷水の流入による低塩分化よりは気候の寒冷化を指示する（Keigwin et al., 2005）．

5.2 完新世中期（8200-3300年前）

(1) 7400年前の寒冷期（表5.4）

7400年前の寒冷期は，小氷期に匹敵するような寒冷気候期（T$_1$）（Stuiver et al., 1991）である．大気中の^{14}C（Stuiver et al., 1998）とグリーンランド氷床コア中の^{10}Be（Bond et al., 2001）が増加しており，太陽活動が弱体化した

表5.4　完新世中期における古気候プロキシの記録

7400年前の寒冷期

産地番号	場所	試料	分析	結果	気候型	暦年代（年前）	文献
1	ラブラドル-アンガバ氷河湖	地形, 湖底堆積物	排水路, 融氷水量	ハドソン湾で638 km^3	寒冷化	7500-7000	Jansson and Kleman, 2004; Magny et al., 2007
			排水路, 融氷水量	ラブラドル海で1031 km^3	寒冷化	7500-7000	Jansson and Kleman, 2004
2	中国, トゥオンケ	洞窟石筍	δ^{18}O	減少	寒冷	7200	Wang et al., 2005b
3	東フランス, スイス山地	湖底堆積物	湖水準	上昇	寒冷・湿潤	7550-7250	Magny and Bègeot, 2004
4	北太平洋, 鹿島沖	海底堆積物	珪藻化石群集	寒冷種の増加	寒冷	7440	Koizumi, 2008
	日本海, 隠岐堆	海底堆積物	珪藻化石群集	寒冷種の増加	寒冷	7300	Koizumi, 2008

6700年前のヒプシサーマル（高温）期

産地番号	場所	試料	分析	結果	気候型	暦年代（年）	文献
1	アイスランド南	海底堆積物	珪藻化石群集	表層海水温が現在より高い	温暖	6700	Andersen et al., 2004
			コッコリス化石群集	温暖種＞寒冷種	温暖	7000-6000	Giraudeau et al., 2000
2	東カナダ, バッフィン島	湖底堆積物	花粉, 帯磁率, 有機物	氷床後退	温暖	7000	Miller et al., 2005
3	北米, アイオワ	洞窟石筍	δ^{13}C (C$_3$/C$_4$)	減少	温暖・乾燥	6000	Baker et al., 2001
4	中国, 黄河上-中流域	土壌-レス層序	帯磁率, 粒径, CaCO$_3$	増加	温暖・湿潤	8000-6500	Maher and Hu, 2006
5	北太平洋, 鹿島沖	海底堆積物	珪藻化石群集	温暖種の増加	温暖	6800	Koizumi, 2008
	日本海, 隠岐堆	海底堆積物	珪藻化石群集	温暖種の増加	温暖	6690	Koizumi, 2008

5500年前の寒冷期

産地番号	場所	試料	分析	結果	気候型	暦年代（年）	文献
1	中国北，黄河沿い	レス−古土壌	風成層（黄砂）	増加	乾燥・寒冷	5500	Porter and Weijian, 2006
2	スイス，コンスタンス湖	湖底堆積物	湖水準	上昇	寒冷（氷河前進）	5320	Magny and Haas, 2004
3	北大西洋	海底堆積物	氷漂岩屑	増加（ボンド事件4）	寒冷	5530	Bond et al., 2001
4	北大西洋北	海底堆積物	氷漂岩屑，帯磁率	増加	寒冷	4700	Jennings et al., 2002
5	アイスランド沖	海底堆積物	アルケノン U^{K}_{37}	表層海水温1.1℃低下	寒冷	5500	Calvo et al., 2002
6	東カナダ北極圏	海底堆積物	氷漂鉱物粒	増加	寒冷	6000-5000	Moros et al., 2006
		湖底堆積物	磁性鉱物粒子	風化→新鮮（氷河前進）	寒冷	6000-5500	Miller et al., 2005
7	西アフリカ沖，ODP 658C	海底堆積物	浮遊性有孔虫群集	低温化	寒冷	5500	deMenocal et al., 2000a, b
			陸源性砕屑物	急増	乾燥	5500	deMenocal et al., 2000a, b
8	北米，フェイエットビル グリーン湖	湖底堆積物	方解石の $\delta^{13}C$	増加	乾燥・寒冷	5200	Kirby et al., 2002
9	ロシア北極圏，タイミル半島	湖底堆積物	花粉，植生	乾燥・寒冷種の増加	乾燥・寒冷	5500	Andreev et al., 2003
10	ヨーロッパ中部	湖底堆積物	湖水準	上昇	湿潤・寒冷	5650-5200	Magny, 2004
11	ボリビア，チチカカ湖	湖底堆積物	有機物の $\delta^{13}C$	減少	湿潤・寒冷	5350	Baker et al., 2005
12	北西太平洋，鹿島沖	海底堆積物	珪藻化石群集	寒冷種群の増加	寒冷	5590	Koizumi, 2008
	日本海，隠岐堆	海底堆積物	珪藻化石群集	寒冷種群の増加	寒冷	5470	Koizumi, 2008

4400-4000年前の寒冷期

産地番号	場所	試料	分析	結果	気候型	暦年代（年）	文献
1	北アフリカ	湖底堆積物	湖水準	低下	寒冷	4000	Gasse, 2000；Guo et al., 2000
2	アフリカ，キリマンジャロ	氷河コア	風成塵	増加	乾燥	4300	Thompson et al., 2002
3	アフリカ，ナイル川	三角州堆積物コア	Sr同位体，層相	洪水と流量の減少	乾燥・寒冷	4200-4000	Stanley et al., 2003
4	アフリカ，地中海西部域	海底堆積物，堆積岩	花粉化石	北アフリカ起源の風成塵	乾燥	4200	Magri and Parra, 2002
5	アラビア海，オマーン湾	海底堆積物	風成ドロマイトと方解石	増加	乾燥	4194-3626	Cullen et al., 2000
6	イスラエル，ソレク	洞窟石筍	$\delta^{18}O, \delta^{13}C$	減少	乾燥	4200-4000	Bar-Matthws et al., 1997
7	カナダ，バンクーバー島	海底堆積物	珪藻群集，層相（年縞）	珪藻生産の停止	湿潤	4400	Chang and Patterson, 2005
8	北米，ミシガン	湖底堆積物，泥炭	木炭，胞子，花粉	カバの減少，森林火災	干ばつ	4050	Booth et al., 2004
9	北米，ミシガン	洞窟石筍	$\delta^{18}O$	負の異常	干ばつ	4100	Denniston et al., 1999
10	北米，ミネソタ	湖底堆積物	珪藻化石群集，磁性鉱物，砕屑粒子	増加	乾燥	4300-4100	Dean, 1997
11	ペルー，アンデス	氷河コア	風成塵	増加	乾燥	4300	Thompson et al., 2000
12	中国，青海−チベット	湖底堆積物	$\delta^{18}O$	減少	乾燥・寒冷	4500-3500	Wei and Gasse, 1999
13	中国，ウウェイ	紅水河沿いの地層	花粉化石	乾燥・寒冷群集	乾燥・寒冷	4300-3740	Zhang et al., 2000
			$\delta^{18}O$	減少	乾燥・寒冷	4300-3740	Zhang et al., 2000
14	北西太平洋，鹿島沖	海底堆積物	珪藻化石群集	寒冷種群の増加	寒冷	4460	Koizumi, 2008
	日本海，隠岐堆	海底堆積物	珪藻化石群集	寒冷種群の増加	寒冷	4150	Koizumi, 2008

地球規模の寒冷気候期である（Magny et al., 2007）．さらに，8400-7000 年前に後退したローレンタイド氷床はラブラドルやアンガバなど多数の氷河湖を形成し，7500-6400 年前に約 6000 m^3 の融氷水をラブラドル海，アンガバ湾，ハドソン湾などの北大西洋に放出して，ラブラドル海の表層海水温を急速に，かつ，繰り返し寒冷化した（Jansson and Kleman, 2004；Magny et al., 2007）．

中国南部のトゥォンケ洞窟から採取された石筍の δ^{18}O 記録は，完新世を通じて徐々に減少しており，アジア・モンスーンの弱体化を示している．9000 年前以降を通じて約 1200 年間隔で 100-500 年間継続する，8 回の弱いモンスーン・イベントは，ボンド事件の 0-5 に対応しているが，7200 年前と 6300 年前のイベントは番号のない氷漂岩屑の多産層準に対比される（Wang et al., 2005）．

東フランスのジュラ山脈とプレアルプス，スイス山地では，7550-7250 年前に湖水準が上昇していた．寒冷気候によって，大西洋偏西風ジェットが南方へ移動し，ヨーロッパ中緯度域でサイクロン活動が活発化したために，年間降水量が増加して，湖水準が上昇するとともにアルプス氷河が拡大したのである（Magny and Bégeot, 2004）．

(2) 6700 年前のヒプシサーマル（高温）期（表 5.4）

完新世ヒプシサーマル期の温暖化気候による海水温と海水準の上昇によって，日本列島周辺の沿岸域に出現した多数の内湾には，南関東で熱帯性貝類種群，本州北部まで亜熱帯性種群，北海道の全沿岸域で温帯性種群が出現した（図 4.2，図 4.3；松島，1984，2007a）．

海進がピークに達した最も温暖で湿潤な時期は，ヨーロッパでは 9000-6000 年前，あるいは 5000 年前のアトランティック期に相当する．アイスランド南の亜極前線近くの海底堆積物コアでは，珪藻化石群集による 8 月の表層海水温（℃）が 6700 年前に現在より 2-3℃ 高い 14℃ となって，完新世ヒプシサーマル期を示している（Andersen et al., 2004）．また，7000-6000 年前にコッコリス *Gephyrocapsa muellerae* の産出頻度が亜寒帯種 *Emiliania huxleyi* の個体数より多くなって温暖期を示している（Giraudeau et al., 2000）．

東カナダ北極圏，バッフィン島の氷河は 7000 年前に現在地よりも後退し，

花粉化石や表層海水温は最高の温暖化を示した(Miller et al., 2005).

　北米,アイオワ北東のコールド・ウォーター洞窟から採取された石筍の$\delta^{13}C$(C_3/C_4)値は6000年前に最も軽くなった(Baker et al., 2001).洞窟から採取された石筍の炭素同位体が植生-土壌の有機物の同位体を反映しているとすれば,森林のC_3と草原のC_4の比率(C_3/C_4)が$\delta^{13}C$の値となるので,6000年前に温暖・乾燥気候となって,森林の樹木と草本が消失して大草原になったと考えられる.

　完新世中-後期を通じて,太陽放射と東アジア・モンスーンが強化されたので,黄海に面した東中国では1万-7000年前に,東シナ海に面した揚子江の中-下流域では7000-5000年前に,ピプシサーマル(高温)期になっている(An et al., 2000).黄河の上-中流域に広がるレス台地では,温暖で湿潤な東アジア夏季モンスーンに由来する3層準(1万1500-1万年前,8000-6500年前,5000-2500年前)の土壌のうち,8000-6500年前の土壌が完新世中期のピプシサーマル(高温)期に相当する(Maher and Hu, 2006).完新世中期を通じて,北アフリカ-アラブ-インド-西チベットなどの地域が乾燥した北西アフリカ-南西アジアの夏季モンスーンの影響を受けたことと,異相関係にある.

(3) 5500年前の寒冷期(表5.4)

　さまざまな古気候プロキシの記録が5600-5000年前の急激な寒冷化気候を示している.日本列島では縄文中期寒冷期と呼ばれ,海水準の低下と温暖性貝類種群の南方への後退が起こった.冷涼で湿潤な気候による河川侵食と土砂洪水が縄文人の内湾型社会を崩壊させた(安田,1990).

　太陽活動が5600-5200年前に弱体化して大気中の^{14}C生成率が最大となった(Stuiver et al., 1998)以外に,軌道フォーシングや海洋循環なども変化し,地球内外の複合的な気候要因の統合によって,ヨーロッパにはネオグレーシャル(新氷河)期が訪れた(Denton and Karlén, 1973;Magny and Haas, 2004).

　完新世前-中期の8950-5750年前に氷河は最も後退したが,その後の完新世中-後期に,山岳氷河が汎世界的に発達して寒冷気候となった.とくに5725-4500年前に前進した氷河前進は,ネオグレーシャル(新氷河)期の開

始であるとされる．氷河の前進は汎世界的に5300年前，2800年前，300-200年前（小氷期）の3回認められる（Porter and Weijian, 2006）．

北大西洋では，氷漂岩屑が増加するボンド事件4が5530年前の寒冷期に相当する．ボンド事件4-0の層準が1000年スケールで温暖化傾向にあるのは，コア採取地点が温暖な北大西洋海流の影響を受けているためであって，北大西洋北方の寒冷な東グリーンランド海流下から採取されたコア試料では，1000年スケールで寒冷化傾向にある（Jennings *et al.*, 2002；Moros *et al.*, 2006）．グリーンランドの氷床コアでは1.5℃の低温化（Dahl-Jenssen *et al.*, 1998）が，ノルウェー海の表層海水温でも1℃以上の温度低下（Calvo *et al.*, 2002；Risebrobakken *et al.*, 2003）が起こっている．

東カナダ北極圏の湖底堆積物は，6000-5500年前に微弱なラミナ状態から完全なラミナ状構造に変化して，氷河-湖沼環境が発達したことを示す．また，風化した磁性鉱物に代わって，新鮮な磁性鉱物が段階的に増加しており，前進した氷河の削剥作用を示している（Miller *et al.*, 2005）．

汎世界的な寒冷化気候の中で，中央アジア，北アフリカ，北米東部，中米，高緯度域，などの大部分の地域では乾燥気候となったが，中央ヨーロッパの西部や南米では湿潤であった（図5.5）．気候型の差異が生じた原因として，以下のような3つが提案されている：①表層海水温の低温化によって，海洋と大陸間の温度較差が減少したために，アフリカ-アジア・モンスーンが弱体化した（Morrill *et al.*, 2003），②高緯度域と低緯度域間の温度勾配に応じて，偏西風が低緯度域に向かって移動するとともに強度が増強された（Magny *et al.*, 2001；Lamy *et al.*, 2002），③熱帯太平洋の東西における表層海水温の勾配に応じて，現在型のエル・ニーニョ変動が起こった（Moy *et al.*, 2002）などである．

(4) 4400-4000年前の寒冷期（表5.4）

4200年前の激しい干ばつが北半球の中緯度域-亜熱帯域における多くの古気候プロキシに記録されている．この激しい干ばつによって，エジプトやインダス，メソポタミアなどの古代文明は崩壊した（コラム4, 5）．

4200年前の乾燥化気候はアフリカに激しい干ばつを引き起こし，広い地

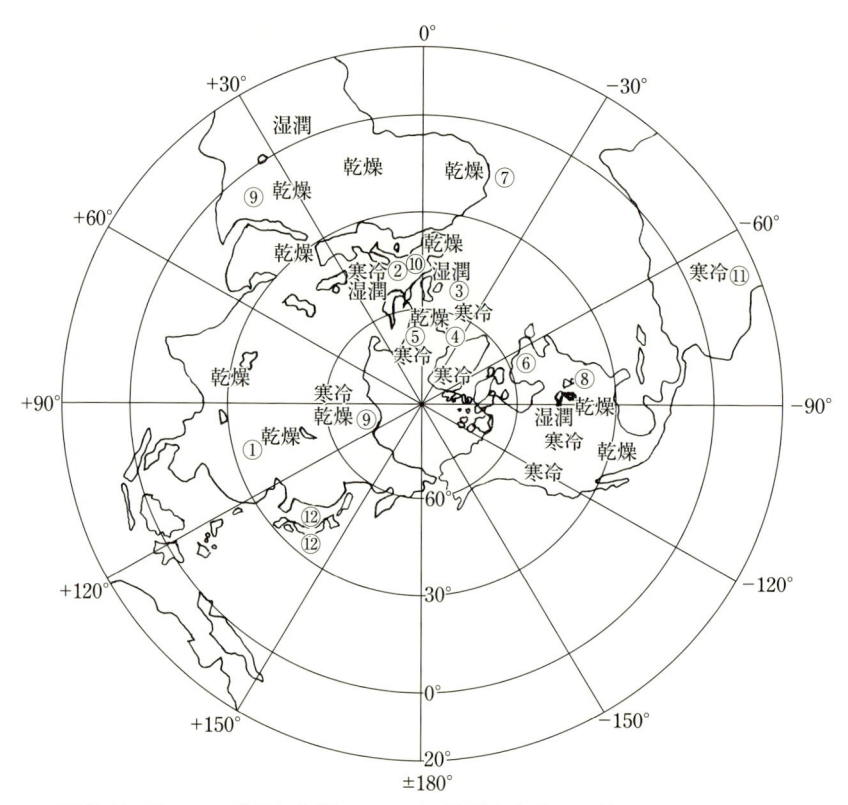

図 5.5　ヨーロッパでネオグレーシャル（新氷河）期の開始時とされる 5500 年前の寒冷気候を記録している地点（表 5.4 の産地番号に対応）と気候型．

域で湖水準が低下した（Guo *et al*., 2000；Gasse, 2000）．ナイル河下流域では，4200-4000年前にナイル河の洪水の回数と年間流量が減少して，植生の減少と侵食の増加が進行し，サハラ砂漠の縁辺域に新たな砂丘システムが形成された（Stanley *et al*., 2003）．サハラからの風成塵がイタリア中部へ多量に運搬された（Narcisi, 2000）ために，アフリカ起源のヒマラヤ杉の花粉を含んだ乾いた風がイタリア中部の森林破壊を引き起こした（Magri and Parra, 2002）．

　イスラエル，ソレク洞窟から採取された石筍の$\delta^{18}O$は，4200-4000年前に降水が20-30％減少したことを示している（Bar-Matthws *et al*., 1997）．東赤道アフリカ，キリマンジャロ山頂の氷河コアやペルー中西部，アンデス山脈のワスカラン氷河コアでは，4300年前に風成塵が増加している（Thompson *et al*., 2000, 2002）．一方，4200年前の中部ヨーロッパ，英国北方域，アイルランド，スカンジナビア，シベリアなどでは，湿潤で寒冷気候であった．

　4300-4100年前の北米中部を厳しい干ばつがおそい，砂丘の再現，森林火災，森林組成の変化，などをもたらした（Booth *et al*., 2005）．東ワイオミングと東コロラドでは，4300-4000年前に，広大な砂丘が形成された．ネブラスカでは，4300年前の長期間にわたる激しい乾燥化が砂丘を数km移動させ，イリノイでは乾燥地が著しく拡大した．砂原の拡大は，年間降水量の低下によって湿気が減少して，植生が減少したことを示している（Forman *et al*., 2001）．ミシガン北方域における干ばつは，激しく燃え広がる森林火災を多発させ，木炭やシダ胞子の一時的な増加とカバノキの減少をもたらした（Booth *et al*., 2004）．アイオワ北東部の沖積層に含まれる花粉は，一時的な干ばつによるオークの減少とブタクサ（*Ambrosia*）の増加を示す（Baker *et al*., 2002）．さらに，同地域の石筍は4100年前に$\delta^{18}O$値が負の同位体異常となって降水量の減少による干ばつを示している（Denniston *et al*., 1999）．ミネソタ，エルク湖の湖底堆積物では，4300-4100年前の厳しい乾燥気候による砕屑粒子と，高い湖水生産による珪藻殻の急増が，堆積物の密度と磁性鉱物の多産に反映されている（Dean, 1997）．

　中国北西，青海－チベット高原にある湖は4500-3500年前に湖水準が低下し，湖底堆積物の$\delta^{18}O$は寒冷化気候を示している（Wei and Gasse, 1999）．ゴビ砂漠南のウウェイ（武威）東方を北西－南東方向に流れる紅水河沿いの

地層に含まれる花粉化石と $\delta^{18}O$ は，4300-3740 年前に寒冷で乾燥していたことを示している．4500 年前に祁連と河原の山岳氷河が前進した（Zhang et al., 2000）．4400-3900 年前に，東アジア夏季モンスーンが中国北部に干ばつと南部に洪水をもたらし，中部平原の新石器文化を崩壊させた（Wu and Liu, 2004）．

　4200 年前に起こった気候変動の原因は，地球軌道フォーシングと太陽活動，火山活動などの外部力が海洋-大気システムへ作用した非線形反応の結果（Booth et al., 2005）であり，太平洋低-中緯度域では 4200-3000 年前に現在型の熱帯における大気-海洋結合系であるエル・ニーニョ南方振動，エンソ（El Niño-Southern Oscillation；ENSO）状態に移行したと考えられている（Barron and Anderson, 2010）．

コラム3——都市革命

　地球軌道要素の変化と太陽活動の停滞によって，北半球の日射量が6000年前に減少し始め，5500年前に汎世界的に寒冷・乾燥化気候となった（T_2）．そのために熱帯収束帯が南下し夏季モンスーンを弱体化させて，亜熱帯域では降水が減少して乾燥状態となった（Fleitmann et al., 2003；Gupta et al., 2003；Morrill et al., 2003）．寒冷化に伴った乾燥化とモンスーンの弱体化による降水量の減少は，植生-大陸-大気の相互作用を経て蒸発と降水による水収支の地域性を強くしたために，地域的な農耕は強い影響を受けた．

　6000年前から始まった寒冷・乾燥化気候は，中東のレバントやメソポタミア北部の農業居住者たちを南部のシュメールやアッカドに移住させ，チグリス川とユーフラテス川のほとりで灌漑による大規模な農耕を発達させた．収穫量の増産，文字の発明，冶金技術や加工技術の発達などがウバイド文化を興起させた．為政者は大規模な治水と灌漑の共同作業に必要な統率者でもあったので，当初は宗教的権威者の巫者であったが，やがて政治的な王に代わった．農作物の収穫量を高めることで得た社会的余剰が農作業に携わらない社会的集団者を養い得るようになった．社会を構成する人々の階層化による統治体制と組織化，手工業の発達が富の蓄積と交換機能を持つ都市文明化，すなわち都市革命が6000年前のウバイド文明ウルフ期に成立した（中田，2007）．効率の良い運河運送を持った灌漑農業が大量の穀物を生産して古代オリエント最古の都市文明を支えた．しかし，6200-6000年前の激しい干ばつによって，後期ウルフ居住集団の社会は突然崩壊した（Cullen et al., 2000）．

　ヨーロッパにおける新石器文明（農業）の2回目の拡大は陸地を隔てる海峡，増加する人口圧による移住，中石器人類の地域への密着性などのために伝播がかなり遅れたが，5900-5700年前に北西ヨーロッパにおいて寒冷・乾燥化気候が進行する中で農業の拡大（文明化）が起こった（Berglund, 2003；Turney and Brown, 2007）．多くの地域の森林地帯で森林が伐採されて農業が開始された．

コラム４──エジプト古王国の崩壊

　先王朝時代（7500-5100 年前）以降，サハラ北東域に位置していたエジプト文明は母なる川，すなわち生命の水源であるナイル川と結びついてきた．6000年前の寒冷・乾燥化気候と 5500 年前のモンスーン・システムの弱体化によって，先王朝期（6000 年前）から古王国時代（4300 年前）へ長期にわたって，サハラ地域における降水の減少とエジプト後背地の乾燥化が進行した．

　7000 年前以降に砂漠の中の盆地であるプラヤが減少し，6000 年前以降には多くのプラヤで地下水面が低下し，手掘り井戸が役立たなくなって，居住民の活動に支障をきたした（Nicoll, 2004）．スーダン北西にある西ヌビア湖では，6000 年前に低下した湖岸の低地に家畜を飼育する集団が集約的に定住した後，4400 年前に居住地が放棄された（Hoelzmann et al., 2001）．6000 年前に始まり 5000 年前に最盛となった乾燥化気候が水と牧草の欠乏をもたらし，エジプトの東西にあった砂漠の遊牧社会を崩壊させた．滅びなかった遊牧民は水と牧草を求めて動物とともにナイル流域へ移動した．砂漠からナイル川流域への移住は 5200 年前の完新世多雨期の終末に加速された．

　ナイル川ではストロンチウム同位体比の変動がよく調査されている．白ナイルの排水は結晶質基盤岩に由来する $^{87}Sr/^{86}Sr$ 比が高く，新生代の火山岩が優勢なエチオピア高地からの青ナイル-アトバラの排水は $^{87}Sr/^{86}Sr$ 比が低い（Krom et al., 2002）．ナイル川河口の三角州から採取されたボーリング・コアの砕屑粒子（20 μm 以下）の $^{87}Sr/^{86}Sr$ 比は 6100 年前から 4600 年前へ減少し（Stanley et al., 2003），砕屑粒子量の多寡を示す Ti/Al 比が逆に増加している（図）．すなわち，この期間を通じて白ナイルの年間洪水と基底流量が減少し，

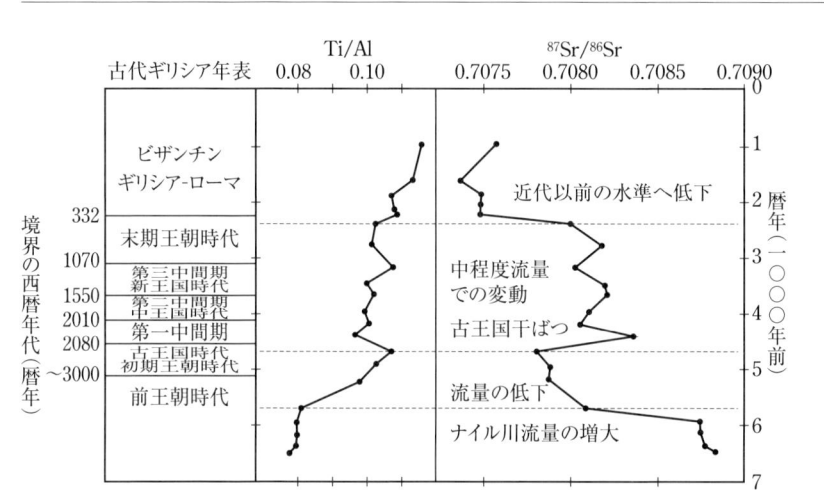

図 スエズ運河東のナイル三角州から採取されたコア堆積物の Ti/Al 比と $^{87}Sr/^{86}Sr$ 比の変動（Nicoll, 2004）.
ナイル川の年間洪水と基底流量の変動がエジプトの古王国終末と関連している.

4200 年前に白ナイルに代わって青ナイルが河川懸濁物として微細な浮遊性粒子を運搬・堆積させたと考えられている．事実，4400 年前に白ナイル流域に位置するターカナ湖の湖水準は最低となっている（Gasse, 2000）．降水量の減少はナイル水系における植生カバーの減少と侵食量の増加をもたらし，エジプト古王国を崩壊させた（Stanley et al., 2003）．

コラム5──アッカド帝国の崩壊

　アッカド帝国は，チグリス川とユーフラテス川の間にある広大な沖積平野を，約4600年前の500年間，中央集権政治と階級制によって統治した世界最初の統一国家である．生産地であるメソポタミア北部の降水による農地と，南部都市の灌漑による農地とを一体化させて繁栄した．4170±150年前に北部の広汎な農業平野の放棄と人口が膨張した南部都市への避難民の爆発的流入が起こった（Weiss *et al.*, 1993）．南への遊牧民の侵入を食い止めるために，180 kmにわたる「アモリ人を撃退する（Repeller of the Amorites）」壁が造られた．降水の大きな年間変化に対する水管理と穀物貯蔵の技術を持ち合わせていたにもかかわらず，乾燥化気候と火山噴火，大気循環の激化に対応できずにアッカド社会は4200年前に崩壊した．アッカド帝国崩壊後の3900年前に小規模な集団が北部の平野に定住を再開した（図）．

　北東シリアの主要都市テル・ライランの発掘断面では，アッカド帝国が崩壊した層準の直上にある厚さ0.5 cmの火山灰層が，乾燥状態の突然の開始を示す分級した厚さ100 cmの風成シルトで覆われている（Weiss *et al.*, 1993）．また，オマーン湾の海底堆積物ではドロマイトと炭酸塩の風成塵が4025±125年前の300年間に増加している（Cullen *et al.*, 2000；図）．増加した風成塵は^{87}Sr/^{86}Srの減少からメソポタミア起源と考えられる．チグリス川の源流にあるワン湖付近では，風成塵（石英）の増加とレバントの古気候がこの地域の乾燥化を示している（Bar-Mattews *et al.*, 1997）．

　メソポタミアの乾燥化が突然に始まった4100年前は，北大西洋の広域で寒冷化が始まったボンド事件3の時期に相当し，大西洋亜極-亜熱帯域の表層海水温が1-2℃低下した時期である（Bond *et al.*, 1997；deMenocal *et al.*, 2000a, b）．チグリス川とユーフラテス川の源流は冬季の地中海降水の蒸発によって供給さ

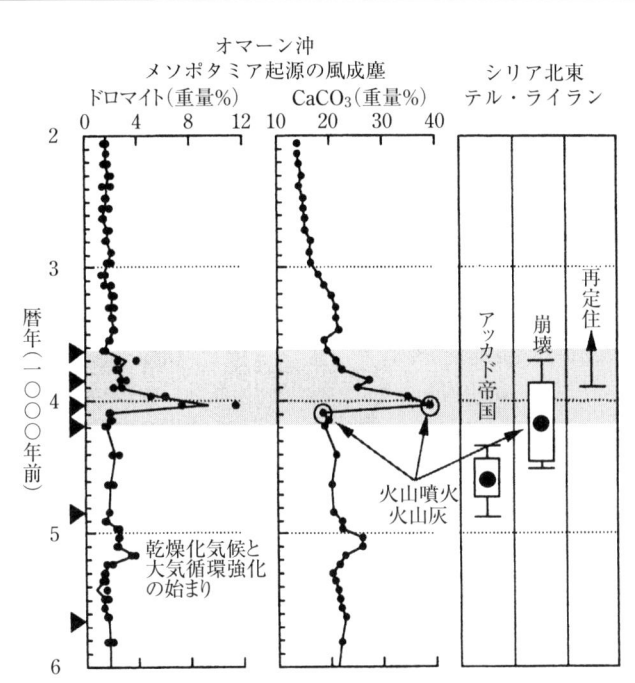

図 メソポタミアの気候変動とアッカド帝国の崩壊との関係 (deMenocal, 2001).
　5200年前に始まり4025年前に最高潮となったメソポタミアの乾燥気候と5100年前および4100年前の火山爆発 (Cullen et al., 2000) が，4170年前にアッカド帝国の放棄と崩壊の始まりをもたらした (Weiss et al., 1993).

れているが，現在の機器観測データは北西大西洋亜極域の表層海水温が異常に寒冷な時期にメソポタミアの水供給は年間50%減少することを示している (Cullen and deMenocal, 2000).

5.3 完新世後期（3300-2000年前）

　日本では，縄文時代後-晩期（3500-2500年前）の寒冷気候による海水準低下と土砂洪水が内湾を埋積し，焼畑農耕によるアワ，ヒエ，サトイモなどの雑穀・根菜型栽培と収穫効率のよいクリやクルミなどの育成を促した（安田，1990）．

　北大西洋の亜極前線付近の海底堆積物コアでは，珪藻化石群集が2800年前に表層海水温の低下を示し（表5.5；Andersen *et al.*, 2004），コッコリスの

表5.5　完新世後期における古気候プロキシの記録

3300-2500年前の寒冷期

産地番号	場所	試料	分析手段	結果	気候型	暦年代（年前）	文献
1	カナダ北極圏，バッフィン島	湖底堆積物	層相	氷河砕屑岩片	寒冷	3000-2000	Thomas *et al.*, 2009
		氷河	モレーンの^{14}C年代値	氷河前進	寒冷	4000-3000	Briner *et al.*, 2009
2	アイスランド周辺	海底堆積物	珪藻群集	寒冷群集	寒冷	2800	Andersen *et al.*, 2004
			コッコリス温暖種	減少	寒冷	2800	Giraudeau *et al.*, 2000
			氷漂岩屑	増加（ボンド事件2）	寒冷	3200-2800	Bond *et al.*, 2001
3	アイルランド西，ODP 980	海底堆積物	底生有孔虫殻δ^{13}C	減少	寒冷	2800	Oppo *et al.*, 2003
4	東カナダ北極圏	氷河	モレーンの^{14}C年代値	氷河前進	寒冷	4000-3000	Osborn *et al.*, 2007
		湖底堆積物	氷河砕屑岩片	増加	寒冷	3300	Osborn *et al.*, 2007
	ブリティッシュ・コロンビア，海岸山脈	氷河	モレーン，^{14}C年代値	磨耗木材，切り株	寒冷	3580-2900	Osborn *et al.*, 2007
		海底堆積物	砕屑粒子	増加，年縞	寒冷	3630-3360	Osborn *et al.*, 2007
5	北米，ミシシッピー・ミズーリ	沖積層	層相，植物遺体，花粉	草原→サバンナ	寒冷	3500-3000	Baker *et al.*, 2001
		洞窟石筍	δ^{13}C（C$_3$/C$_4$）	減少	寒冷	3500-3000	Baker *et al.*, 2001
6	西アフリカ，ギアナ	湖底堆積物	層相，花粉	有機質→石灰質	乾燥	3200	Russsell *et al.*, 2003
7	中国，チンハイ・チベット	氷冠コア	δ^{18}O	負の異常	寒冷	3500-3100	Thompson *et al.*, 1997
8	チベット	氷河	モレーンの^{14}C年代値	氷河前進	湿潤	3500-1400	Yi *et al.*, 2008
9	中国北西，ホーシ走廊	レス-古土壌	帯磁率，CaCO$_3$	減少，減少	乾燥・寒冷	3100	Yu *et al.*, 2006
		湖底堆積物	帯磁率，CaCO$_3$	減少，減少	乾燥・寒冷	3100	Yu *et al.*, 2006
	中国北西，ウウェイ	紅水川沿いの地層	花粉化石	乾燥・寒冷群集	乾燥・寒冷	3000	Zhang *et al.*, 2000
10	西太平洋・東シナ海	海底堆積物	熱帯性有孔虫	減少	寒冷	4500-3000	Lin *et al.*, 2006；Ujiié *et al.*, 2003
11	北西太平洋，鹿島沖	海底堆積物	珪藻化石群集	寒冷種群の増加	寒冷	3040	Koizumi, 2008
	日本海，隠岐堆	海底堆積物	珪藻化石群集	寒冷種群の増加	寒冷	3480	Koizumi, 2008

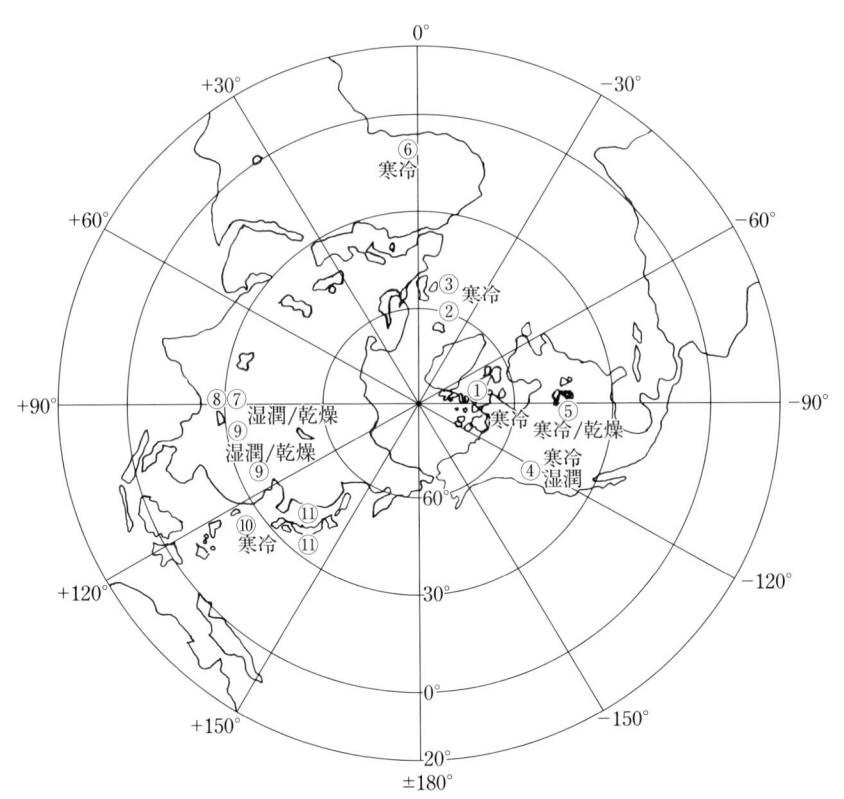

図 5.6 完新世後期 3300-2500 年前の寒冷気候を記録している地点（表 5.5 の産地番号に対応）と気候型.

5.3 完新世後期（3300-2000 年前）

Emiliania huxleyi が減少している (Giraudeau *et al.*, 2000). アイルランド西方の ODP 地点 980 では, 2800 年前に底生有孔虫殻の $\delta^{13}C$ が低下しており, 北大西洋深層水の生産が低下したことを示している (Oppo *et al.*, 2003). 海水循環が弱体化し, 北方への熱輸送が減少して寒冷になったことが原因である (図 5.6).

東カナダの北極圏では, 現在の氷河末端の前面に 4000-3000 年前の新鮮なモレーンが存在し, 湖底堆積物は 3300 年前の氷河砕屑岩片を含有している. カナダ北極圏, 北東バッフィン島の湖底堆積物は, 3000-2000 年前に氷河砕屑岩片を含有した砂の級化層理が優勢となる (Thomas *et al.*, 2009). これらの事件は山岳氷河や氷冠が 3500-2500 年前に拡大し, ネオグレーシャル期が始まったことを示している (Briner *et al.*, 2009). 北米大陸の太平洋岸を南北に連なるブリティッシュ・コロンビア, 海岸山脈の南方では, 3580-2900 年前の磨耗した木材や根のついた切り株を含むモレーンが氷河の前面に存在するとともに, 湖底堆積物は 3630-3360 年前に急増した砕屑粒子を含む年縞に変化している (Osborn *et al.*, 2007). 北米中西部, ミシシッピー-ミズーリ峡谷盆地における沖積層の層相, 植物遺体と花粉化石, 洞窟石筍の $\delta^{13}C$ などは, 3500-3000 年前に大草原から寒冷気候の影響を受けた混合樹木のサバンナ草原に変化した (Baker *et al.*, 2001).

中国北西のホーシ (河西) やテングリ砂漠では, 3400-3000 年前の湿潤気候が 3100 年前の乾燥化によって中断されている (Zhang *et al.*, 2000 ; Yu *et al.*, 2006). この乾燥化をもたらした激しい寒冷化事件は, チベット高原東縁のグリヤ氷床コア (Thompson *et al.*, 1997) に記録されているほかに, 西アフリカ, ガーナのボサムツビ湖の湖底堆積物が 3200 年前にサプロペルから石灰質ラミナ泥に変化する層準 (Russell *et al.*, 2003) や北大西洋のボンド事件 2 (Bond *et al.*, 2001) に相当している. チベットとその周辺におけるモレーンの ^{14}C 年代値は湿潤状態で促進された氷河前進が 3500-1400 年前に起こっており, ネオグレーシャル期の開始を画している (Yi *et al.*, 2008).

4500-3000 年前の西太平洋と東シナ海では, 熱帯太平洋の中-東部における表層海水温が上昇するエル・ニーニョ現象が起こって黒潮が弱体化したために, 東シナ海の表層海水温は最大 4℃ 低下し, 塩分も低下した. 熱帯性浮

遊性有孔虫 *Pulleniatina obliquiloculata* が減少し，沿岸性の付着珪藻が約 10 ％増加した（Ujiié *et al.*, 2003；Lin *et al.*, 2006）.

第 6 章

西暦年間の気候変動

　観測データに基づく気象学や気候学は，もっぱら 1-10 年スケールの気候変化を取り扱う．しかし，機器観測が始まったのは 50-100 年前からである．それ以前の気候変動は取り扱わないか，あるいは変動を一定とする．このため，観測データを用いた気候変動の解析では，近未来における気候変動の正確な予測は不可能である．

　一方，過去の気候記録は，古気候アーカイブと呼ばれる樹木年輪・サンゴ年輪・氷床コア・石筍・古土壌・堆積物，などに保存されている．アーカイブから古気候プロキシの記録を復元するためには，試料の採取-分析・解析-観測記録との対照，キャリブレーション（目盛り定め），分析値の古気候記録への変換，という手順が行われる．古気候プロキシの記録を得るための手法や道具立てを古気候のプロキシ（間接指標）と呼ぶ．プロキシはアーカイブの種類に応じて，年輪幅，酸素・炭素・窒素の安定同位体比，有孔虫殻やサンゴ骨格の Mg/Ca 比，アルケノン Uk'_{37}，気候変化に敏感な動植物の化石種や群集組成，など多種多様である．西暦年間における気候変動の高分解能解析は，分析と解析の精度を一層上げるために，それぞれのプロキシが解決しなければならない問題点がある．観測データのある時代においては，古気候プロキシの記録を観測機器による測定データと照合し合って相互に目盛り定めをし合った後，観測データがおよばない過去へ古気候プロキシの記録を補って記録の統合化を目指すべきである．

　鹿島沖と日本海隠岐堆から採取された海底堆積物中の珪藻温度指数 Td' 比による表層海水温の変動は，西暦年間における日本列島の気候変動や日本

史の出来事と深く関連している．しかし，歴史上の出来事が環境変動と関連していることは，これまでほとんど検討されてこなかった．データ間隔が平均80-90年の海水温変動をスムージングすると，西暦年間における海水温の変動幅は2℃の範囲内におさまる．その中で，弥生温暖期-古墳寒冷期と中世温暖期-小氷期の2回の寒暖の周期が認められる（図6.1）．小氷期後に表層海水温は昇温傾向になるが，鹿島沖では250年間，隠岐堆では100年間のデータが欠如しているために詳細な変動は不明である．西暦年間の海底堆積物による高分解能解析は今後の大きな課題である．

　確かな近未来の気候変動を予測するために，欧米では今世紀に入ってから「気候変動に関する政府間パネル（International Panel on Climate Change; IPCC）」の観測データに過去の古気候プロキシの記録を補完する作業が精力的に遂行されている．古気候プロキシの記録に基づく古気候変動の解析とモデリングの結果，人類活動による地球温暖化の昇温現象が具体的な数値として現実感をもって認識されるようになった．たとえば，20世紀に東赤道アフリカにあるキリマンジャロ氷原は80%減少し，この割合だと2015-2020年には消滅すると予測された（Thompson et al., 2002）．過去2000年間の気候変動を各種のアーカイブとプロキシによって高分解能で解析し，自然環境に与えてきた人類の影響を評価して，近未来の環境変動を予測することが，いま，求められている．

6.1　弥生（鉄器-ローマ）時代温暖期と古墳（中世暗黒）時代寒冷期

　鹿島沖コアと日本海隠岐堆コアの表層海水温は，鹿島沖コアでは西暦年間の50年，350年，700年，1200年，1350年，1550年に周辺年と比べて低温化し，隠岐堆では50年，350年，700年，1000年，1650年，1800年に低温化している．これらの層準は相互に対比され得るが，鹿島沖コアの上部が収縮している可能性がある（図6.1）．前200年-西暦300年間が弥生温暖期，300-800年間が古墳寒冷期に相当する．

　ヨーロッパでは，鉄器-ローマ時代温暖期（前400年-西暦400年），中世暗黒時代寒冷期（400-800年）と中世温暖期（800-1300年），氷期（1300-

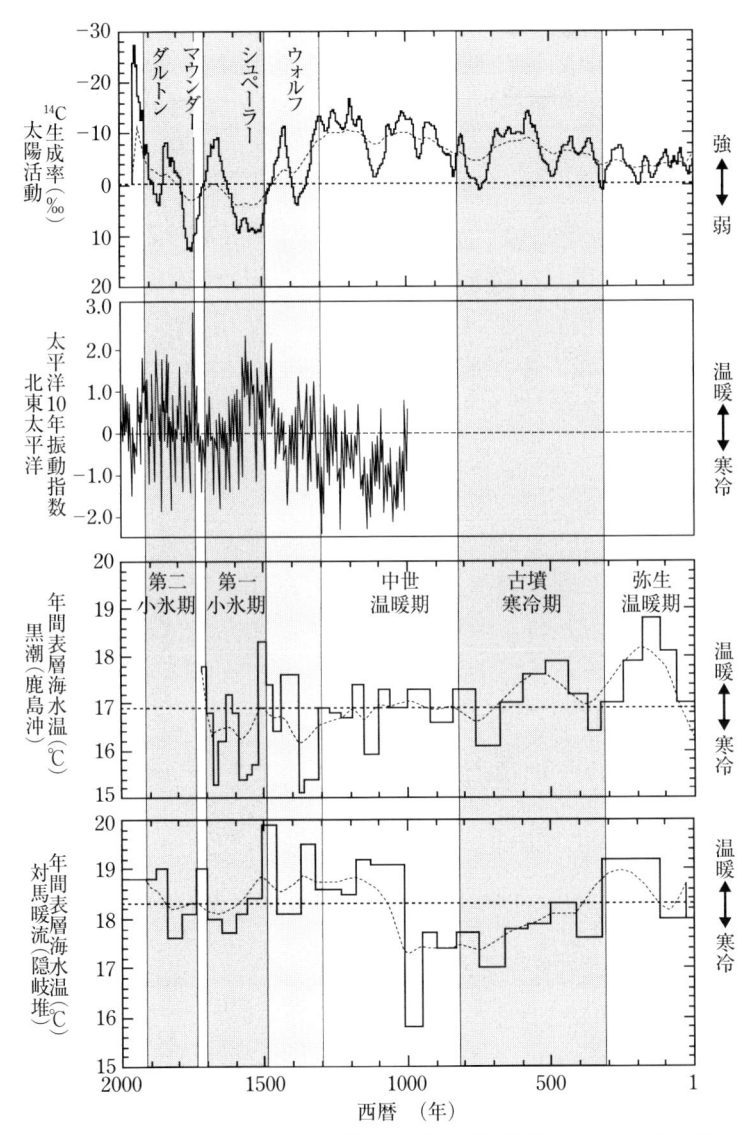

図6.1　西暦年間における日本近海の表層海水温（℃）（Koizumi, 2008）と太陽活動（Stuiver et al., 1998），太平洋10年振動（MacDonald and Case, 2005）との対応．
　年間表層海水温の実線は50年間の平均値，点線はそれをスムージングしたもの．

6.1　弥生（鉄器-ローマ）時代温暖期と古墳（中世暗黒）時代寒冷期

表 6.1 西暦年間における古気候プロキシの記録（産地番号は図 6.2 の地図上の番号と対応）
弥生（鉄器‐ローマ）時代温暖期（前 400 年‐西暦 400 年）と古墳（中世暗黒）時代寒冷期（400-800 年），および中世温暖期 MWP（800-1300 年）と小氷期 LIA（1300-1850 年）

産地番号	場所	試料	分析手段	結果	気候型	暦年代（年）	文献
1	ヨーロッパアルプス	氷河	長さ	後退	温暖	前 200–西暦 50	Holzauser et al., 2005
				前進	寒冷	300	Holzauser et al., 2005
				後退	温暖	400–700	Holzauser et al., 2005
		樹木年輪	密度	粗	温暖・乾燥	西暦 0±	Tinner et al., 2003
1	ヨーロッパアルプス	氷河	モレーンの ^{14}C 年代	わずかに前進	温暖（MWP）寒冷	800–1300 650, 1100	Holzauser et al., 2005
				前進	寒冷（LIA）	1300	Holzauser et al., 2005
				前進	寒冷（LIA）	1700	Holzauser et al., 2005
				前進	寒冷（LIA）	1900	Holzauser et al., 2005
2	ヨーロッパ中央‐南	湖底堆積物	花粉化石	温暖・乾燥 温暖・乾燥	温暖・乾燥	前 50–西暦 100 700	Tinner et al., 2003 Tinner et al., 2003
3	ヨーロッパ西	陶器破片	帯磁率（ジャーラ）	増加	寒冷	50	Gallet et al., 2003, 2005
				増加	寒冷	350–500	Gallet et al., 2003, 2005
				増加	寒冷	700–900	Gallet et al., 2003, 2005
4	トルコ, カッパドキア噴火口湖	湖底堆積物	炭酸塩岩の破片 δ^{18}O	減少	乾燥	300–500	Jones et al., 2006
				増加	湿潤	560–750	Jones et al., 2006
				増加	湿潤（MWP）	1000–1350	Jones et al., 2006
				減少	乾燥（LIA）	1400–1950	Jones et al., 2006
5	スウェーデン	湖底堆積物	帯磁率（ジャーラ）	増加	寒冷	900	Snowball and Sandgren, 2004
6	アイスランド北の沖合	海底堆積物	アルケノン U$^{k'}$ 37	昇温 低温化	温暖 寒冷	前 100–西暦 100 150–950	Sicre et al., 2008 Sicre et al., 2008

122　第 6 章　西暦年間の気候変動

No.	地域	試料	指標	変化	気候	年代	文献
6	アイスランド北沖合, MD99-2275コア	海底堆積物	珪藻バイオマーカー	減少	温暖 (MWP)	800-1300	Belt et al. 2007 ; Massé et al. 2008
				増加	寒冷 (LIA)	1309-1364	Belt et al. 2007 ; Massé et al. 2008
				増加	寒冷 (LIA)	1467-1494	Belt et al. 2007 ; Massé et al. 2008
				増加	寒冷 (LIA)	1638-1686	Belt et al. 2007 ; Massé et al. 2008
						1776	
			アルケノン Uk'37	高温	温暖 (MWP)	1000-1300	Sicre et al. 2008
				低温	寒冷 (LIA)	1300-1950	Sicre et al. 2008
			珪藻化石群集	高温	温暖 (MWP)	950-1150	Jiang et al. 2005
				低温	寒冷 (LIA)	1450-1500	Jiang et al. 2005
				低温	寒冷 (LIA)	1600-1900	Jiang et al. 2005
7	スピッツベルゲン縁辺域	海底堆積物	浮遊性有孔虫群集	温暖	温暖	550	Hald et al. 2007
				寒冷	寒冷	600	Hald et al. 2007
8	スカンジナビア	氷河	モレーン	前進	寒冷	500	Lie et al. 2004 ; Matthews et al. 2005 ; Nesje et al. 2008
9	フランツ ジョセフ島	氷河	モレーン	前進	寒冷	500	Lubinsky et al. 1999
10,11	アラスカ山脈, カナディアンロッキー山脈	氷河	モレーン	拡大・前進	寒冷	200	Reyes et al. 2006 ; Wiles et al. 2008
				拡大・前進	寒冷	300-400	Reyes et al. 2006 ; Wiles et al. 2008
				拡大・前進	寒冷	590-650	Reyes et al. 2006 ; Wiles et al. 2008
					寒冷	800	Reyes et al. 2006 ; Wiles et al. 2008
10	南アラスカ, アイスベルグ湖	湖底堆積物	年縞の厚さ	薄い	寒冷	450-700	Loso et al. 2006
10	アラスカ山脈, ファーウェル湖	湖底堆積物	石灰質殻のδ^{18}O, Mg/Ca	増加	温暖	0-300	Hu et al. 2001
				減少, 負の異常	寒冷	600	Hu et al. 2001
10	アラスカ, 海岸山脈	氷河	モレーンの^{14}C年代	後退	温暖 (MWP)	900-1100	Wiles et al. 2008
				前進	寒冷 (LIA)	1180-1300	Barclay et al. 2003 ; Davi et al. 2003
				前進	寒冷 (LIA)	1600-1715	Barclay et al. 2003 ; Davi et al. 2003
				前進	寒冷 (LIA)	1820-1950	Barclay et al. 2003 ; Davi et al. 2003
11	カナダ北西, ユーコン湖	湖底堆積物	炭酸塩岩片δ^{18}O	減少	寒冷	300-700	Barclay et al. 2003 ; Davi et al. 2003
11	カナディアンロッキー山脈	樹木年輪	幅	縮小	寒冷 (LIA)	1200-1350	Luckman et al. 1997 ; Wilson and Luckman 2003
				縮小	寒冷 (LIA)	1450-1850	Luckman et al. 1997 ; Wilson and Luckman 2003
12	北米, グレートプレーンズ北, ライス湖	湖底堆積物	オストラコード殻δ^{18}O, Mg/Ca	減少	干ばつ・寒冷	660-740	Yu and Ito 1999 ; Yu et al. 2002
12	北米, ノースダコタ東, ムーン湖	湖底堆積物	珪藻	塩分の増加	干ばつ	200-370	Laird et al. 1998 ; Fritz et al. 2000
				塩分の増加	干ばつ	700-850	Laird et al. 1998 ; Fritz et al. 2000

産地番号	場所	試料	分析手段	結果	気候型	暦年代(年)	文献
12	北米, ヒューロン湖南とミネソタ北	泥炭地	地下水面	低下	干ばつ	1000	Booth et al., 2006
				低下	干ばつ	1200	Booth et al., 2006
				低下	干ばつ	1300	Booth et al., 2006
12	北米, ライス湖	湖底堆積物	オストラコード Mg/Ca,$\delta^{18}O$	減少	乾燥	1200	Yu et al., 2002
				減少	乾燥	1380	Yu et al., 2002
				増加	湿潤	1700	Yu et al., 2002
13	北米, グアダルーペ山脈	洞窟石筍	バンド幅の厚さ	厚い	湿潤	前1000–西暦300	Polyak and Asmeron, 2001
				薄い	乾燥	300–700	Polyak and Asmeron, 2001
13	北米, ニューメキシコ, グアダルーペ	洞窟石筍	$\delta^{18}O$	増加	湿潤	1000–1200	Polyak and Asmeron, 2001
14	北米, 西海岸沖, サンタバーバラ海盆	海底堆積物	珪藻, 珪質鞭毛藻	低温	寒冷 (MWP)	1000–1350	Barron et al., 2010
				高温	温暖 (LIA)	1400–1800	Barron et al., 2010
				低温	寒冷 (MWP)	900–1300	Kennett and Kennett, 2000
			浮遊性有孔虫殻の $\delta^{18}O$				
15	カナダ北極圏	氷河	モレーンの ^{14}C 年代	拡大・前進	寒冷 (LIA)	1850	Miller et al., 2005
16	ペルー南, ケルカヤ	氷冠	氷の $\delta^{18}O$	減少	乾燥・寒冷	570–610	Thompson et al., 1985
17	パキスタン, カラチ沖	海底堆積物	縞状構造, ラミナの厚さ	薄い	温暖・湿潤	100–900	von Rad et al., 1999
				厚い	寒冷・乾燥	100–1300	von Rad et al., 1999
				薄い	温暖・湿潤	1300–1600	von Rad et al., 1999
18	赤道アフリカ, ケニア, ナイバーシャ湖	湖底堆積物	珪藻, 蚊, 電気伝導度	乾燥, 減少	乾燥	1000–1270	Verschuren et al., 2000
				厚い	寒冷・湿潤	1600–1900	Verschuren et al., 2000
19	西アフリカ沖, ODP 658地点	海底堆積物	浮遊性有孔虫群集	高温	温暖 (MWP)	800–1300	deMenocal et al., 2000a, b
				低温	寒冷 (LIA)	1500	deMenocal et al., 2000a, b
				低温	寒冷 (LIA)	1870	deMenocal et al., 2000a, b
20	南西太平洋, グレート・バリア・リーフ	サンゴ	Sr/Ca, $\delta^{18}O$	増加	寒冷	1565–1700	Gagan et al., 2004
21	北西太平洋, 鹿島沖	海底堆積物	珪藻化石群集	温暖種群の増加	温暖	前200–西暦350	Koizumi, 2008
				寒冷種群の増加	寒冷	350–800	Koizumi, 2008
				温暖種群の増加	温暖	1050–1550	Koizumi, 2008
				寒冷種群の増加	寒冷	1550–1700	Koizumi, 2008
22	日本海, 隠岐堆	海底堆積物	珪藻化石群集	温暖種群の増加	温暖	前200–西暦350	Koizumi, 2008
				寒冷種群の増加	寒冷	400–1000	Koizumi, 2008
				温暖種群の増加	温暖	1050–1550	Koizumi, 2008
				寒冷種群の増加	寒冷	1550–1850	Koizumi, 2008

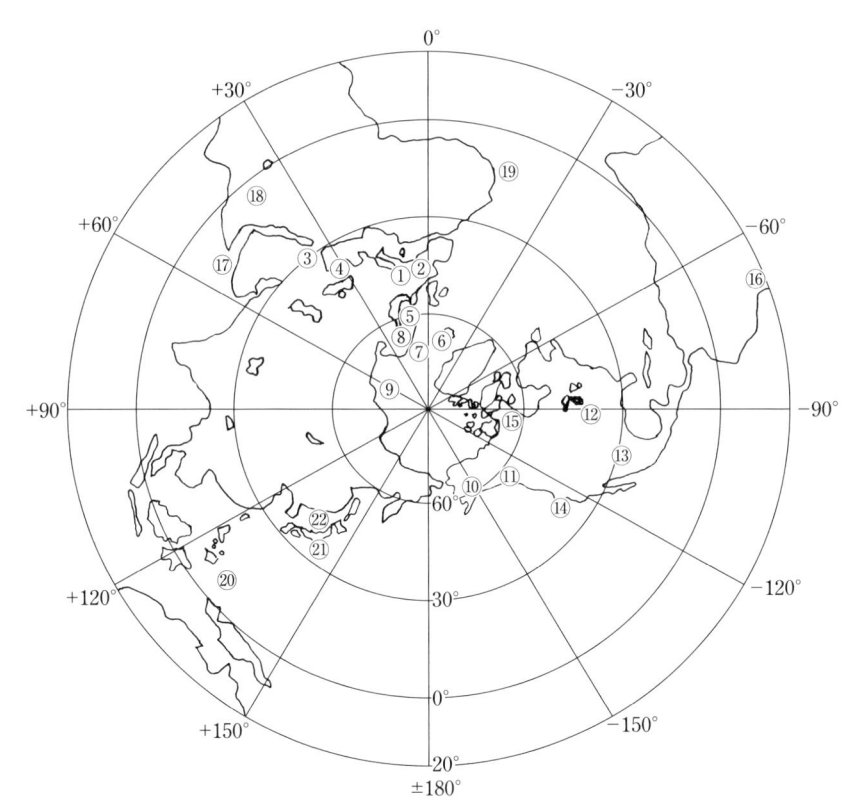

図 6.2 西暦年間の温暖・寒冷気候を記録している地点（表 6.1 の産地番号に対応）.

6.1 弥生（鉄器-ローマ）時代温暖期と古墳（中世暗黒）時代寒冷期　125

1850年)が一般に用いられている(Holzhauser et al., 2005).日本とヨーロッパでの年代値には違いがあるが,温暖期と寒冷期の区分は共通のため,ここでは弥生(鉄器-ローマ)時代温暖期,古墳(中世暗黒)時代寒冷期と表記する.

(1) 氷河の前進と後退

　氷河の前進と後退は気候変動の最高の指標である(Osborn et al., 2007).中央ヨーロッパの西にあるアルプス3大氷河のうち,最大のグレート・アレッチ氷河は鉄器-ローマ時代温暖期に現在より若干短くなったが,中世時代前期の暗黒時代に一時前進し,800-1000年に現在の規模になった(図6.3).2番目に大きいゴルナー氷河は,750-1100年にほぼ現在規模までに後退した.また,グルッデバルト下流の氷河は暗黒時代の527-578年と820-834年に現在規模より前進した.これらの氷河の前進と後退の時期は,湖水準の上昇と下降や歴史資料における寒暖の時期と一致している.太陽放射の衰退が原因となった夏季降水量の増加と冬季の寒冷化が山岳氷河の拡大と前進の原因であると考えられている(Holzhauser et al., 2005;図6.4).

　ブリティシュ・コロンビアのカナディアンロッキー山脈とアラスカ山脈にある山岳氷河は590-650年に著しく拡大したほかに,200年,300-400年,800年にも拡大している(表6.1,図6.3;Reyes et al., 2006;Wiles et al., 2008).

　氷河が前進すると,以前の氷河の縁であるターミナル・モレーンやラテラル・モレーンなどを乗り越えて破壊してしまう.さらに氷河の年代を決めるための樹木や火山灰などを移動させる.氷河湖の堆積物は上流にある氷河の拡大や縮小による氷食砕屑物を伴った融氷水の流入量や流入口からの距離などを記録している.一方,氷河の後退は氷河の前面にあった根の付いた切り株や磨耗した樹木を露出させる.これらの問題を解決しながら,古墳寒冷期に相当する6世紀に顕著な氷河の前進が北米,南米コルディエラ,スカンジナビア,フランツ・ジョセフ島などで確認されている.これらの氷河の前進が同時であることから,日射量の減少,火山噴火,あるいはそれらの両方が寒冷化気候の原因であると考えられている.

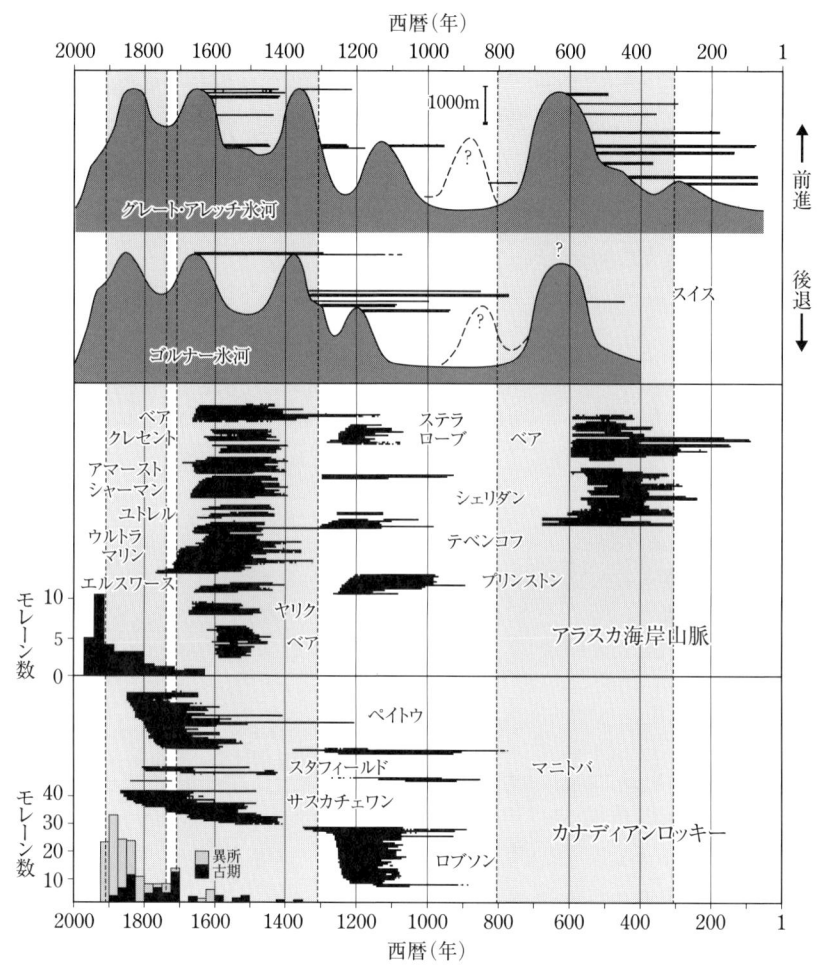

図 6.3 北半球における山岳氷河の周期変動（Denton and Broecker, 2008）．
　上；スイスアルプスにおける 2 大氷河の周期変動．横棒は氷河前進による倒木，長さは年輪年代で左端が倒木年代を示す（Holzhauser et al., 2005）．中；南アラスカ，海岸山脈における氷河前進による倒木．長さは年輪年代で左端が倒木年代を示す（Wiles et al., 2008）．下；カナディアンロッキーにおける氷河の前面にある倒木．長さは年輪年代で左端が倒木年代を示す（Luckman, 2000）．倒木群のわきに氷河名を付けた．小氷期におけるモレーンの年代はモレーン表面の地衣類や樹木の年代による．モレーンとは氷河によって運搬され堆積した岩屑のことなので，そのすべて，ないしは大部分が異地性の異所のものである．また，年代の古いものを古期としている．

6.1　弥生（鉄器-ローマ）時代温暖期と古墳（中世暗黒）時代寒冷期

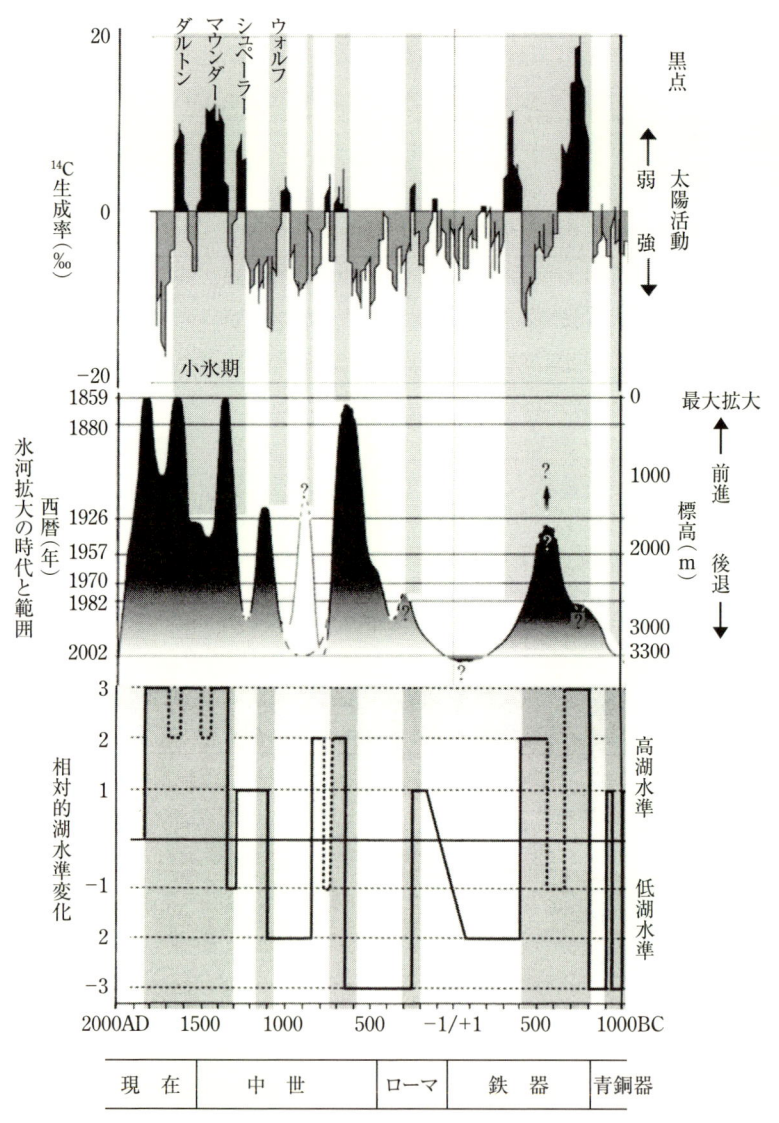

図 6.4 大気中の ^{14}C 濃度（Stuiver *et al*., 1998），グレート・アレッチ氷河，中央ヨーロッパ西の湖水準（Magny, 2004）の比較（Holzhauser *et al*., 2005 を改変）．
　湖水準変動における点線は不確実な年代を示す．氷河拡大（前進）期に湖水準は上昇している．氷河は標高の高い山岳地帯に存在しているので，寒冷期になって氷河が拡大するということは標高の低い場所に降下してくることなので，これを前進すると呼んでいる．

（2）湖底堆積物に記録された気候変動

　氷河の前進や後退は，湖底堆積物の分析結果と一致している．南アラスカ，アイスベルグ湖の湖底堆積物は442-1998年間に年縞構造を示し，層厚は温暖期に厚く寒冷期に薄くなっている．450-700年間は寒冷期である（表6.1，図6.2）（Loso *et al.*, 2006）．アラスカ山脈の北西麓にあるファーウェル湖の湖底堆積物に含まれるオストラコードと軟体動物腹足類の石灰質殻の，$\delta^{18}O$とMg/Ca比による塩分と湿潤のプロキシは，0-300年は温暖期であるが600年は現在に比べて3.5℃低温化していたことを示している（Hu *et al.*, 2001）．この寒冷期は負の北半球温度異常（Mann and Jones, 2003；Moberg *et al.*, 2005）に対応している．カナダ北西部，ユーコン湖の炭酸塩質湖底堆積物の$\delta^{18}O$は300-700年にアリューシャン低気圧が西方へ移動したために，南アラスカの寒冷化が冬季湖水量の減少効果を上回り，氷河が前進したことを示した（Anderson *et al.*, 2005）．

　北米，グレート・プレーンズ北方にあるライス湖の湖底堆積物中に含まれるオストラコード殻の$\delta^{18}O$とMg/Ca比の変動は，660-740年の中世暗黒時代寒冷期にグレート・プレーンズ北方域が干ばつとなったこと，また，グリーンランド氷床コアの$\delta^{18}O$による寒冷期や大気中の^{14}C生成率による太陽放射の弱体期に対比される（Yu and Ito, 1999；Yu *et al.*, 2002）．ノースダコタ東のムーン湖周辺では，湖底堆積物中の珪藻による塩分の変化から200-370年と700-850年に著しい干ばつ状態であったことがわかった（Laird *et al.*, 1998；Fritz *et al.*, 2000）．

　ヨーロッパの中央と南では，湖底堆積物中の花粉化石が温暖・乾燥気候期の前50年-西暦100年と700年に森林伐採と土地利用が促進されて，収穫物と人口が増加したことを示し，アルプスの樹木年輪の密度は鉄器-ローマ時代温暖期の西暦元年前後に温暖で乾燥していたことを示した（Tinner *et al.*, 2003）．

　スウェーデンの湖底堆積物では，考古地磁気ジャーク（地磁気永年変化）が900年に起こっている（Snowball and Sandgen, 2004）．また，17-19世紀のフランス製ファイヤンス焼き陶器の破片から解析された西ヨーロッパにおける考古地磁気ジャークの帯磁率は50年，350-500年と700-900年に増加し

ている（Gallet *et al.*, 2003, 2005, 2006）．これらの時代は太陽風が弱体化して，地球（内部）磁場が強化された寒冷気候期に相当している．

（3）海底堆積物に記録された気候変動

北極水塊下の海底堆積物に含まれるアルケノン Uk′$_{37}$ から復元された表層海水温は，前 100 年の 8.5℃ から西暦 100 年の 9.0℃ に昇温した後，150 年に 8.2℃ まで低温化している．この温暖期は鉄器-ローマ温暖期に相当し，150-950 年間は平均 8.2℃ を約 0.5℃ の幅で変動する中世暗黒時代寒冷期である（Sicre *et al.*, 2008）．ノルウェー海-北極海のノルウェー-スピッツベルゲン大陸縁辺域から採取された海底堆積物中の浮遊性有孔虫群集は，大西洋水塊の夏季表層海水温が 550 年に上昇するが，50 年後には低温となることを示した（Hald *et al.*, 2007）．

パキスタン，カラチ沖の酸素極少層（水深 700 m）の海底から採取された縞状堆積物は，冬季モンスーンの明色砕屑ラミナと晩夏季（8-10 月）モンスーンの高生産による暗色ラミナとの組み合せからなる（von Rad *et al.*, 1999）．100-900 年の鉄器-ローマ温暖期と 1300-1600 年の中世温暖期-小氷期初期に相当する堆積物は縞の厚さが薄く，降雨と河川流入が少なかったが，1000-1300 年の中世温暖期と 1600-1900 年の小氷期に相当する縞の厚さが厚く，降雨と河川流入が多かったことを示している．

6.2 中世温暖期と小氷期

日本海隠岐堆コアでは中世温暖期に相当する表層海水温の上昇が 1000 年以降に認められるが，鹿島沖コアではあまり顕著でない．その後に認められる 3 回の表層海水温の低下は，太陽黒点のウォルフ極小期，シュペーラー極小期，マウンダー極小期にそれぞれ相当する．小氷期始まりの 1300-1500 年は漸移期であり，1500-1700 年は第一小氷期に，1750-1900 年は第二小氷期に相当する（図 6.1）．

（１）中世温暖期（800-1300 年）

　中世温暖期の概念は Lamb（1965）によって導入された．歴史上の中世はローマの崩壊（476 年）からルネサンス（1500 年）までの期間であるが，Lamb（1965）は西ヨーロッパの歴史的史実と古気候データに基づいて，著しい温度上昇がある 20 世紀後半を除いて，彼が正常な現代とする 1900-1939 年の平均気温より 1-2℃高い西ヨーロッパの 1100-1200 年を中心とした中世の最盛期が，温暖で乾燥した夏季と温和な冬季からなるとした．ヨーロッパにおけるそのような気候状態は，夏季に高気圧循環が冬季には偏西風が強化されることによって起こる（Bradley *et al.*, 2003）．

　1100-1260 年には，火山噴火が盛んであった（Briffa *et al.*, 1998；Zielinski, 2000）．火山噴火による長期間にわたる地球規模の寒冷化とは反対に，北半球中-高緯度域にある大陸の大部分では，噴火後の冬季に温暖になることが観測と大循環モデルによって知られている（Shindell *et al.*, 2003, 2004）．北半球の冬季に火山フォーシングによって強化された大気循環による正の北大西洋振動（North Atlantic Oscillation；NAO）が，ヨーロッパ北部に温暖な湿潤状態をもたらすためである（Fischer *et al.*, 2007）．しかし，アラスカ，グリーンランド，北アフリカ，中東，中国南部，などは反対に寒冷状態となる（Robock and Mao, 1992；Robock, 2000）．

　米国西部と中央部の 500-1350 年は 100 年スケールで著しい干ばつとなる乾燥状態であった．カリフォルニア沿岸の表層海水温の低下，森林地帯での自然発火の増発，砂丘の移動，などの現象によって中世気候異常（Medieval Climate Anomaly；MCA）と呼ばれる（Graham *et al.*, 2007）．サンタ・バーバラ海盆から採取された海底堆積物中の微化石は，993 年から 1300 年までの期間が寒冷な著しい負の太平洋 10 年振動（Pacific Decadal Osillatopn；PDO）の期間であったことを示した（Barron *et al.*, 2010；図 6.1，表 6.1）．熱帯太平洋の表層海水温は中央部と東部で低く，西側で高い現在のラ・ニーニャ様状態であった．この気候異常は小氷期への移行期に湿潤状態と温暖な表層海水温へ変化した（Graham *et al.*, 2007）．

（2）小氷期（1300-1900年）

小氷期は過去1万2000年間を通じて最大の寒冷期である．北半球における年間あるいは夏季平均気温は，1000年から19世紀後期まで低下した．1000-1200年の気温は1901-1970年と同じ位であり（Mann and Jones, 2003），その後，気温は上昇を続けて2005年までに0.6℃上昇した．

①氷河：ヨーロッパ・アルプスの三大氷河は中世温暖期に後退したが，9世紀と1100年の2回にわずかに前進し，1300年には大きく前進して小氷期の始まりを記した（図6.3, 図6.4）．小氷期にいずれの氷河ともほぼ同時に3回前進している．氷河の拡大は大気中の^{14}C生成率が増加したことをプロキシとする，太陽活動の衰退による湿潤な夏季と寒冷な冬季によってもたらされた（Holzhauser et al., 2005）．

北米とカナダ西側における氷河の消長はスイス・アルプスのそれに類似しており，北半球中緯度域の広域におよぶ気候変動をもたらした．アラスカの海岸山脈では中世温暖期が900-1100年に最盛となった後，小氷期における氷河前進は3期に分かれて続いた（Wiles et al., 2008；図6.3）．前期は1180-1300年のウォルフ極小期に，中期はマウンダー極小期に相当する．1600-1715年にターミナル・モレーンが完新世の最大限に達した後，1750年までに後退した．後期はダルトン極小期に相当する1820年代と1950年代で，20世紀中頃までに後退している（Barclay et al., 2003；Davi et al., 2003）．

カナディアンロッキー山脈では，樹木年輪幅の変化に基づいて夏季気温と氷河挙動との関係が復元されている（表6.1；Luckman et al., 1997；Wilson and Luckman, 2003）．20世紀の平均気温に比べて0.5-1.0℃低温となった寒冷期は，1200-1350年（1311-1330年がウォルフ極小期に相当）と1450-1800年代半ば（1456-1500年はシュペーラー極小期，1664-1704年はマウンダー極小期，1799-1838年はダルトン極小期）である．ほかの期間より0.4℃以上寒冷となった最寒期は1690年代である．これらの寒冷期は，氷河が前進した1150-1300年代，1500年代初め，1700年代初めの時期にそれぞれ対応している（Luckman, 2000；図6.3）．氷河が前進した小氷期の夏季気温には，太陽放射と火山噴火が強く影響しており，10-100年スケールで北半

球の温度プロキシと対応している（Luckman and Wilson, 2005；図 6.4）．

②北大西洋：北大西洋高緯度域-北極海の出入り口であるアイスランド近傍の海氷の歴史は，海底堆積物中のさまざまな気候プロキシによって復元されてきたが，海氷の直接的なプロキシが実用化されつつある．海氷に付着して生息する珪藻の脂質に含まれる C_{25} に不飽和結合を 1 個持つ IP_{25} バイオマーカー（Belt et al., 2007）は，アイスランド北のコア MD99-2275 で 1300 年の小氷期の始まりと同時に増加した後，14 世紀前半，15 世紀後半，17 世紀後半，18 世紀後半，19 世紀後半とほぼ 100 年ごとに増加し，珪藻化石群集による寒冷期（Crowley, 2000）と一致している（Massé et al., 2008）．同一コアのアルケノン Uk'_{37} から復元した表層海水温は，1000-1300 年が 8.5-9.0℃の高温期であり，中世温暖期に相当する．小氷期では，1300 年の 9℃から 1950 年の 7℃までの約 0.5℃の振幅で変動しながら低温化している（Sicre et al., 2008）．

③太平洋：北米，西海岸沖合のサンタ・バーバラ海盆における浮遊性有孔虫 *Globigerina bulloides* 殻の $\delta^{18}O$ は，900-1300 年の中世温暖期で異常に低い表層海水温を示し（Kennett and Kennett, 2000），珪藻と珪質鞭毛藻も 800-1350 年の表層海水温は寒冷，1400-1800 年は温暖であったことを示した（表 6.1；Barron et al., 2010）．北西太平洋，北大西洋とヨーロッパの中世温暖期は非常に温暖であったが，北米西側では乾燥状態，東太平洋では寒冷であった（Graham et al., 2007）．反対に，小氷期には北米西側で降雨が増加し，東太平洋の表層海水温は温暖であった．熱帯太平洋の東が低温化する現象はラ・ニーニャ状態である．東太平洋側に発達した北太平洋高気圧が太平洋 10 年振動（PDO）の負相をもたらしたのである（第 3 章 3.5 参照）．

インド-太平洋暖水プールが占める熱帯の南西太平洋域における小氷期（1565-1870 年）は，グレート・バリア・リーフ産サンゴの Sr/Ca（表層海水温のプロキシ）と $\delta^{18}O$（塩分のプロキシ）の変動記録から読み取れる．1565-1700 年は過去 420 年間の平均値より 0.2-0.3℃ 低温であった（Gagan et al., 2004）．小氷期に熱帯低緯度域と中-高緯度域の温度勾配は 19 世紀後半

以降よりも強く，また，強い貿易風（Thompson et al., 1986）によって，蒸発が盛んになり，海流が強化されたために塩分は現在より高かった．熱帯太平洋は小氷期の氷河が汎世界的に拡大したときの水蒸気の供給源であったと考えられている．

④北米：ミシガン，ヒューロン湖の南とミネソタの北にある沼沢の降水栄養性泥炭地では，地下水面の復元による10年-数十年スケールの湿潤変動から，中世温暖期の1000年，1200年，1300年に著しい干ばつが起こったことを示している（表6.1；Booth et al., 2006）．ミシガン南東やオンタリオ南東でも干ばつのために植生や生態系が変化し，火災が頻発した（Booth and Jackson, 2003）．ネブラスカの砂丘では，砂丘の移動が激しくなった（Forman et al., 2001；Cook et al., 2004；Goble et al., 2004）．ミネソタ北，エルク湖の湖底堆積物では，風成塵中のアルミニウム含有量が小氷期のマウンダー極小期（1640-1710年）と1930-1950年の黄塵（Dust Bowl）期に急増し，風成塵は400年と84年の周期性を示している（Dean, 1997）．

　ニューメキシコ，グアダルーペ山脈の洞窟石筍は前1000-西暦300年に年間のバンド幅が厚く，かなり湿潤状態であったが，その後の300-700年には乾燥化が進行して薄くなったこと，1000-1200年の中世温暖期は湿潤で寒冷気候，1560-1710年の小氷期は現在より湿潤であったことを示した（Polyak and Asmerom, 2001）．

6.3　小氷期後の温暖化

　小氷期終焉以降，両極域の氷床と山岳氷河は縮小し続けている．最近の調査・研究とモデル計算によって，太陽放射と火山活動の変動による外部要因と，大気-雪氷-海洋系における気候システム内部での気候要素の挙動と循環とが連動して，気候変動を引き起こしていることが明らかにされている（Clemens, 2005；Graham et al., 2007）．100-1000年スケールの気候変化が水や植生などの自然資源の現在や未来の変化に関与していることは確実である．現在の観測時代における1-10-100年スケールの気象・気候変化の周期とパ

ターンを理解するために，各種の古気候プロキシデータと観測機器の記録とを突き合わせ，気候変化の原因究明とモデルを構築することが重要である．

（１）氷河の後退

スイス・アルプスの氷河は20世紀全体を通じて後退している．小氷期以降の0.5℃の昇温が示している温暖化傾向に，65-70年周期の大気-海洋システムの内部振動が重なっている（Schlesinger and Ramankutty, 1994）．氷河は1920年代と1970-1980年代に拡大しているが，1940-1950年と1990年以降は後退している（Denton and Broecker, 2008）．大気-海洋システムの内部振動と熱塩循環の変動が結合して生みだしている大西洋数十年振動（Atlantic Multidecadal Oscillation；AMO）（Delworth and Mann, 2000）がヨーロッパと北米の夏季温度を支配している（Sutton and Hodson, 2005）．1905-1925年と1965-1990年の大西洋数十年振動の負の指数（寒冷期）は，スイス・アルプスの氷河拡大期と一致している．正の指数（温暖期）の1930-1960年と1990年以降はスイス・アルプス氷河の停滞期である．

ヒマラヤ氷河は極域氷床以外で最大である．チベット高原南，ダスオプ氷河コアは，1790-1796年に風成塵と塩化物の濃度，$\delta^{18}O$が増加し，風上のインドで著しい干ばつが起こったことを示した（Thompson et al., 2000）．南インドでの降雨の減少は1789年から始まり，1792年に北インドの1地域だけで60万人以上の人が干ばつで死亡した．オーストラリア，メキシコ，北大西洋の島々，南アフリカでも類似の干ばつが起こっている．

チベット高原の気象観測データでは，1955-1996年間に10年に付き年間気温が0.16℃増加したが，冬季には0.32℃の増加であった．標高が高くなるにつれて，昇温の度合が増加している．氷河コアの$\delta^{18}O$は，観測データと同様に，19世紀に$\delta^{18}O$値は上昇し始め，20世紀に加速されている．風上のインドやネパールで，人類活動が盛んになった20世紀に塩化物濃度が2倍，風成塵が4倍に増加している．

ペルー，アンデス地方のケルッカヤ氷冠は，1979-1991年の12年間に0℃の等温線が100m上昇して，大気が温暖化していることを示した．ケルッカヤの西翼にあるフォリィカリス谷氷河は，1998年以降に1963-1978年間

の後退より一桁多い平均 4.9 m/ 年の後退を続けている（Thompson et al., 2000）.

アフリカ東部のグレート・リフト・バレーにあるケニア氷河は 1963-1987 年に 40% 減少し，現在も消失が続いている．アフリカ中央部，ウガンダとザイールの国境にあるウェンゾリ山脈のスペケ氷河は 1958 年以降後退している．キリマンジャロの氷塊は，1997 年現在 1912 年の 25% しかない（Thompson et al., 2000）.

（2）樹木年輪と湖底堆積物に記録された温暖化

北半球高緯度域における樹木年輪による気温変動は，地域ごとに異なる気温を標準化する方法（Regional Curve Standardization；RCS）（Esper et al., 2002）によって，20 世紀後半の気温は中世温暖期より 0.7℃ 高い温暖化を示している．中世温暖期の気温変動は地域と時間が多様かつ非対称的であったが，20 世紀の温暖化は面的に広がって対象的である（D'Arrigo et al., 2006）.

アラスカ南東部，ランゲル山地において，7-9 月に形成された木部（秋材）の密度および年輪幅と観測機器による気温との比較は，温度変化の 51% が気候/秋材に反映されていた（Davi et al., 2003）．秋材プロキシは第一小氷期の後半に相当する 1600 年代-1700 年代前半の寒冷後に温暖となり，第二小氷期前半の 1700 年代後半-1800 年代前半は冷涼，20 世紀は過去 1000 年間で最も温暖になったことを示した．さらに，いくつかの厳しい寒冷-温暖気候は主要な火山噴火と一致した．また，数十-100 年スケールの気候変動は太陽放射とも関連していた．

（3）海洋における温暖化

北米西のグレート・プレーンズや中央平原，五大湖周辺域などで起こった 19 世紀後半以降の干ばつは，中世温暖期の場合（Cobb et al., 2003）と同様に，熱帯太平洋東部における異常に低い表層海水温（ラ・ニーニャ様事件）や太平洋 10 年振動（PDO）指数（MacDonald and Case, 2005）の負と相関している．

熱帯の南西太平洋では，小氷期後の 1870年-1980 年代前半にグレート・バ

リア・リーフの沿岸域において河川流入が著しい淡水化を引き起こし，$\delta^{18}O$ の減少（低塩分化）が起こった（Gagan *et al.*, 2004）．

コラム6——メソアメリカ古代王国の崩壊

　前2000年-西暦250年に，中米の広大な低地と高地を占拠していた先古典マヤ文化は250-550年に前期古典マヤとして，複合的・階級的・知性的に急成長した芸術帝国になった（図）．後期の550-850年には，巨大な都市センターや記念建造物の石碑を建造し，天文学や数学などを発展させて，中米貿易のネットワークを形成した（deMenocal, 2001）．しかし，750-900年の文化最盛期に崩壊した．崩壊の原因は，メキシコ，キンタナ・ローの南にある最後の記念碑によると，乾燥気候による干ばつ以外に過剰人口・森林伐採・土壌浸食・社会混乱・戦争・病気，など多くの原因が重なったことが読み取れる（Curtis *et al.*, 1996；Hodell *et al.*, 2001）．

　ペルー海岸北部にあったモチーカ国家は，北のペルー海岸から南のセチュラ砂漠までを支配した．300-500年に都市センターを建設したほかに，モチェの谷に日干しレンガを使った南米最大の大ピラミッドを建造した（モチーカ文化Ⅳ）．550-600年に激しい干ばつが都市を破壊し，畑と灌漑水路が砂丘で覆われ，飢餓が起こったために，広大な海岸平野を放棄して，600-750年に表層流水を利用できるアンデスの麓の高地河川路の合流地点に移動し，新天地に適応した農業と建築技術を促進した（モチーカ文化Ⅴ）（Weiss and Bradley, 2001）．ユカタンとペルーの南北両半球における乾燥気候は600-900年の同時期に始まっている（Curtis *et al.*, 1996）．

　ボリビア南とペルー高原の境界（標高4000m）に位置するチチカカ湖周辺にあったチワナク文化は，前300年から西暦1100年までの約1500年間に都市と耕作農村で栄えた（Binford *et al.*, 1997）．高く掘り起こした畑耕作による栄養素の効率的な再利用と灌漑水路の利用によって，約50万人が居住する都市複合体を維持することができた．また，チワナク都市センターは，ペルーの海岸砂漠とアンデスの麓の小丘までの土地開発を押し進める国家社会の首都として機能した．しかし，それらの施設と居住地は1100年に突然放棄された．著しく乾燥した状態が1040年に始まり数千年間継続した（Thompson *et al.*, 1994；Binford *et al.*, 1997）ために，膨張した都市と農村の人口を維持することが不可能になったと考えられている（deMenocal, 2001）．

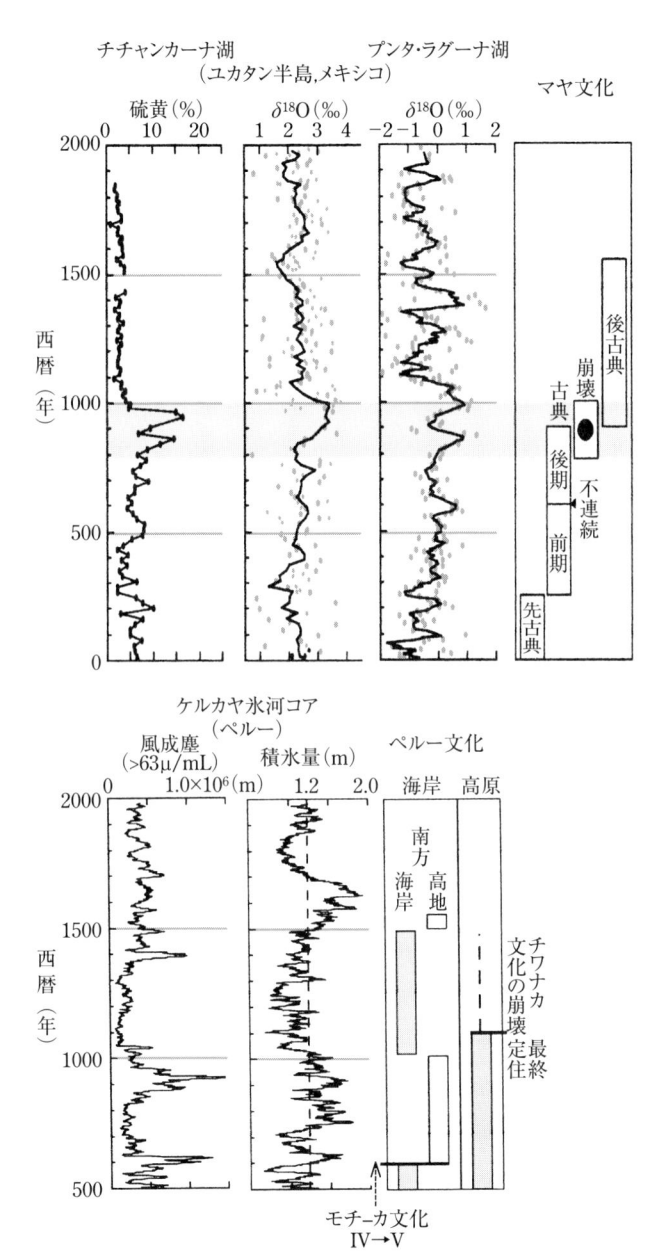

図 メソアメリカの古気候と古代王国の崩壊 (deMenocal, 2001).
　左；909 年に建立された最後のマヤ記念碑によれば，古典マヤ文化は 750-

790年に崩壊を始めた．580年のマヤ・ハイアタスは，ケルカヤ氷河コアで風成塵が増加する乾燥期に相当する．チチャンカーナ湖とプンタ・ラグーナ湖の湖底堆積物の硫黄と石膏の$\delta^{18}O$の増加は，800-1000年の200年間に乾燥化が一層進行したことを示す．右；300-500年に砂漠海岸に存在したモチーカ文化（IV期）は600-750年に湿潤な高地峡谷へ移動した（V期）．前300年-西暦1100年のチチカカ湖畔に繁栄したチワナク文化は降水減少の乾燥化によって1400年に完全に崩壊した．

コラム7──小氷期における赤道アフリカ東部の気候変動と文化

　ケニアにあるナイバーシャ湖の湖底堆積物に含まれる珪藻と蚊の化石，電気伝導度によれば，1000-1270年の中世温暖期は現在より著しく乾燥していた．1270-1850年の小氷期は3回の長期におよぶ干ばつで湖水準が低下していたが，比較的湿潤であった（Verschuren *et al*., 2000）．アフリカが乾燥した中世温暖期と3回の激しい干ばつ事件は，太陽活動が激しい時期に相当している．湿潤期は太陽活動の不活発な時期に相当し，湖水準が上昇していた．2回の繁栄期には政治が安定し王国の統合が強化されて，農業が最盛となり人口が増加した．反対に，3回の激しい干ばつ期には，飢餓や政治騒乱，土着民の多量移住，などが集中している（図）．

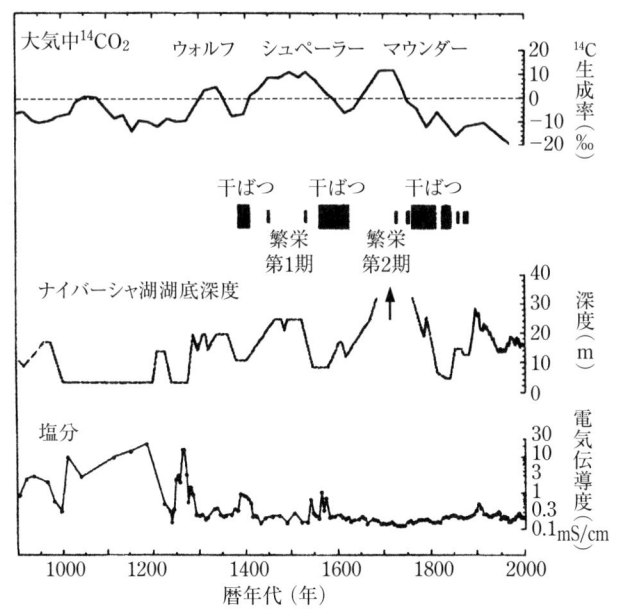

図　東アフリカ，ケニアの降雨変動と先植民地文化との関係（Verschuren *et al*., 2000）．
　湖水準が低下した干ばつ期は太陽活動の激しい時期に対応しており，湿潤期は太陽活動の静穏な時期である．堆積物中の塩分を電気伝導度によって測って，乾湿状態を復元する．

西アフリカ，チュニジア沖の ODP 658 地点から採取された海底堆積物中の浮遊性有孔虫群集は，800-1300 年の中世温暖期には表層海水温が平均 1℃上昇し，北大西洋の亜熱帯と亜極とで同時であった．1300-1900 年の小氷期は 1500 年と 1870 年の 2 つの明確な 3-4℃の寒冷化となって現れている（deMenocal *et al.*, 2000a, b）．

コラム8——環境革命

　日本近海から採取された海底堆積物中の珪藻プロキシによる表層海水温は，第二小氷期の1800-1850年で最低となった後に増加に転じたが，この温暖化は現在終了したか，あるいは終了しつつある．現在の気候状態は18世紀の小氷期に酷似しているといわれる．偏西風帯が拡大，あるいは熱帯収束帯が南下して，北半球中緯度域の各地に降水量の増加，雨の多い夏季と厳寒の冬季の較差，ブロッキング現象による高気圧と低気圧の緯度上の並列などをもたらしている．

　この寒冷化をもたらす原因の一つは，日射量が現在減少していることである．地球軌道要素に基づく未来予測はこれからの数千年にわたって全地球の氷河化作用が強まってくることを予言している．海底堆積物中の有孔虫殻やサンゴ，あるいは洞窟石筍の$\delta^{18}O$，そして花粉量や黄砂量などの古気候プロキシの記録も同調して変動している．さらに，完新世の古気候変動に関するプロキシ記録の高分解能解析は，現在に近づくにつれて気候状態の変化が急激で，変動の振幅と継続時間が短くなり，地域的になることを示している．機器観測による1-10年スケールの記録では，太陽活動は数年以内に新たな活動期に入ると予測されていたが，最近では反対に低水準にまで落ち込んでいるとされている．

　自然環境の寒冷化気候の傾向にもかかわらず，人間活動が放出する二酸化炭素やメタンなどの温室効果ガスや廃棄物が地球の自己浄化能力を越えつつあり，その影響で地球温暖化が生じているのである．自然環境が変動する周期のリズムが乱れて気候システムに変調が生じている現れが，近年に多発している異常気象や気象現象の局地化と変動幅の増大や周期の短縮であると考えられる．この地球環境の危機は人類が自ら仕掛けたという意味で人類史上かつてなかったことであることから，「環境革命」と名付けられている（伊東, 1996）．

　21世紀の現在や将来の気候変化は自然と人類活動のそれぞれの変化と相互作用の結果を含んでいる．さらに，後者による影響が大きくかつ急激に増大しつつある．古気候プロキシと機器観測のデータベースに基づいた太陽-大気-植生-氷雪-海洋の気候システムにおける大循環のシミュレーション・モデルによるロード・マップを提示することが，いま求められている．

第 7 章

太陽-大気-雪氷-植生-海洋の気候リンケージ

　北太平洋中緯度域の日本列島周辺海域と北米東海岸沖の表層海水温は，東西でシーソー状の逆位相変動となっている（Koizumi, 2008）．日本列島周辺海域の表層海水温が高温となる場合は，北太平洋高気圧から吹き出す風が黒潮-黒潮続流-北太平洋海流-カリフォルニア海流-北赤道海流の海洋循環を優勢に駆動している時期である．一方，寒冷期は，アリューシャン低気圧に吹き込む風が親潮-北太平洋海流-アラスカ海流-東カムチャツカ海流を駆動する時期である（山本，2009）．北太平洋高気圧とアリューシャン低気圧は，エル・ニーニョ-南方振動や北極振動と大気テレコネクションを介してリンクしている．

　急激な気候変化は，気候システムがいくつかのしきい値を超えて強制されるときに起こる．この仕組み，メカニズムを解明することが，古気候を含めて，気候研究に携わる研究者の責務である．気候が変化する時期（タイミング）と寒・暖や乾・湿のような気候モードの継続時間（タイム）は，研究の対象とする古気候アーカイブのサンプリングと，解析の目的とする分析処理の精度に応じた時間分解能を提供する年代値にかかっている．機器観測がおよばない過去の気候変動の古気候プロキシの記録を，機器観測データとモデル・シミュレーションによる結果と照合させた後に，観測データに連続させてモデル試行をする必要がある．それゆえに，過去の気候変動を復元しようとする人々や分野では，観測データと照合させることができるようなアーカイブとプロキシの精度を高める努力をしなければならない．

　今世紀の欧米では，機器観測データに匹敵するような古気候プロキシの記

録を完備し，気候変動が精密に復元されてきた．そして，変動をもたらしたさまざまな要因の因果関係と相互の関わり合いや原因の解明が，現在に近い過去の歴史，西暦年間において精力的に推進されている．地球軌道要素，太陽放射，火山噴火など3つの主要な外部フォーシングと，大気-植生-雪氷-海洋系における気候システム内部でのフィードバック機構との関係が理解されつつある．

7.1 気候変動の外部要因としての自然フォーシング

(1) 太陽からの放射熱エネルギー

太陽はその全表面から球面状に 3.85×10^{26} W の熱エネルギーを太陽系全体に放射している．地球は波長の非常に短い可視光線領域に中心のある太陽エネルギーを取り入れて，波長の長い熱エネルギーに変換し，赤外線として宇宙空間に放出している熱機関である．

地球に入射する太陽からの放射熱エネルギーは，地球の大気圏（対流圏）のすぐ外側にある人工衛星の観測では，1.37×10^3 W/m^2（1.37 kJ/s，太陽定数）である．太陽と地球の平均距離を1億5000万 km とし，大気による熱エネルギーの吸収がないと仮定して，地球の断面積 1.3×10^{14} m^2 をかけると，地球が受け取る太陽エネルギーは 1.8×10^{17} W となる．大気中では，短波長の紫外線の大部分が大気圏上層の酸素（O_2）とオゾン（O_3）によって吸収され，1.5-2 μm 以上の波長を持つ近赤外放射の大部分は大気圏下層の水蒸気（H_2O）と二酸化炭素（CO_2）によって吸収されるので，地表面に到達する太陽放射スペクトルは 0.3-2 μm の波長帯域に限定される．

一方，地球の熱放射エネルギーは波長 4-50 μm の遠赤外線領域に存在し，11 μm の長波長領域で最大となる．大気の主成分である酸素と窒素は赤外放射に透明であるため，大気の放射特性は温室効果ガスの水蒸気や二酸化炭素，オゾンなどの微量成分によって決まる．大気中の水蒸気は温暖化で増加し雲量の増加をもたらす．上層の雲は太陽放射に透明であるが，下層の雲は反射の度合が大きいので，地表面で受け取る放射量は減少して低温になる．

太陽活動が活発になると，太陽風が強化されて地球の宇宙線量が減少する

ために，大気中のイオン化が減少して大気の電気抵抗が少なくなる．荷電されたエアロゾルを核とする雲形成による氷粒が核となって，降雨が増強されるために，雲が減少して気温は上昇する (Carslaw *et al.*, 2002)．この効果は，太陽光の数十倍あると見積られている．しかし，水蒸気の濃度は太陽活動，温度や高度，雲や降水などに依存するために複雑であり，詳細な観測が必要となっている（図 7.1）．

太陽放射の小さな変動が地球上で著しい気候効果を生み出すためには，増幅機構が要求される．オゾン生産と成層圏の温度に影響する太陽スペクトルの紫外線領域における変化，および，雲形成と降雨における宇宙線強度の変化が太陽放射の増幅効果として考えられる (van Geel *et al.*, 1999)．

地表面付近で吸収された太陽エネルギーの大部分は地表面を急速に暖めるので，地表面から長波長放射が射出される．一方，地球表面の 2/3 を占める海洋では，太陽放射の 20% 以上が 10 m 以深まで到達するために，より多くのエネルギーが海洋上層に蓄えられるので，陸地に比べて海水面の温度上昇は遅く，また，地球放射として宇宙空間へ射出されるエネルギー量も少ない．

(2) 地球をつつむ大気圏-磁気圏

地球の表層環境は太陽からの光と風の影響を強く受けている．人工衛星のデータによれば，太陽の磁場活動と太陽放射には正の相関があり，地球上の気候に重要な影響を与えていることが判明している．太陽光の放射熱エネルギーによって，天気や天候は変化し，気候変動が起こる．荷電粒子の流れである太陽風は宇宙線や地磁気に影響を与え，オゾンや紫外線の多寡がわれわれの生死を決めている（図 7.1，図 7.2）．

高度 10 km までの地球表層は，90% まで大気で覆われた対流圏である．大気圏へ入射した太陽光エネルギーの 31.3% は大気，雲，地球表面などの反射で宇宙空間へ逃げてしまうが，残りの 49.1%（1.2×10^{17} W）は地表面を暖め，19.6% は大気に吸収されて気象変化を起こすエネルギーとなる．入射にほぼ垂直な赤道付近の地表面や海水面は最も強く暖められるが，斜めからあたる極域では弱くなる．熱収支の緯度による違いを解消するために，大気循環や海水循環が起こる．対流圏では，気温と気圧の違いによる低気圧や

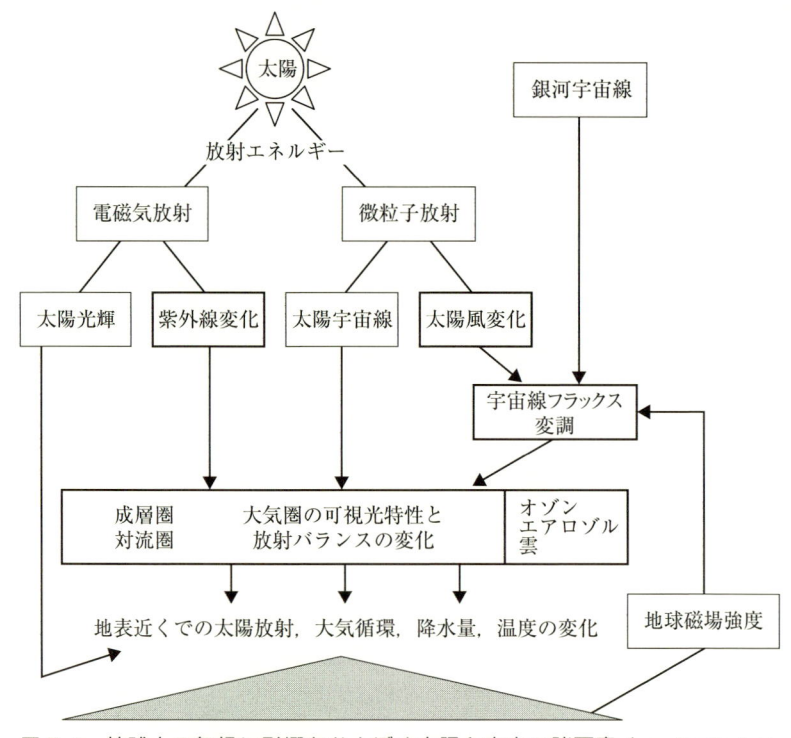

図7.1 地球上の気候に影響をおよぼす太陽と宇宙の諸要素（van Geel *et al.*, 1999）.

　太陽活動の小さな変化が2つの要因によって増幅される．最初の要因は太陽紫外線放射の変化である．それが成層圏オゾンの生産を支配して，気候変化の引き金となる．第2の要因は宇宙線フラックスの変調による直接的効果である．フラックスの増大は汎世界的な雲カバーの拡大を引き起こす（van Geel *et al.*, 2003）.

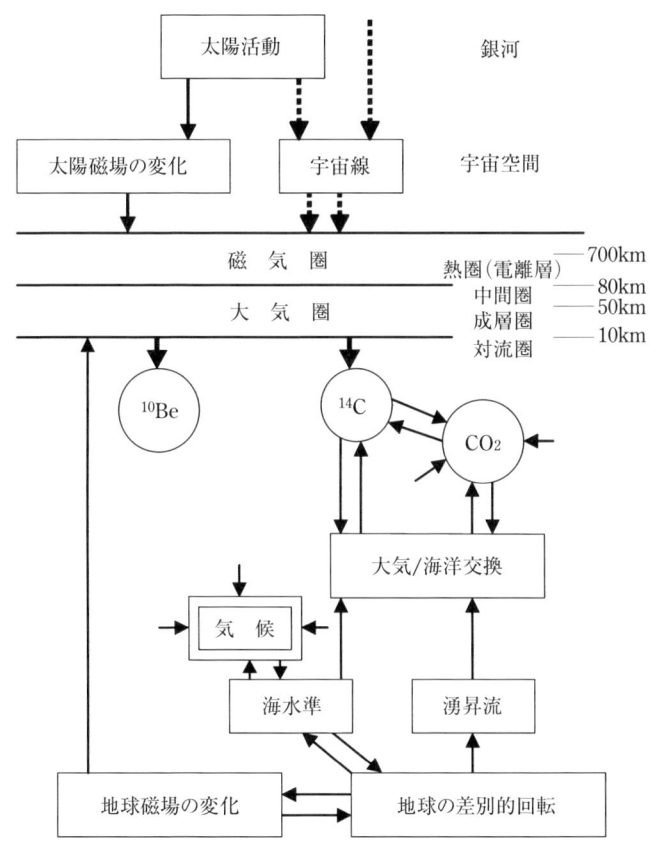

図 7.2　地球磁場の変化と地球の差別的回転の相互作用（Mörner, 1994 に加筆）．

　大気圏における地球磁場と太陽磁場の変化は ^{10}Be と ^{14}C 生成率の支配要素であり，気候変化と大気 CO_2 変動の複合的起源である．

7.1　気候変動の外部要因としての自然フォーシング　149

高気圧が大気の対流をもたらし，雲や降水などの気象現象や気候変動を生み出す．

対流圏の上は高度 10-50 km の成層圏である．成層圏には，オゾン（層）が存在し，太陽からの紫外線によってさまざまな化学反応が進行している．大気中の酸素分子やオゾンが吸収した太陽紫外線のエネルギーが熱に変換されるので，高度が増すにつれて成層圏の気温は上昇する．成層圏には大気がほとんどなく，雲や降水を生成する水蒸気も存在しないために，対流圏のような天気現象は生じないので，対流圏と成層圏は相互に独立しているとされてきた．しかしながら，成層圏におけるオゾンの枯渇や回復，成層圏擾乱，太陽活動の変動などが季節-10 年スケールで対流圏の気候へ影響をおよぼしていることがわかってきた．太陽活動と成層圏のオゾン濃度に依存したオゾンの入射エネルギー吸収は地表面のエネルギー・バランスをわずかしか変化させないが，対流圏における熱帯域の大気循環であるハドレー循環と中緯度の偏西風ジェット流の変化に影響を与えるメカニズムが明らかにされた (Shaw and Shepherd, 2008)．熱帯域の対流圏で生成された風や温度の異常が成層圏へ伝播された後，高緯度域の成層圏を介して対流圏へ戻ってくる対流圏と成層圏の相互依存の関係をブルーワー・ドブスン循環と呼ぶ（図 7.3）．それ以前に，Kodera (2005) は機器観測データとモデル・シミュレーションに基づいて，太陽活動の強い時期には温暖な表層海水温域における湧昇流の影響が対流圏に限定されるために，太平洋では対流活動が地域的に限定されるが，太陽活動の弱い時期には子午線循環の変化を介して湧昇流の影響が成層圏にまでおよび，インド洋で帯状に温暖域が拡大することを見いだしている．

地球磁場は宇宙空間にまで広がっており，磁気圏と呼ばれる（図 7.2）．その最下部は高度 80-700 km の大気の熱圏に対応する．磁気圏では，大気の分子や原子が太陽放射の紫外線や X 線を吸収して電子を失いイオン化しているので，電気が伝わりやすい電離層となっている．イオン化した気体の運動に起因する磁気圏の磁場は太陽風の影響を受けて，秒-日スケールの短い周期で変動している．ちなみに，電離層の酸素原子や窒素分子が荷電粒子から放出された電子と衝突し，励起されて発光する現象がオーロラである．

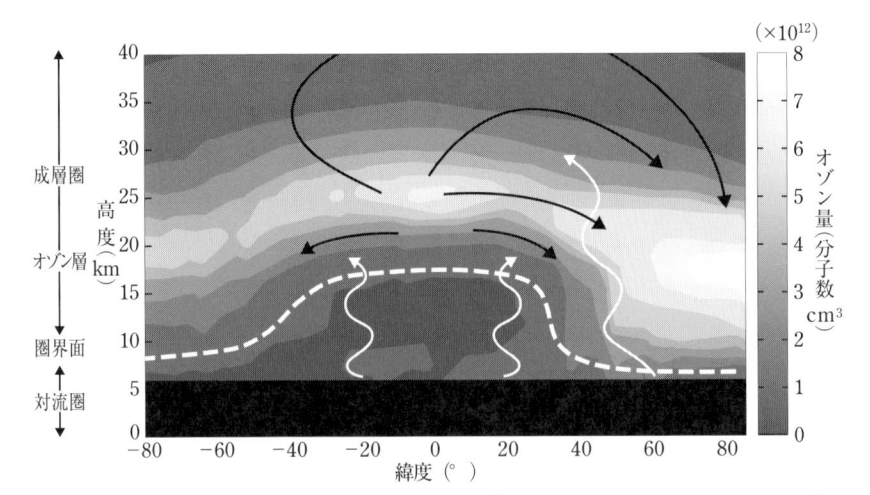

図7.3 ブルーワー・ドブスン循環と成層圏のオゾン層 (Shaw and Shepherd, 2008).
大気圏の経度断面は成層圏の地球規模循環のブルーワー・ドブスン循環（黒矢印）と2003年3月 OSIRIS 人工衛星で測定したオゾン分布を示している．循環は対流圏から上部へ伝播されている（白矢印）．熱帯の上部成層圏の起源域から高緯度域の下部成層圏へオゾンを運搬することによってオゾン分布を形成している．破線は圏界面を示す．

磁気圏は銀河宇宙線や太陽宇宙線の高エネルギー荷電粒子から地球を隔離する防護壁である（図7.2）．宇宙線の荷電粒子は，太陽風の荷電粒子に比べると桁違いに大きなエネルギーを持っているため，磁気圏内側の大気圏にまで侵入する．しかし，大気中の元素と衝突して急速にエネルギーを失うために，地表までには到達しない．

(3) 完新世における太陽活動

完新世における太陽活動は太陽表面で生成された黒点数やオーロラ数を間接指標（プロキシ）として，大気圏上部における放射性核種（^{14}C や ^{10}Be）の生成率を地磁気双極子モーメントの長期変動から差し引いて推定される．古気候記録の多くは気候変動と太陽活動変化との関連性を示している（図5.1，図6.3）．黒点の観察以前の太陽活動の変動は，大気圏の宇宙線によって生成される宇宙線生成核種 ^{14}C と ^{10}Be のプロキシに依存している（Vonmoos et al., 2006）．大気中の ^{14}C と ^{10}Be の生成率は太陽風とその速度でとらえられた磁気圏の強さと負の相関である（図7.4）．

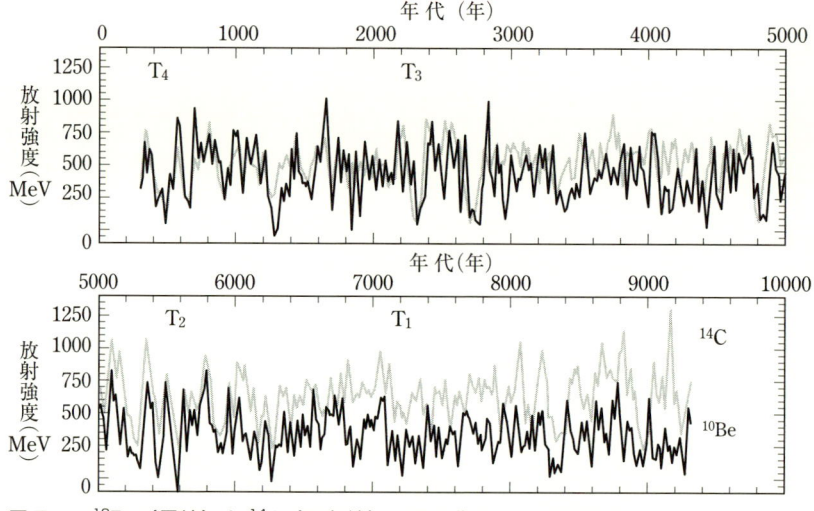

図 7.4 ^{10}Be(黒線)と ^{14}C(灰色線)とから復元した放射強度(MeV)(Vonmoos et al., 2006).
0 MeV;静穏な太陽活動〜1000 MeV;非常に活発な太陽活動. T_1-T_4;小氷期に匹敵するような寒冷気候期(Stuiver and Reimer, 1993)を追記した.

①放射性炭素(^{14}C)の生成:宇宙線の一部を構成している中性子が大気の主要元素である窒素の同位体 ^{14}N と衝突して,^{14}C を生成する.^{14}C はすぐに酸素と結合して $^{14}CO_2$ となり,地球表層における炭素循環の要素となる.生物は生存している限り,大気中の CO_2 と自らの組織を構成している C との交換を繰り返しているために,生体中に含まれている ^{14}C の炭素全体に対する割合は大気中の割合と同じである.しかし,生物が死ぬと,外界との炭素交換が行われなくなるので,生体中の ^{14}C は β 線を放出して元の窒素に放射壊変する.宇宙線の照射量は極域と赤道域で約 4 倍も異なっているが,大気循環によって 2-3 年で均一になる.

過去の大気 CO_2 の ^{14}C 濃度は,樹木年輪,サンゴ年輪,海洋や湖沼の堆積物中の有機物に保存されている.大気中の CO_2 は光合成によって樹木年輪の形成時に固定されるので,年輪の炭素は光合成が行われたときの大気 CO_2 の ^{14}C 濃度を含有している.現生の樹木では,一番外側の形成層から中心に向かって年輪数を数えることによって,各年輪の形成された年代を知ること

ができる．年輪幅は年ごとの気温や降水量などの気候変化によって違ってくるので，気候変化の地域ごとの共通性に基づいて，年輪幅の時代変化の類似性が時系列として記録される．成長期間がわからない樹木年輪の連続は既知の年輪の幅と比較し，両者の年輪幅の共通性によって関係付けられる．多くの樹木の年輪幅を調べ，数百年〜数千年の平均的な変動パターンの時系列を作成することによって，樹木年輪年代が編年されている．

^{14}C 濃度の測定値は，標準物質との同位体比の差を千分偏差 $\delta^{14}C$（‰）として表される．大気 CO_2 から ^{14}C が試料中に固定される際の同位体分別は，試料中の $^{13}C/^{12}C$ 比の測定値から $^{14}C/^{12}C$ 比の同位体分別の程度を推定して，補正される．補正された ^{14}C 濃度は $\Delta^{14}C$（‰）として表される．

大気圏における炭素の混合は急速であるが，海洋表層での $^{14}CO_2$ の平衡は10年オーダーである．さらに海洋の表層から吸収された $^{14}CO_2$ が海洋深層水と混合するためには，1000年スケールの長い時間を要する．大気と海洋の混合プロセスは緯度，海底地形，海岸地形，気候，局地的風，などの影響を受けるために複雑である．

形成年代のわかった樹木年輪の ^{14}C 濃度を測定することによって，過去7000年間の大気 CO_2 の ^{14}C 濃度は，以下のような3つの原因で変動してきたことがわかった（Damon *et al.*, 1989）：

1) ^{14}C 濃度は太陽活動の変化（デブリス効果と呼ぶ）によって，100年スケールの短期間で変動する（スウス・ウイグルと呼ぶ）．過去数世紀間の観測によって，太陽黒点の出現頻度に11年と約200年の周期変動があることがわかっている．太陽活動が盛んで太陽黒点の多い時期には，地球を取り巻く宇宙線が太陽風によってそらされるために，大気圏上部での衝撃が弱まって，^{14}C の生成率は減少する．Stuiver and Quay (1980) は黒点数が減少し，太陽活動が不活発になったウォルフ（1242-1342年），シュペーラー（1416-1534年），マウンダー（1654-1714年）の3つの極小期と樹木の年輪中に保存された大気中の ^{14}C 濃度が高くなることとを対応させて，完新世を通じての太陽活動と気候変動との関係を検証した．

2) ^{14}C 濃度の変動スペクトルは双極子磁場の強度の変動による長周期（約9000年周期）から構成されている．弱い双極子磁場は ^{14}C 生成率の増加，反

7.1 気候変動の外部要因としての自然フォーシング　　153

対に強いときには ^{14}C の生成率が減少する傾向にある．4500 年前以前と 2700 年前以降には，100 年以内の短周期変動であるスウス・ウイグルは強調され，4500-2700 年前では反対に弱くなっている．
3) ^{14}C 濃度の変動は約 2300 年周期を示し，5500 年前，2800 年前，西暦 1500 年の気候悪化や双極子磁場の 2300 年周期と一致している．

　大気中の ^{14}C 濃度は人間活動によっても変化する．産業革命以降に木炭や石油などの化石燃料を燃焼することによって，^{14}C を含まない CO_2 が大気に付加されたために，大気中の ^{14}C 濃度が希釈された（スウス効果と呼ぶ）．反対に 1955 年以降には，核実験によって多量の ^{14}C が大気中に放出された（爆弾効果と呼ぶ）．この人工的な ^{14}C の大気圏への注入によって，地球表層の炭素貯蔵庫における炭素交換に関する理論が構築され，樹木年輪間で ^{14}C 交換が起こらないことも立証された．

②放射性核種 ^{10}Be の生成：^{10}Be は半減期 15 万年の放射性核種であり，大気圏における窒素や酸素と宇宙線粒子の相互作用によって生成される．生成量は放射線フラックスの量によって決まるが，太陽風や地磁気の影響を受ける．

　生成された ^{10}Be はエアロゾルに付着して，短時間あるいは大気中に 1-2 年滞留した後，降水によって速やかに取り除かれる．それゆえ，$^{14}CO_2$ が大気中でより均質であるのに比べ，^{10}Be 濃度は地域的な大気循環の影響を受けるので，太陽活動が気候変動におよぼした影響を評価するためには，太陽活動のプロキシである両者を比較することが重要である．

　グリーンランド，キャンプセンチュリーの氷床コアにおける ^{10}Be と ^{14}C，および $\delta^{18}O$ の比較は，1) 9000 年前より以前で ^{10}Be は減少しているが，$\delta^{18}O$ が増加していることから，これらの変化は気候効果であること，2) 9000 年前以降，マウンダー極小期を除いて，^{10}Be と $\delta^{18}O$ に明解な相関が認められないことから，短時間の ^{10}Be 濃度の周期は生成率によること，3) 過去 5000 年間の ^{10}Be と樹木年輪の ^{14}C とのよい相関はそれらの変化が銀河宇宙線フラックスの太陽調整によって生じたこと，4) ^{10}Be と太陽活動は関連しており，極域の氷床コア中に含まれる ^{10}Be は太陽活動の歴史記録を知るための有力な手段となり得ること，が判明した（Beer *et al*., 1988, 1990）．

③地球軌道フォーシング:大気圏上部に到達する太陽放射量は太陽からのエネルギー放出のみでなく,太陽に対して地球が占める位置にも関係している.地球に対する木星や土星など,ほかの惑星がおよぼす引力の結果として,地球の軌道は円に近い楕円となっている.軌道は離心率の変化の40万年と10万年,地軸傾きの変化の4万年,地軸歳差の変化の2万年などの周期的に変化する要素から構成されている.軌道フォーシングは過去だけでなく,未来での変化をも正確に計算できる(Berger, 1978).1000年スケールでの軌道フォーシングによる太陽エネルギーの減少(寒冷化気候)が北半球夏季における熱帯収束帯(Intertropical Covergence Zone;ITCZ)の南下の原因であった.これにより,アフリカ-アジアモンスーン・システムが弱体化して,乾燥が増加し砂漠化が促進された.さらに,北半球の夏季寒冷化が世界中の海洋に海水温勾配をもたらした.10年-数百年スケールの気候変化では,1350-1850年の小氷期に見られるように,軌道フォーシング,太陽活動の弱体化,熱帯域での火山活動などが合体して,北半球夏季日射量が減少して,スカンジナビアとヨーロッパ・アルプスの山岳氷河が拡大・前進したと判断される.

(4) 火山噴火

　火山の大噴火は成層圏へ硫黄の多いガスと粉塵を多量に放出する(図7.5).成層圏エアロゾル(浮遊性微粒子)は鉛直対流がないために数年後には地球全体にまで広がって,太陽放射を反射し屈折させる(パラソル効果と呼ぶ).そのために,地表に達する日射量が減少され,噴火後の数年間に0.2-0.3℃の地球規模で低温化が起こる.寒冷化の規模は緯度によって異なり,高緯度域の火山性エアロゾルは冬季の極寒気団を直ちに発達させるが,低緯度域では南北両半球の大気循環に影響を与えるまで数年を必要とする.火山活動と気候との関係を評価するためには,噴火の型と規模の復元を必要とするが,直接的な観測と気象衛星や人工衛星による観測は時空的に限られているために,氷床コアと樹木年輪の記録が注目されている.主要な火山活動は氷床コアの酸性度(Zielinski, 2000)や樹木年輪の密度(Briffa *et al.*, 1998)として記録されている.

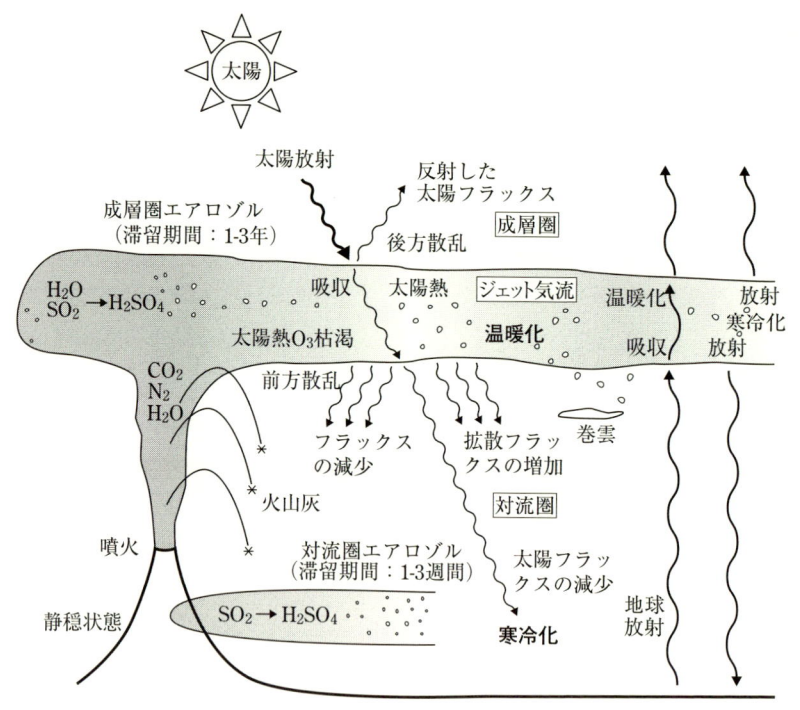

図7.5 火山噴火による大気圏への噴火生成物の投入とそれらの波及効果 (Robock, 2000).
　低緯度域では火山性エアロゾルによる太陽放射の吸収による直接的効果として寒冷化が生じる．熱帯成層圏の温暖化によってもたらされたフォーシングが中-高緯度域に強い帯状風を引き起こし，温暖な海上の空気を大陸に移流して温暖化を生み出す（Robock and Mao, 1992）．

熱帯域における一つの火山噴火は 2-3 年継続し，一つの気候シグナルしかもたらさないが，時空間のシグナルは非常に複雑である．グリーンランド中央の氷床コア GISP2 における 7000 年前以降の火山性エアロゾル（Zielinski *et al.*, 1994）と $\delta^{18}O$ との対比は，主要な火山噴火の 4 年後に年間気温が最高 1.5℃低下したことを示しており，20-1000 年スケールの太陽活動の変化は 0.4℃の気温変化の範囲内であった（Stuiver *et al.*, 1995）．北半球温帯域において，気温変化に敏感な樹木年輪の密度を測定することによって，1600 年と 1800 年の熱帯域火山の巨大噴火が夏季気温の低下をもたらしたことが解析されている（Briffa *et al.*, 1998）．もっと巨大な熱帯域火山の噴火が 1200-1350 年，1700 年，1800 年などに起こっている．

　これらの火山噴火の最盛期には，北半球の日射量が減少した．その仕組みは，火山性エアロゾルが太陽放射熱エネルギーを効果的に吸収して，オゾン層の高度 20-25 km を温暖にし，地表を寒冷にすると考えられている（図 7.5）．火山噴火後の全地表の平均的寒冷化は 0.1-0.2℃であり（Robock, 2000），放射過程が優勢な夏季に顕著となる負の放射フォーシングは数 W/m^2 と推定されている（Crowley, 2000）．時系列解析における顕著な単発のスペクトル・ピークよりも，周期変動の幅広いバンドが気候変動の典型である（Wunsch, 2000）．このことから，強力な火山フォーシングが複合的でゆったりした反応器としての気候内部システムのフィードバックによって，持続する低い頻度に移行した可能性が考えられている（Debret *et al.*, 2007）．

7.2　気候システム内部における諸要因の相互関係

　地球は外界から受け取る太陽放射熱と同量の熱を地球放射熱として，宇宙空間へ放出しているので，地球全体の熱は差引きゼロの平衡状態になっている．しかし，地球は球体であるために，地球が受け取る太陽放射熱は低緯度域で多く高緯度域では少ない．一方，地球が放出する熱は地表温度に対応しているので，低緯度域では太陽放射熱が地球放射熱を上回り，高緯度域では太陽放射熱が地球放射熱を下回っている．赤道域と極域の温度差を平均化させ均衡をとるために，熱と物質を移送させているのが地球規模の大気と海流

の大循環である．

(1) 大気大循環

　熱帯の熱源フォーシングによる南北方向の大気循環であるハドレー循環はコリオリの力を受けた熱帯東風（貿易風）によって，熱帯収束帯と亜熱帯高気圧帯を結合し連動させている．前者（ITCZ）は北半球夏季モンスーンの源であり，後者は砂漠や干ばつ帯を形成する．一方，極域の冷却源によって，北極点から北極前線帯へ周極風が吹いている．2つの循環系にはさまれた中緯度域には，東西方向のフェレル循環がある．西寄りの風が偏西風帯を形成し，低気圧と雨を西から東に運んでいる．上空には秒速100 mのジェット気流が西へ吹いている．

　軌道と日射フォーシングの変化が気候システム内部に変動をもたらすので，海洋において熱塩循環（海洋コンベア循環）が作動しているか否かの違いが大気圏の気候異常を生成する（Alley and Ágústsdóttir, 2005）．この異常は北大西洋の冬季に形成される海氷の拡大と運搬を促進する寒冷化との正のフィードバックによって，大きくなる．北半球の大部分におよぶ熱塩循環の停止による寒冷化は，北大西洋を約1℃低温にする．さらに，大西洋の風向を子午線（南西-北東）から帯状（西-東）に変え，ブロッキング現象を発現させる．北大西洋への融氷水や降水，河川水などの淡水の流入による淡水化は，熱塩循環を停滞させ北半球を乾燥させて，アフリカやアジアのモンスーン降雨を弱める．また，熱塩循環の停止による北大西洋の寒冷化は熱帯収束帯を南方へ移動させる（図7.6）．

(2) 海洋大循環

　海洋大循環の駆動力となっている深層水は低温・高塩分・富酸素である．海水の密度は海水温と塩分で決まる．海水温が低いほど密度は大きく，約-2℃の凝固点で密度の温度依存性は小さくなり，主に塩分が密度を決める．それゆえ，海洋大循環を「熱塩循環」という（Broecker and Denton, 1989）．塩分は海水面からの蒸発，降水，陸からの淡水の供給，海氷域でのブライン（高塩分水）などで決まる．大西洋では，海面から0.35×10^6 m^3/秒の海水

が蒸発しており，表層海水は北大西洋の高緯度域に達すると冷却されて，その大部分が北極海へ流れ込んだ後，そこから押し出されて北大西洋深層水となる．一方，北太平洋では，河川の流入と降水による淡水の供給が海水面からの水蒸気の蒸発量を上回っているために，表層海水の塩分は同じ緯度の大西洋表層水の塩分より約1‰少ない．

　大西洋における熱塩循環の強さは，北大西洋の海氷およびヨーロッパ・アルプスと北米西側のコルディエラ山岳氷河，南北両極域における気候変化の双極性，大西洋数十年振動 (AMO) などに，共時的に関連している．大西洋数十年振動は65-70年周期の大気-海洋システムの内部振動と熱塩循環変動との結合によって生成される (Delworth and Mann, 2000)．大西洋の表層海水温が大西洋数十年振動による変動 (Sutton and Hodson, 2005) や20世紀におけるスイス氷河の周期的変動と非常によく一致しており，大西洋数十年振動の熱的影響が北半球全体におよんでいると理解されている (Knight *et al.*, 2005；Zhang *et al.*, 2007)．

7.3　地域スケールの気候変動

(1) モンスーン (Monsoon)

　モンスーンは中-高緯度域の偏西風循環系と熱帯の大気-海洋結合系 (エル・ニーニョ-南方振動，エンソ) とを連動させて，地球規模で熱と湿気を運搬している．

　完新世前-中期に，北西アフリカ-南西アジアの夏季モンスーン域では，軌道フォーシングによって強化された夏季日射を受けた表層海水温と植生によるフィードバックの増幅効果が乾燥気候をもたらした．一方，東アジア夏季モンスーン域では，西太平洋や南シナ海で温暖化された表層海水温が内陸へ侵入するモンスーン降水を阻害する表層風を弱体化させたために，内陸は温暖・湿潤となった (Maher and Hu, 2006)．この非対称性が，完新世中期以降の寒冷化気候によって，内部フィードバックや表層海水温の変化，顕著なエンソ事件の開始を促した．

　完新世中-後期に北半球夏季の日射量が減少したために，5500年前にアフ

リカ湿潤期は終了し，北アフリカと南西アジアは乾燥した．4500年前には，熱帯収束帯（ITCZ）の南方への移動がインド-東アジア夏季モンスーンの長期的弱体化とモンスーン期の漸次的短縮化をもたらしたために，インド-アジア・モンスーン域の北端で降雨量が減少したが，赤道域では反対に増加した（Fleitmann et al., 2007）（図7.6）．熱帯アフリカの降雨が増加すると，土壌水分が増加して，アフリカ東風ジェット流の形成と増強が促進されて，大気の対流活動が活発になり，西大西洋ではハリケーンが発生する（Bell and Chelliah, 2006；Donnelly and Woodruff, 2007）．

(2) エル・ニーニョ（El Niño）

平常時には，熱帯太平洋東部のペルーとエクアドルから熱帯収束帯（ITCZ）へ南東貿易風が吹いている．コリオリ力が沿岸表層流（ペルー海流）を沖合へ押し出すために，沿岸湧昇が起こって表層海水温は低くなる．一方，インドネシア近海の暖水域では，上昇気流による積雲活動のために，降雨が活発となる．この平常状態が進行してラ・ニーニャ（La Niña）現象が起こる．反対に，南東貿易風が弱まるか，あるいはインドネシア近海の暖水域と積雲域が東に移動した状態がエル・ニーニョ（El Niño）現象である．大規模なエル・ニーニョ現象はエル・ニーニョ事件といわれ，中南米に洪水を，東南アジアや西欧，北米，アフリカなどには干ばつをもたらす．

ペルー沖の強いエル・ニーニョ現象は，ローレンタイド氷床の崩壊による氷山流出（ハインリッヒ事件と呼ぶ）によってもたらされた寒冷化気候が気候システムに作用して，ハインリッヒ事件1の1万7000年前以降に始まった（Rein et al., 2005）．完新世前期の1万1500-1万1250年前と1万1050-1万900年前に100年スケールのエル・ニーニョ活動の強弱が繰り返された．中期の8000-5600年前にエル・ニーニョ活動は弱体化したが，5600年前以降にエル・ニーニョ活動は再び活発化した（Baker et al., 2001；Tudhope et al., 2001；Moy et al., 2002；Rein et al., 2005）．とくに，後期の3000-2000年前に，現在型のエル・ニーニョ活動が最大となった（Tudhope et al., 2001）．

南エクアドルでは，エル・ニーニョ時に下降した亜熱帯高気圧が北緯30度付近でハリケーンの発達を抑制するために，ハリケーン活動は減少する

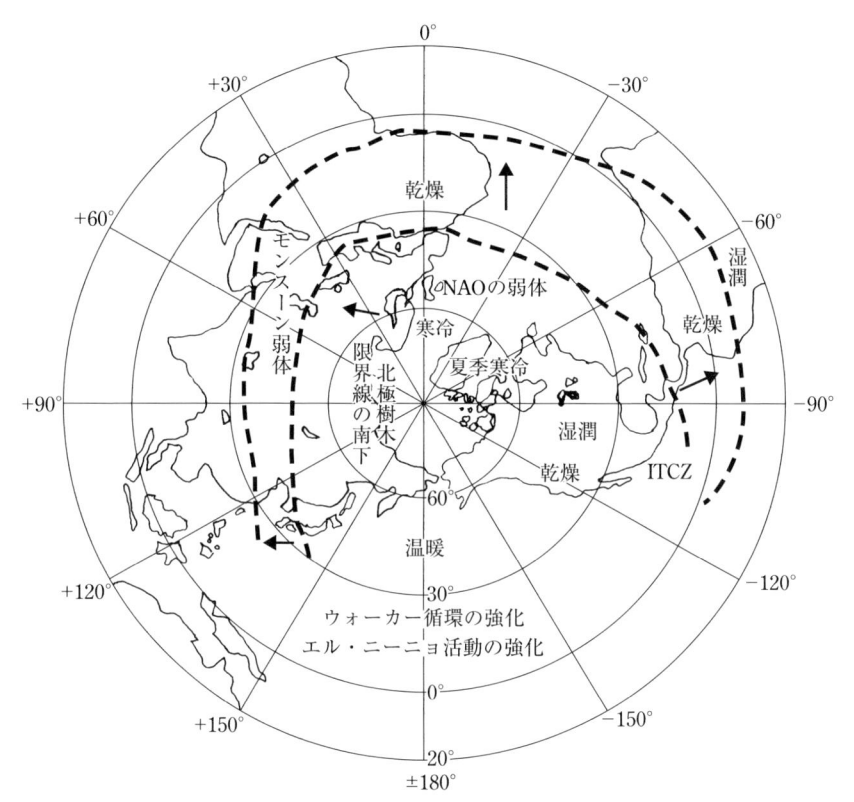

図 7.6 完新世中期（6000 年前）から産業革命前（西暦 1700 年）への気候変動の推移（Wanner et al., 2008 を改変）.

　北半球夏季の軌道フォーシングの弱体化によって，ITCZ は南へ移動して（破線と矢印），主に大陸と大西洋は寒冷となった．アジアとアフリカの夏季モンスーンは弱体化し，亜熱帯アフリカやアジア，中米で乾燥化が進んだ．NAO も弱体化した．北太平洋の表層海水温は軌道フォーシングと反対に温暖となった．北米内陸の中緯度域で湿度が増加した．西太平洋暖水プールと東太平洋間の表層海水温の勾配が変化して，5000 年前以降にウォーカー循環が強化され，大きなエル・ニーニョ現象がしばしば起こるようになった．NAO；北大西洋振動，ITCZ；熱帯収束帯．

7.3　地域スケールの気候変動

(Donnelly and Woodruff, 2007). プエルトリコ島のカリブ海に面したラグーンから採取された堆積物コアの粗粒堆積物は，熱帯西大西洋で巨大ハリケーンが発達した4400-3600年前，2500-1000年前，250年前-現在のエクアドルでは非エル・ニーニョ（ラ・ニーニャ）現象の時期に形成された．

インドネシアを中心として太平洋とインド洋の熱帯域は連続している．インド洋熱帯域では平常時に東部海域で海水温が高く，中央部から大西洋の東アフリカ沖までの西部海域で低いが，反対に東部で下降気流，西部で上昇気流が発生して，東風が強まることをダイポールモード現象という（山形，2005）．

西太平洋暖水プールの中心に位置するパプアニューギニアでは，2500-1700年前に現在型のエル・ニーニョ事件が以下のような原因で起こったことが示された（McGregor and Gagan, 2004）．すなわち，浮遊性有孔虫殻のMg/Ca比と$\delta^{18}O$ (Stott et al., 2002)，およびサンゴのSr/Ca比と$\delta^{18}O$ (Gagan et al., 1998) が示す暖水プールの淡水化と浮力の増加が，熱帯収束帯の南方への移動（Woodroffe et al., 2003）による降雨の増強，西風バーストによる温暖な表層水の東方への流出などによって生じた．

7.4　10-100年スケールの気候変動

10-100年スケールでの気候変動は，太陽活動の変動や熱帯火山の巨大噴火のような自然フォーシング要素の急激な変化，エンソや北大西洋振動のような気候システム内部の変動，熱塩循環の変化，大気-雪氷-植生-海洋におけるフィードバック機構など，多種多様にわたり複雑である．しかし，気候変動における10-100年スケールの分解能による古気候プロキシの解析は，自然の気候変動を外部フォーシングと内部の気候系変動とに分離し，それらの相互関係による気候変動を理解することにおいて重要である．今世紀に入ってから，多数のさまざまな種類の古気候プロキシの記録から古気候が復元されるようになった．さらに，モデルや計算機が発達して，10-100年スケールの気候変動をもたらすメカニズムを理論的に理解できるようになった．

太平洋におけるエンソ（ENSO）と大西洋の北大西洋振動（NAO）は頻

発する主要な気候変動である．エンソや北大西洋振動と相互作用する太平洋10年振動（PDO）と大西洋数十年振動（AMO）は10-100年スケールの気候変動として，大西洋子午線反転循環（Atlantic Meridian Overtury Current；AMOC）とともに注目されている．

(1) エンソ（El Nino-Southern Oscillation；ENSO）

エンソ（エル・ニーニョ-南方振動）現象は地球規模の気候システムにおける内部変動として，最も重要である（Diaz et al., 2001）．その影響範囲は太平洋とその周辺陸域からインド洋や大西洋にまでおよんでいる．ペルー沖から採取された海底堆積物中の砕屑粒子量は完新世中期よりも後期に増加しており，エンソ活動がヨーロッパにおけるネオグレーシャル開始時の5500年前に増強されたことを示している（Rein et al., 2004, 2005）．砕屑粒子量プロキシによるエンソ変動は3200-1800年前にエンソ活動が低下した後，1000年と1500-1700年に活発となった．通常のエル・ニーニョ活動は4-15年周期である（Moy et al., 2002）が，非常に強いエル・ニーニョ事件は60-80年ごとに起こっている（Rein et al., 2004）．

(2) 北大西洋振動（North Atlantic Oscillation；NAO）

振動の原因は，アイスランド低気圧と北大西洋中緯度のアゾレス高気圧との間のシーソー状変動である．アイスランド低気圧が弱く，アゾレス高気圧が強いとき（正の状態という），風は低気圧側を左に見て等圧線に沿って平行に吹くので，北欧では亜熱帯北大西洋からの暖かい西風が強まるために温暖となる．北米東海岸でも南風が強くなって暖かくなる．反対に，中近東や地中海では北風が吹くために，寒冷となる．

グリーンランド北の氷床コアに含まれる海塩（Na^+）エアロゾル濃度に基づいて，北大西洋域における1年-数十年周期の海洋-大気ダイナミクスがモデル化されている（Fischer and Mieding, 2005）．それによれば，すべての時間スケールにおいて，海塩濃度は子午線の圧力勾配に相関しており，圧力異常は低気圧や移動性高気圧から派生する嵐の移動軌跡に関連している．海塩濃度は過去1000年間を通じて10.4年周期で変動するが，1700年以降では

62年周期が強くなっている．また，過去150年間では，海塩濃度の数十年変動は機器観測データによる北大西洋の表層海水温との関連性が強い．

(3) 北極振動（Arctic Oscillation；AO）

北極域と中緯度域の海水面気圧のシーソー状変動のことである．北極の気圧偏差が負で中緯度が正の場合を正の北極振動指数という．北米北東部，バーモントやニューヨーク東端の丘陵地にある湖の湖底堆積物は，暴風雨による湖への洪水がもたらした陸源性砕屑物を含んでおり，過去1万3000年間を通じて，1万1900年前，9100年前，5800年前，2600年前に陸源性砕屑物は最多の頻度を示した（Noren et al., 2002）．巨大な暴風雨の3000年周期は北極振動（AO）の長期変動と一致している．

完新世における表層海水温の変動は北極振動-北大西洋振動（AO-NAO）に類似しており，熱帯で表層海水温が上昇すると，北大西洋東部で低下する．長期の表層海水温プロキシは，海洋-大気大循環モデルでのシミュレーションにおいて，100年スケールによる表層海水温の変動が重要であることを示している（Rimbu et al., 2003）．

(4) 北半球環状モード（Northern Hemisphere Annular Mode；NAM）

北極振動（AO）は半球規模の変動であり，北極で負，中緯度で正の環状パターンであるために，成層圏まで同じ符号の偏差を持った円筒状の偏差パターンであるとして，北半球環状モード（NAM）と呼ばれる．

大気圏上部の10-50 km（成層圏）が季節-10年スケールの地球表層の風や温度の分布に大きな影響を与えているが，その度合いは地球へ入射する太陽放射が成層圏オゾンによって吸収されるために，太陽活動と成層圏のオゾン濃度によって変化する（図7.3）．

(5) 太平洋10年振動（Pacific Decadal Oscillation；PDO）

北太平洋北緯20度以北にある複数の海水面水温の時系列データをEOF（Empirical Orthogonal Function）解析したのがPDO指数である．北東太平洋において，アリューシャン低気圧の強さの変動による正のPDO指数は

温暖な海水面水温で特徴づけられる（図6.1）．エンソに類似しているが，高緯度域で振幅が大きく，熱帯域で減少する．樹木とサンゴの年輪による古気候プロキシの記録では温暖なPDOモードにおいて北太平洋の西と中央で表層海水温が低下するが，東では高くなる．寒冷モードでは反対の状態となる（MacDonald and Case, 2005）．PDOはエンソより長く，20-30年間持続する（Gedalof et al., 2002）．

　カナダ，ユーコン川流域のジェリビーン湖の湖底堆積物に含まれる方解石のδ^{18}Oプロキシ・データを，北太平洋指数（North Pacific Index；NPI）が定義された機器観測データ（Trenberth and Hurrell, 1994）に対照させて，7500年前以降のアリューシャン低気圧の強さと位置が復元されている（Anderson et al., 2005）．4500-3000年前にアリューシャン低気圧は東方に位置し，強力であった．また，3500年前に日射量は著しく減少したために，氷河がセントエリアス山脈や海岸平野で前進して，完新世後期（新氷河期）が開始された．3500年前以降の海水循環と表層海水温の変化が海のエコ・システムに影響し，アリューシャン低気圧が強くなったか，あるいは東進し，1200年前にアラスカ・ベニザケが大量に出現し始めた（Finney et al., 2002）．しかし，19世紀前期にアリューシャン低気圧が西方へ移動あるいは弱体化して小氷期が終焉するとともに漁獲量は減少した．

(6) 大西洋数十年振動（Atlantic Multidecadal Oscillation；AMO）

　北大西洋表層海水温の機器観測データは，北大西洋の表層海水温が1856-1999年に0.4℃の振幅内を65-80年で周期変動していたことを示した（Schlesinger and Ramankutty, 1994）．機器観測データとモデル・シミュレーションによれば，この低頻度の周期変動は熱塩循環の強さの変化であり（Delworth and Mann, 2000），大西洋数十年振動（AMO）と名付けられた（Kerr, 2000）．観測時代におけるAMO温暖期は1860-1880年と1940-1960年に，寒冷期は1905-1925年と1970-1990年に起こっている．米国では，AMO温暖期に1930年代や1950年代の中西部で起こった干ばつのように，通常より降雨が少なくなる．大西洋ハリケーンの形成やアフリカの干ばつ頻度，ヨーロッパの冬季気温にも関与している（Goldenberg et al., 2001；Noren *et al.*, 2002).

　北米，ロッキー山脈中央と南部の樹木年輪による過去700年間の干ばつ変動は，16世紀後半の巨大干ばつから19世紀中期までの乾燥-湿潤の数十年（30-70年）周期を示している（Gray *et al.*, 2003）．16世紀の激しい干ばつは，20-30年継続する太平洋寒冷相と数十年の亜熱帯北大西洋温暖相とが合体した結果である．さらに，北米東部，ヨーロッパ，スカンジナビア，中東，などにおける1567-1990年の樹木年輪プロキシによるAMOが検討され，北大西洋の気候が表層海水温の60-100年低頻度変動ときわめてよく一致しているとされた（Gray *et al.*, 2004）．

7.5　完新世の気候リンケージ

(1) 氷河-太陽モード

　最終氷期から現間氷期の完新世へ移行する非氷河化気候によってローレンタイド氷床が後退するにつれて，融氷水がアガシー湖に蓄えられた．間欠的に流出基底を上回る5.6-52.0倍の湖水がアガシー湖からメキシコ湾，北極海，北大西洋，ハドソン湾へと時期と流路を変えながら北大西洋へ排出され，北大西洋の熱塩循環を変化させる主要な要因となった．5回の巨大排水のうち4回は北大西洋に流入した淡水フラックスとして，北半球に3回の厳しい寒冷化事件―新ドリアス寒冷期（YD），プレボレアル振動（PBO）期，そして8.2 ka事件―を引き起こした（図5.1，図5.3）．18回におよんだ排水は急激な湖水準低下やグリーンランド氷床コアの$\delta^{18}O$に負の同位体異常として記録されている．

　中央ヨーロッパ西の湖水準変動を，北米とヨーロッパ北方の氷河湖からの排水，および^{14}Cと^{10}Beに反映された太陽活動の変化と比較すると：①海洋への融氷水放出と太陽放射の変動による複雑な相互作用が完新世前期の気候振動をもたらしたこと，②プレボレアル振動（PBO）は融氷水パルスに反応した結果であること，③1万1250年前に太陽活動は突然減少したこと，などプロキシの違いが異なった反応をしたために，各々のタイミングと継続時間を異にしている．

(2) 融氷水パルス

　晩氷期から完新世前期への気候変遷は，50 年以内に数℃の気温上昇と湿度の増加による気候温暖化で始まっている．しかし，長期の温暖化傾向を中断する短期間の寒冷期からなる気候振動（PBO）が氷コア，海底堆積物，湖底堆積物，樹木年輪，サンゴ年輪，石筍，などのさまざまな古気候アーカイブから得られた古気候プロキシの記録で確認されている．とくに，グリーンランド氷床コア記録では PBO が $\delta^{18}O$ の負の異常として YD 終了後の 250 年以内に起こっている（Rasmussen et al., 2006）．

　PBO は大西洋へ寒冷な融氷水が突然流入し，北大西洋の熱塩循環を停止させたことで起こった．21 世紀初頭に，PBO や 1 万 300 年前，8200 年前などの寒冷化事件が次々に明らかにされ，融氷水のほかに，海洋水混合の変化や太陽活動の低下などが原因とされたが，1000 年スケールの寒冷化事件における気候内部システムの変動，太陽フォーシング，淡水フォーシング，などのメカニズムの影響をモデル試行した結果，淡水フォーシングが PBO の最も好ましい原因であるとされた（Renssen et al., 2007）．

(3) 太陽モードによるモンスーン生成

　完新世前-中期に，北半球夏季の日射が強くなって，陸と海の温度差が大きくなって，アフリカ-アジア夏季モンスーンが生まれ，強化された．その結果，現在は乾燥している地域でも，湖水準が高くなり，緑豊かな植生が形成された（Gasse, 2000）．

　北西アフリカ-南西アジアの夏季モンスーン域では，軌道フォーシングによって強化された夏季日射による表層海水温の上昇と植生によるフィードバックの増幅効果が，乾燥気候をもたらした．一方，東アジア夏季モンスーン域では，西太平洋や南シナ海で温暖化された表層海水温が内陸へ侵入するモンスーン降水を阻害する表層風を弱体化させたために，内陸は温暖・湿潤となった（Maher and Hu, 2006）．この非対称性が，完新世中期以降の寒冷化気候によって，内部フィードバックや表層海水温の変化，顕著なエンソ事件の開始を促した．

　北半球夏季の日射量が，6000 年前以降に減少したために，5500 年前に熱

帯収束帯（ICZ）が南下し，アフリカ-アジア夏季モンスーンが弱体化して，中米，北アフリカ，いまは砂漠になっているユーラシアに乾燥をもたらした．メキシコやアフリカのチャド湖では，4200-3800 年前に急激に乾燥化した（図 7.6）．

(4) 氷河モード

完新世後期に，北半球の夏季日射量を支配する軌道フォーシングが減少して，多数の山岳地帯において新たな氷河が前進した．ネオグレーシャル（新氷河）期の到来である（Bakke *et al.*, 2008）．

氷河の前進や後退の潜在的なトリガーとして，また，氷河変動の汎世界的な同時性の要因として，太陽フォーシングや火山フォーシングが考えられる．スウェーデンやアラスカ，カナディアンロッキー，アルプスでは，太陽放射の極小が過去数千年間を通じて 200 年，400 年，600 年，800-900 年，1100 年，1300 年，1600 年，1800 年，などに起こっており，氷河の前進と一致している．小氷期最盛期後の氷河の後退は，19 世紀中期以降の汎世界的な大気温度の上昇と一致する．20 世紀を通じての氷河縮小は世界的な事実である．温暖化気候の第一義要因としての太陽フォーシングよりも，気候システムにエアロゾル濃度や温室効果ガスなどの人工的な影響が加わって増幅したのである．2000 年以降，世界の多くの地域で氷河の縮小が著しく加速されている．その結果，地域の持続的な発展と水供給が停止しつつある（Mark, 2008）．

おわりに

　長年にわたる研究を通じて，珪藻古海洋学には関連分野を大いに発展させうる3つの大きな鍵があることを知った.

　深海掘削計画による掘削コアとこれまで蓄積されたピストンコアに近年整備された珪藻層序と地磁気極性層序を組み入れ，AMS^{14}C 年代測定値によって，高分解能の時間面をいくつか設定することが可能となった. これを用いて珪藻の種や種群，種の形態変化や群集組成が異なった海域や水塊を越えて地理的-緯度的にどう変化していくかを調べることができる. このように進展してきた古生物地理学は，微古生物の環境-生態，移動-分離，進化，などの諸問題を時空的に総合化し解決する鍵となる.

　また，西暦年間における季節-年スケールの堆積物ラミナ，樹木年輪，氷河コア，サンゴ年輪，石筍，など各種プロキシデータの高分解能解析による気候変動の時期（タイミング）と継続時間（タイム）を統合することができる. 気候変動として現れてくるうちのどの位が海洋-大気相互作用，あるいは気候内部ダイナミックスによるものかを識別することが，気候復元と予測の鍵となる.

　日本海の海底堆積物における白黒ラミナの互層を，珪藻マット形成の観点から SEM と BSEM のイメージング解析を行うことができる. 珪藻群集の種組成分析に基づいて，湧昇流による表層での生産性と成層水塊下での深層クロロフィル最大層における珪藻ブルームを区別することが可能となり，珪藻質堆積物（岩）のバルク試料による各種分析値の有効性を検証する鍵となる.

　これらの3つの鍵，それぞれにきれいに合う鍵穴はどのように設計され，どのような仕組みになっているのだろうか. 解き明かすのに時間がかかるのはいつも同じだろう. 壁はいつも存在し，袋小路の罠も待ち構えている. その先の成就を夢みて精進して頑張ってほしいと切に願う.

日本近海における珪藻古海洋の研究が40年余におよぶ間に大勢の人々のご協力とご援助をいただいた．とくにグループ研究において故氏家 宏，大場忠道，安田喜憲，多田隆治，尾本恵市，山本浩文，川幡穂高の各氏にはたいへんお世話になった．本書のための文献入手には山本浩文，山本正伸，入野智久，谷村好洋，John Barron，Andrey Gladenkovの各氏の手を煩わせた．草稿については池原 研，平 朝彦，谷村好洋，坂本竜彦の各氏に読んでいただいた．また，田近英一氏からは企画検討の際に貴重なご意見をいただいた．東大出版会編集部の小松美加氏による幾度かの改編と薄 志保氏の編集のご尽力によって，読みやすくして本書を刊行できた．皆様に厚く御礼を申し上げます．

　2011年初秋

小泉 格

引用文献

Akagi, T., Minomo, K., Kasuya, N., and Nakamura, T., 2004. Variation in carbon isotopes of bog peat in the Ozegahara peatland, Japan. *Geochem. J.*, **38**, 299-306.

赤松守雄, 1965. 北海道における貝塚の生物群集. 地球科学, **23**, 107-117.

Akiba, F., 1986. Middle Miocene to Quaternary diatom biostratigraphy in the Nankai trough and Japan trench, and modified lower Miocene through Quaternary diatom zones for middle-to-high latitudes of the North Pacific. In Kagami, H., Karig, D.E., Coulbourn, W.T., *et al.* (eds.) *Init. Repts. DSDP*, **87**, 393-481, Washington (U. S. Govt. Printing Office).

Akiba, F., and Yanagisawa, Y., 1986. Taxonomy, morphology and phylogeny of the Neogene diatom zonal marker species in the middle-to-high latitudes of the North Pacific. In Kagami, H., Karig, D. E., Coulbourn, W. T., *et al.* (eds.) *Init. Repts. DSDP*, **87**, 483-554, Washington (U. S. Govt. Printing Office).

Alley, R. B., 2000. The Younger Dryas cold interval as viewed from central Greenland. *Quaternary Sci. Rev.*, **19**, 213-226.

Alley, R. B., and Ágústsdóttir, A. M., 2005. The 8 k event : cause and consequences of a major Holocene abrupt climate change. *Quaternary Sci. Rev.*, **24**, 1123-1149.

Alley, R. B., Meese, D. A., Shuman, C. A., Gow, A. J., Taylor, K. C., Grootes, P. M., White, J. W. C., Ram, M., Waddington, E. D., Mayewski, P. A., and Zielinski, G. A., 1993. Abrupt increase in snow accumulation at the end of the Younger Dryas event. *Nature*, **362**, 527-529.

Alley, R. B., Mayewski, P. A., Sowers, T., Stuiver, M., Taylor, K. C., and Clark, P. U., 1997. Holocene climatic instability : A prominent, widespread event 8200 yr ago. *Geology*, **25**, 483-486.

An, Z. S., Porter, S. C., Kutzbach, J. E., Wu, X. H., Wang, S. M., Liu, X. D., Li, X. Q., and Zhou, W. J., 2000. Asynchronous Holocene optimum of the East Asian monsoon. *Quaternary Sci. Rev.*, **19**, 743-762.

Andersen, C., Koç, N., and Moros, M., 2004. A highly unstable Holocene climate in the subpolar North Atlantic : evidence from diatoms. *Quaternary Sci. Rev.*, **23**, 2155-2166.

Anderson, L., Abbott, M. B., Finney, B. P., and Burns, S. J., 2005. Regional atmospheric circulation change in the North Pacific during the Holocene inferred from lacustrine carbonate oxygen isotopes, Yukon Territory, Canada. *Quaternary Res.*, **64**, 21-35.

Anderson, R. Y., Allen, B. D., and Menking, K. M., 2002. Geomorphic expression of abrupt climate change in southwestern North America at the glacial termination. *Quaternary Res.*, **57**, 371-381.

Andreev, A. A., Tarasov, P. E., Siegert, C., Ebel, T., Klimanov, V. A., Melles, M., Bobrov, A. A., Deregiavin, Y. A., Lubinski, D. J., and Hubberten, H. W., 2003. Late Pleistocene and Holocene vegetation and climate on the northern Taymyr Peninsula, Arctic Russia, *Boreas*, **32**, 484-505.

青木かおり・町田 洋, 2006. 日本に分布する第四紀後期広域テフラの主元素組成 – K_2O-TiO_2図によるテフラの識別. 地質調査所研究報告, **57**. 239-258.

青木かおり・入野智久・大場忠道, 2008. 鹿島沖海底コア MD01-2421 の後期更新世テフラ層序. 第四紀研究, **47**, 391-407.

荒川忠弘, 1992. 石狩低地帯南部の完新統自然貝殻層について. 苫小牧市博研報, **23**, 25-38.

荒川忠弘, 1994. 石狩低地帯南部における完新統自然貝殻層・特に 7,000 年前後の貝化石群集の特性について. 苫小牧市博研報, **24**, 26-38.

Ariztegui, D., Asioli, A., Lowe, J., Trincardi, F., Vigliotti, L., Tamburini, F., Chondrogianni, C., Accorsi, C. A., Mazzanti, B. M., Mercuri, A. M., van der Kaars, S., McKenzie, J.A., and Oldfield, F., 2000. Palaeoclimate and the formation of sapropel 1 : inferences from Late Quaternary lacustrine and marine sequences in the central Mediterranean region. *Palaeogeogr. Palaeoclimatol. Palaeoecol.*, **158**, 215-240.

Asmerom, Y., Polyak, V., Burns, S., and Rassmussen, J., 2007. Solar forcing of Holocene climate: New insights from a speleothem record, southwestern United States. *Geology*, **35**, 1-4.

Baker, P. A., Fritz, S. C., Garland, J., and Ekdahl, E., 2005. Holocene hydrologic variation at Lake Titicaca, Bolivia/Peru, and its relationship to North Atlantic climate variation. *J. Quaternary Sci.*, **20**, 655-662.

Baker, R. G., Bettis III, E. A., Denniston, R. F., and Gonzalez, L. A., 2001. Plant remains, alluvial chronology, and cave speleothem isotopes indicate abrupt Holocene climatic change at 6 ka in midwestern USA. *Global Planet. Change*, **28**, 285-291.

Baker, R. G., Bettis III, E. A., Denniston, R. F., Gonzalez, L. A., Strickland, L. E., and Kreig, J. R., 2002. Holocene paleoenvironments in southeastern Minnesotachasing the prairie-forest ecotone. *Palaeogeogr. Palaeoclimatol. Palaeoecol.*, **177**, 103-122.

Bakke, J., Lie, Ø., Dahl, S. O., Nesje, A., and Bjune, A. E., 2008. Strength and spatial patterns of the Holocene wintertime westerlies in the NE Atlantic region. *Global Planet. Change*, **60**, 28-41.

Barclay, D. J., Wiles, G. C., and Calkin, P. E., 2003. An 850 year record of climate and fluctuations of the icebergcalving Nellie Juan Glacier, south central Alaska, U. S. A. *Ann. of Glaciol.*, **36**, 51-56.

Bar-Matthews, M., Ayalon, A., and Kaufman, A., 1997. Late Quaternary Paleoclimate in the Eastern Mediterranean Region from Stable Isotope Analysis of Speleothems at Soreq Cave, Israel. *Quaternary Res.*, **47**, 155-168. Climatic Change. *Quaternary Res.*, **46**, 78-83.

Barron, J. A., 1981. Late Cenozoic diatom biostratigraphy and paleoceanography of the middle-latitude North Pacific, Deep Sea Drilling Project Leg 63. In Yeats, R. L., and Haq, B.U. (eds.) *Init. Repts. DSDP*, **63**, 507-538, Washington (U.S. Govt. Printing Office).

Barron, J. A., 1987. Diatoms. In Lipps, J.H. (ed.) Fossil Prokaryotes and Protists, 155-167, Blackwell Scientific.

Barron, J. A., 1992. Pliocene paleoclimatic interpretation of DSDP Site 580 (NW Pacific) using diatoms. *Mar. Micropaleontol.*, **20**, 23-44.

Barron, J. A., 1998. Late Neogene changes in diatom sedimentation in the North Pacific. *J. Asian Earth Sci.*, **16**, 85-95.

Barron, J. A., 2003. Planktonic marine diatom record of the past 18 m.y.: appearances and extinctions in the Pacific and southern oceans. *Diatom Res.*, **18**, 203-224.

Barron, J. A., and Gladenkov, A. Y., 1995. Early Miocene to Pleistocene diatom stratigraphy of Leg 145. In Basov, I.A., Scholl, D.W., Allan, J.F. (eds.) *Proc. ODP, Sci. Results*, **145**, 3-19, College Station, TX: Ocean Drilling Program.

Barron, J. A., and Anderson, L., 2010. Enhanced Late Holocene ENSO/PDO expression along the margins of the eastern North Pacific. *Quaternary Int.*, **235**, 3-12.

Barron, J. A., Heusser, L., Herbert, T., and Lyle, M., 2003. High resolution climatic evolution of coastal northern California during the past 16,000 years. *Paleoceanography*, **18**. doi: 10.1029/2002PA000768.

Barron, J. A., Bukry, D., and Field, D., 2010. Santa Barbara Basin diatom and silicoflagellate response to global climate anomalies during the past 2200 years.

Quaternary Int., **215**, 34-44.

Beer, J., Siegenthaler, U., Bonani, G., Finkel, R. C., Oeschger, H., Suter, M., and Wölfli, W., 1988. Information on past solar activity and geomagnetism from 10Be in the Camp Century ice core. *Nature*, **331**, 675-679.

Beer, J., Blinov, A., Bonani, G., Finkel, R. C., Hofmann, H. J., Lehmann, B., Oeschger, H., Sigg, A., Schwander, J., Stauffer, B., Suter, M., and Wölfli, W., 1990. Use of ^{10}Be in polar ice to trace the 11-year cycle of solar activity. *Nature*, **347**, 164-166.

Bell, G. D., and Chelliah, M., 2006. Leading tropical modes associated with interannual and multidecadal fluctuations in North Atlantic hurricane activity. *J. Climate*, **19**, 590-612.

Belt, S. T., Massé, G., Rowland, S. J., Poulin, M., Michel, C., and LeBlanc, B., 2007. A novel chemical fossil of palaeo sea ice : IP25. *Org. Geochem.*, **38**, 16-27.

Berger, A. L., 1978. Long-term variations of caloric insolation resulting from the Earth's orbital elements. *Quaternary Res.*, **9**, 139-167.

Berglund, B. E., 2003. Human impact and climate changes—synchronous events and a cause link? *Quaternary Int.*, **105**, 7-12.

Bianchi, G. G., and McCave, I. N., 1999. Holocene periodicity in North Atlantic climate and deep ocean-flow south of Iceland. *Nature*, **397**, 515-517.

Binford, M. W., Kolata, A. L., Brenner, M., Janusek, J. W., Seddon, M. T., Abbott, M., and Curtis, J. H., 1997. Climate variation and the rise and fall of an Andean civilization. *Quaternary Res.*, **47**, 235-248.

Björck, S., Rundgren, M., Ingolfsson, O., and Funder, S., 1997. The Preboreal oscillation around the Nordic Seas : terrestrial and lacustrine responses. *J. Quaternary Sci.*, **12**, 455-465.

Björck, S., Muscheler, R., Kromer, B., Andresen, C. S., and Heinermeler, J., 2001. High-resolution analyses of an early Holocene climate event may imply decreased solar forcing as an important climate trigger. *Geology*, **29**, 1107-1110.

Bohncke, S. J. P., and Hoek, W. Z. 2007. Multiple oscillations during the Preboreal as recorded in a calcareous gyttja, Kingbeekdal, The Netherlands. *Quaternary Sci. Rev.*, **26**, 1965-1974.

Bond, G., Broecker, W. S., Johnsen, S., McManus, J., Labeyrie, L., Jouzel, J., and Bonani, G., 1993. Correlation between climate records from North Atlantic sediments and Greenland ice. *Nature*, **365**, 143-147.

Bond, G., Showers, W., Cheseby, M., Lotti, R., Almasi, P., deMenocal, P., Priore, P., Cullen, H., Hajdas, I., and Bonani, G., 1997. A pervasive millennial-scale cycle in

North Atlantic Holocene and glacial climates. *Science*, **278**, 1257-1266.

Bond, G., Kromer, B., Beer, J., Muscheler, R., Evans, R. M., Showers, S., Hoffmann, R., Lotti-Bond, I., Hajdas, I., and Bonani, G., 2001. Persistent solar influence on North Atlantic climate during the Holocene epoch. *Nature*, **419**, 821-824.

Booth, R. K., and Jackson, S. T., 2003. A high-resolution record of late Holocene moisture variability from a Michigan raised bog. *The Holocene*, **13**, 865-878.

Booth, R. K., Jackson, S. T., and Gray, C. E. D., 2004. Paleoecology and high-resolution paleohydrology of a kettle peatland in upper Michigan. *Quaternary Res.*, **61**, 1-13.

Booth, R. K., Jackson, S. T., Forman, S. L., Kutzbach, J. E., Bettis, Ⅲ, E. A., Kreig, J., and Wright, D. K., 2005. A severe centennial-scale drought in midcontinental North America 4200 years ago and apparent global linkages. *The Holocene*, **15**, 321-328.

Booth, R. K., Notaro, M., Jackson, S. T., and Kutzbach, J. E., 2006. Widespread drought episodes in the western Great Lakes region during the past 2000 years：Geographic extent and potential mechanisms. *Earth Planet. Sci. Lett.*, **242**, 415-427.

Bos, J. A. A., van Geel, B., van der Plicht, J., and Bohncke, S. J. P., 2007. Preboreal climate oscillations in Europe：Wiggle-match dating and synthesis of Dutch high-resolution multi-proxy records. *Quaternary Sci. Rev.*, **26**, 1927-1950.

Bradley, R. S., Hughes, M. K., and Diaz, H. F., 2003. Climate in medieval time. *Science*, **302**, 404-405.

Briffa, K. R., Jones, P. D., Schweingruber, F. H., and Osborn, T. J., 1998. Influence of volcanic eruptions on Northern Hemisphere summer temperature over the past 600 years. *Nature*, **393**, 450-455.

Briner, J. P., Davis, P. T., and Miller, G. H., 2009. Latest Pleistocene and Holocene glaciation of Baffin Island, Arctic Canada：key patterns and chronologies. *Quaternary Sci. Rev.*, **28**, 2075-2087.

Broecker, W. S., 2003. Does the trigger for abrupt climate change reside in the ocean or in the atmosphere? *Science*, **300**, 1519-1522.

Broecker, W. S., and Denton, G. H., 1989. The role of ocean-atmosphere reorganizations in glacial cycles. *Geochim. Cosmochim. Acta*, **53**, 2465-2501.

Burckle, L. H., 1972. Late Cenozoic planktonic diatom zones from the eastern equatorial Pacific. *Nova Hedwegia*, **39**, 217-246.

Caissie, B. E., Brigham-Grette, J., Lawrence, K. T., and Herbert, T. D., 2010. Last Glacial Maximum to Holocene sea surface conditions at Umnak Plateau, Bering

Sea, as inferred from diatom, alkenone, and stable isotope records. *Paleoceanography*, **25**, PA1206, doi：10.1029/2008PA001671.

Calvo, E., Grimalt, J., and Jansen, E., 2002. High resolution Uk37 sea surface temperature in the Norwegian Sea during the Holocene. *Quaternary Sci. Rev.*, **21**, 1385-1394.

Came, R. E., Oppo, D. W., and McManus, J. F., 2007. Amplitude and timing of temperature and salinity variability in the subpolarr North Atlantic over the past 10 k.y. *Geology*, **35**, 315-318.

Carrion, J. S., 2002. Patterns and processes of Late Quaternary environmental change in a montane region of southwestern Europe. *Quaternary Sci. Rev.*, **21**, 2047-2066.

Carslaw, K. S., Harrison, R. G., and Kirkby, J., 2002. Cosmic rays, clouds, and climate. *Science*, **298**, 1732-1737.

Chang, A. S., and Patterson, R. T., 2005. Climate shift at 4400 years BP：Evidence from high-resolution diatom stratigraphy, Effingham Inlet, British Columbia, Canada. *Palaeogeogr. Paleoclimatol. Palaeoecol.*, **226**, 72-92.

Clark, P. U., Marshall, S. J., Clarke, G. K. C., Hostetler, S. W., Licciardi, J. M., and Teller, J. T., 2001. Freshwater forcing of abrupt climate change during the last glaciation. *Science*, **293**, 283-287.

Clarke, G., Leverington, D., Teller, J., and Dyke, A., 2003. Superlakes, magafloods, and abrupt climate change. *Science*, **301**, 922-923.

Clemens, S. C., 2005. Millennial-band climate spectrum resolved and linked to centennial-scale solar cycles. *Quaternary Sci. Rev.*, **24**, 521-531.

Clement, A. C., Seager, R., and Cane, M. A., 2000. Suppression of El Niño during the mid-Holocene by changes in Earth's orbit. *Paleoceanography*, **15**, 731-737.

Cleve-Euler, A., 1951-1955. Die Diatomeen von Schweden und Finnland. I-V, Kongl. Svenska Verenskaps Akad. Handle., Ser. 4, 5 volumes.

Cobb, K. M., Charles, C. D., Cheng, H., and Edwards, R. L., 2003. El Niño/Southern Oscillation and tropical Pacific climate during the last millennium. *Nature*, **424**, 271-176.

Cook, E. R., Woodhouse, C. A., Eakin, C. M., Meko, and Stahle, D. W., 2004. Long-term aridity changes in the western United States. *Science*, **306**, 1015-1018.

Cronin, T. M., and Dowsett, H. J. (eds.), 1991. Pliocene climates. *Quaternary Sci. Rev.*, **10** (2/3), 1-296.

Crowley, T. J., 2000. Causes of climate change over the past 1000 years. *Science*, **289**, 270-277.

Cullen, H. M., and deMenocal, P. B., 2000. North Atlantic influence on Tigris-Euphrates streamflow. *Int. J. Climatol.*, **20**, 853-863.

Cullen, H. M., deMenocal, P. B., Hemming, S., Hemming, G., Brown, F. H., Guilderson, T., and Sirocko, F., 2000. Climate change and the collapse of the Akkadian empire : Evidence from the deep sea. *Geology*, **28**, 379-382.

Cupp, E. E., 1943. Marine plankton diatoms of the West Coast of North America. 237 pp., University of California Press, Berkeley.

Curtis, J. H., Hodell, D. A., and Brenner, M., 1996. Climate variability on the Yucatan Peninsula (Mexico) during the past 3500 years, and implications for Maya cultural evolution. *Quaternary Res.*, **46**, 37-47.

Dahl-Jensen, D., Mosegaard, K., Gundestrup, N., Clow, G.D., Johnsen, S.J., Hansen, A.W., and Balling, N., 1998. Past temperatures directly from the Greenland ice sheet. *Science*, **282**, 268-271.

Damon, P. E., Cheng, S., and Linick, T. W., 1989. Fine and hyperfine structure in the spectrum of secular variations of atmospheric ^{14}C. *Radiocarbon*, **31**, 704-718.

Dansgaard, W., 1993. Evidence for general instability of past climate from a 250 kyr ice core recorded. *Nature*, **364**, 218-220.

Dansgaard, W., Johnsen, S. J., Clausen, H. B., Dahl-Jensen, D., Gunddestrup, N., Hammer, C.U., and Oeschger, H., 1984. North Atlantic climatic oscillations revealed by deep Greenland ice cores. In Hansen, J. H., Takahashi, T. (eds.), Climate Processes and Climate Sensitivity, 288-298, American Geophysical Union.

D'Arrigo, R., Wilson, R., and Jacoby, G., 2006. On the long-term context for late twentieth century warming. *J. Geophys. Res.*, **111**, D03103.

Davi, N. K., Jacoby, G. C., and Wiles, G. C., 2003. Boreal temperature variability inferred from maximum latewood density and tree-ring width data, Wrangell Mountain region, Alaska. *Quaternary Res.*, **60**, 252-262.

Dean, W. E., 1997. Rates, timing, and cyclicity of Holocene eolian activity in north-central United States : evidence from varved lake sediments. *Geology*, **25**, 331-334.

Dean, W. E., Forester, R. M., and Bradbury, J. P., 2002. Early Holocene change in atmospheric circulation in the Northern Great Plains: an upstream view of the 8.2 ka cold event. *Quaternary Sci. Rev.*, **21**, 1763-1775.

Debret, M., Bout-Roumazeilles, V., Grousset, F., Desmet, M., Mcmanus, J. F., Massei, N., Sebrag, D., Petit, J.-R., Copard, Y., and Trentesaux, A., 2007. The origin of the 1500-year climate cycles in Holocne North-Atlantic records. *Clim.*

Past, **3**, 569-575.

Delworth, T. L., and Mann, M. E., 2000. Obsewrved and simulated multidecadal variability in the Northern Hemisphere. *Clim. Dynam.*, **16**, 661-676.

deMenocal, P., 2001. Cultural responses to climate change during the Late Holocene. *Science*, **292**, 667-673.

deMenocal, P., Ortiz, J., Guilderson, T., and Sarnthein, M., 2000a. Coherent high- and low-latitude climate variability during the Holocene warm period. *Science*, **288**, 2198-2202.

deMenocal, P., Ortiz, J., Guilderson, T., Adkins, J., Sarnthein, M., Baker, L., and Yarusinsky, M., 2000b. Abrupt onset and termination of the African humid period : rapid climate responses to gradual insolation forcing. *Quaternary Sci. Rev.*, **19**, 347-361.

Dennistone, R. F., Gonzalez, L. A., Asmerom, Y., Baker, R. G., Reagan, M. K., and Bettis, III, E. A., 1999. Evidence for increased cool season moisture during the middle Holocene. *Geology*, **27**, 815-818.

Denton, G. H., and Karlén, W., 1973. Holocene climatic variations-their pattern and possible cause. *Quaternary Res.*, **3**, 155-205.

Denton, G. H., and Broecker, W. S., 2008. Wobbly ocean conveyor circulation during the Holocene? *Quaternary Sci. Rev.*, **27**, 1939-1950.

Dersch, M., and Stein, R., 1992. Pliocene-Pleistocene fluctuations in composition rates of eolo-marine sediments at Site 798 (Oki Ridge, Sea of Japan) and climatic change : Preliminary results. In Pisciotto, K.A., Ingle, J.C., Jr., von Breymann, M. T., *et al.* (eds.) *ODP, Sci. Results*, **127/128**, Pt. 1, 409-422, College Station, TX: Ocean Drilling Program.

Diaz, H. F., Hoerling, M. P., and Eischeid, J. K., 2001. ENSO variability, teleconnections and climate change. *Int. J. Climatol.*, **21**, 1845-1862.

Dickens, G. R., and Barron, J. A., 1997. A rapidly deposited pinnate diatom ooze in Upper Miocene-Lower Pliocene sediment beneath the North Pacific polar front. *Mar. Micropaleontol.*, **31**, 177-182.

Donnelly, J. P., and Woodruff, J. D., 2007. Intense hurricane activity over the past 5,000 years controlled by El Niño and the West African monsoon. *Nature*, **447**, 465-468.

Dykoski, C. A., Edwards, R. L., Cheng, H., Yuan, D., Cai, Y., Zhang, M., Lin, Y., Qing, J., An, Z., and Revenaugh, J., 2005. A high-resolution, absolute-dated Holocene and deglacial Asian monsoon record from Dongge Cave, China. *Earth Planet. Sci. Lett.*, **233**, 71-86.

Eddy, J. A., 1981. Climate and role of the sun. In Rotberg, R. I., and Rabb, T. K. (eds.) *Climate and History*. 145-167, Princeton University. Press, Princeton.

Ellwood, B. B., and Gose, W. A., 2006. Heinrich H1 and 8200 yr B. P. climate events recorded in Hall's Cave, Texas. *Geology*, **34**, 753-756.

Esper, J., Cook, E. R., and Schweingruber, F. H., 2002. Low-frequency signals in long tree-line chronologies for reconstructing past temperature variability. *Science*, **295**, 2250-2253.

Falkowski, P. G., 2004. The evolution of modern Eukaryotic phytoplankton. *Science*, **305**, 354-360.

Finney, B. P., Gregory-Eaves, L., Douglas, M. S. V., and Smol, J. P., 2002. Fisheres productivity in the northeastern Pacific Ocean over the past 2,200 years. *Nature*, **416**, 729-733.

Fischer, E., Luterbacher, J., Zorita, E., Tett, S. F. B., Casty, C., and Wanner, H., 2007. European climate response to tropical volcanic eruptions over the last half millennium. *Geophys. Res. Lett.*, **34**, L05707.

Fischer, M., and Mieding, B., 2005. A 1,000-year ice core record of interannual to multidecadal variations in atmospheric circulation over the North Atlantic. *Clim. Dynam.*, **25**, 65-74.

Fisher, T. G., Smith, D. G., and Andrews, J. T., 2002. Preboreal oscillation caused by a glacial Lake Agassiz flood. *Quaternary Sci. Rev.*, **21**, 873-878.

Fleitmann, D., Burns, S. J., Mudelsee, M., Neff, U., Kramers, J., Mangini, A., and Matter, A., 2003. Holocene forcing of the Indian Monsoon recorded in a stalagmite from southern Oman. *Science*, **300**, 1737-1739.

Fleitmann, D., Burnsb, S. J., Manginic, A., Mudelseed, M., Kramersa, J., Villaa, I., Neffc, U., Al-Subbarye, A. A., Buettnera, A., Hipplera, D., and Mattera, A., 2007. Holocene ITCZ and Indian monsoon dynamics recorded in stalagmites from Oman and Yemen (Socotra). *Quaternary Sci. Rev.*, **26**, 170-188.

Forman, S. L., Oglesby, R., and Webb, R. S., 2001. Temporal and spatial patterns of Holocene dune activity on the Great Plains of North America：megadroughts and climate links. *Global Planet. Change*, **29**, 1-29.

Fourtanier, E., and Kociolek, J. P., 1999. Catalogue of diatom genera. *Diatom Res.*, **14**, 1-190.

Fritz, S. C., Emi Ito, E., Yu, Z., Laird, K. R., and Engstrom, D. R., 2000. Hydrologic variation in the northern Great Plains during the last two millennia. *Quaternary Res.*, **53**, 175-184.

Fryxell, G. A., and Hasle, G. R., 1979. The genus *Thalassiosira*：*T. trifulta* sp.

nova and other species with tricolumnar supports on strutted processes. *Nova Hdedwigia*, **64**, 13-40.

Fryxell, G. A., and Hasle, G. R., 1980. The marine diatom *Thalassiosira oestrupii*: structure, taxonomy and distribution. *Am. J. Bot.*, **67**, 804-814.

Fryxell, G. A., Sims, P. A., and Watkins, T. P., 1986. *Azpeitia* (Bacillariophyceae): related genera and promorphology. *Syst. Bot. Monographs*, **13**, 1-74.

藤本 潔, 1993. 能登半島七尾西湾日用川低地における完新世後期の海水準変動. 第四紀研究, **32**, 1-12.

古川博恭, 1972. 濃尾平野の沖積層—濃尾平野の研究, その1. 地質学論集, **7**, 39-59.

Gagan, M. K., Ayliffe, L. K., Hopley, D., Cali, J. A., Mortimer, G. E., Chappell, J., McCulloch, M. T., and Head, M. J., 1998. Temperature and surface-ocean water balance of the mid-Holocene tropical western Pacific. *Science*, **279**, 1014-1018.

Gagan, M. K., Hendy, E. J., Haberle, S. G., and Hantoro, W. S., 2004. Post-glacial evolution of the Indo-Pacific warm pool and El Niño-Southern Oscillation. *Quaternary Int.*, **118-119**, 127-143.

Gallet, Y., Genevey, A., and Courtillot, V., 2003. On the possible occurrence of 'archaeomagnetic jerks' in the geomagnetic field over the past three millennia. *Earth Planet. Sci. Lett.*, **214**, 237-242.

Gallet, Y., Genevey, A., and Fluteau, F., 2005. Does Earth's magnetic field secular variation control centennial climate change? *Earth Planet. Sci. Lett.*, **236**, 339-347.

Gallet, Y., Genevey, A., Goff, M. L., and Fluteau, F., 2006. Possible impact of the Earth's magnetic field on the history of ancient civilizations. *Earth Planet. Sci. Lett.*, **246**, 17-26.

Gasse, F., 2000. Hydrological changes in the African tropics since the Last Glacial Maximum. *Quaternary Sci. Rev.*, **19**, 189-211.

Gedalof, Z., Mantua, N. J., and Peterson, D. L., 2002. A multi-century perspective of variability in the Pacific Decadal Oscillation: new insight from the tree rings and coral. *Geophys. Res. Lett.*, **29**, 2204-2207.

Giraudeau, J., Cremer, M., Manthë, S., Labeyrie, L., and Bond, G., 2000. Coccolith evidence for instabilities in surface circulation south of Iceland during Holocene times. *Earth Planet. Sci. Lett.*, **179**, 257-268.

Gladenkov, A. Y., and Barron, J. A., 1995. Oligocene and early middle Miocene diatom biostratigraphy of Hole 884B. In Basov, I.A., Scholl, D.W., Allan, J.F. (eds.) *Proc. ODP, Sci. Results*, **145**, 21-41, College Station, TX: Ocean

Drilling Program.

Goble, R. J., Mason, J. A., Loope, D. B., Swinehart, J. B., and Eshraghi, S. A., 2004. Optical and radiocarbon ages of stacked paleosols and dune sands in the Nebraska Sand Hills, USA. *Quaternary Sci. Rev.,* **23**, 1173-1182.

Goldenberg, S. B., Lansea, C. W., Mestas-Nuñez, A. M., and Gray, S. T., 2001. The recent increase in Atlantic hurricane activity : causes and implications. *Science,* **293**, 474-479.

Graham, N. E., Hughes, M. K., Ammann, C. M., Cobb, K. M., Hoerling, M. P., Kennett, D. J., Rein, B., Stott, L., Wigand, P. E., and Xu, T., 2007. Tropical Pacific-mid-latitude teleconnections in medieval times. *Climatic Change,* **83**, 241-285.

Gray, S. T., Betancourt, J. L., Fastie, C. L., and Jackson, S. T., 2003. Patterns and sources of multidecadal oscillations in drought-sensitive tree-ring records from the central and southern Rocky Mountains. *Geophys. Res. Lett.,* **30**, X.

Gray, S. T., Graumlich, L. J., Betancourt, J. L., and Pederson, G. T., 2004. A tree-ring based reconstruction of the Atlantic Multidecadal Oscillation since 1567 A.D. *Geophys. Res. Lett.,* **31**, L12205.

Guo, Z., Petit-Maire, N., and Kröpelin, S., 2000. Holocene non-orbital climatic events in present-day arid areas of northern Africa and China. *Global Planet. Change,* **26**, 97-103.

Gupta, A. K., Anderson, D. M., and Overpeck, J. T., 2003. Abrupt changes in the Asian southwest monsoon during the Holocene and their links to the North Atlantic Ocean. *Nature,* **421**, 354-357.

Guyodo, Y., and Valet, J.-P., 1999. Global changes in intensity of the Earth's magnetic field during the past 800 kyr. *Nature,* **399**, 249-252.

萩原法子・矢野牧夫，1994．渡島半島におけるブナ林の北限到達年代．北海道開拓記念館研究年報，**22**，1-8.

Hald, M., Andersson, C., Ebbesen, H., Jansen, E., Klitgaard-Kristensen, D., Risebrobakken, B., Salomonsen, G. R., Sarntheind, M., Sejrupe, H. P., Richard J. and Telford, R. J., 2007. Variations in temperature and extent of Atlantic Water in the northern North Atlantic during the Holocene. *Quaternary Sci. Rev.,* **26**, 3423-3440.

Hasle, G. R., and Heimdal, B. R., 1970. Some species of the centric diatom genus *Thalassiosira* studied in the light and electron microscopes. *Nova Hedwigia,* **31**, 559-557.

Hasle, G. R., and Fryxell, G. A., 1977. The genus *Thalassiosira* : some species with a linear areola array. *Nova Hedwigia*, **54**, 15-66.

Haug, G. H., Hughen, K. A., Sigman, D. M., Peterson, L. C., and Röhl, U., 2001. Southward migration of the Intertropical Convergence Zone through the Holocene. *Science*, **293**, 1304-1308.

Heiden, H., and Kolbe, R. W., 1928. Die Marinen Diatomeen der Deutschen Südpolar-Expedition. 1901-1903. Deutsche Südpolar-Expedition, 1901-1903. Botanik, 8, Berlin, 449 pp.

Hendey, N. I., 1937. The plankton diatoms of the southern seas. *Discovery Rep.*, **16**, 151-364.

Hendey, N. I., 1964. An introductory account of the smaller algae of British coastal waters. Part V, Bacillariophyceae (Diatoms). Ministry of Agriculture, Fisheries and Food. Fisheries Investigations, Series IV, London, 317 pp.

Hodell, D. A., Brenner, M., Curtis, J. H., and Guilderson, T., 2001. Solar forcing of drought frequency in the Maya lowlands. *Science*, **292**, 1367-1370.

Hoelzmann, P., Keding, B., Berke, H., Kröpelin, S., and Kruse, H.-J., 2001. Environmental change and archaeology : lake evolution and human occupation in the Eastern Sahara during the Holocene. *Palaeogeogr. Paleoclimetol. Palaeoecol.*, **169**, 193-217.

Holzhauser, H., Magny, M., and Zumbühl, H. J., 2005. Glacier and lake-level variations in west-central Europe over the last 3500 years. *The Holocene*, **15**, 789-801.

Hong, Y. T., Hong, B., Lin, Q. H., Zhu, Y. X., Shibata, Y., Hirota, M., Uchida, M., Leng, X. T., Jiang, H. B., Xua, H., Wang, H., and Yi, L., 2003. Correlation between Indian Ocean summer monsoon and North Atlantic climate during the Holocene. *Earth Planet. Sci. Lett.*, **211**, 371-380.

Hood, L. L., and Jirikowic, J. L., 1990. Recurring variations of probable solar origin in the atmospheric $\varDelta^{14}C$ time record. *Geophys. Res. Lett.*, **17**, 85-88.

Hu, F. S., Ito, E., Brown, T. A., Curry, B. B., and Engstromi, D. R., 2001. Pronounced climatic variations in Alaska during the last two millennia. *Proc. Natl. Acad. Sci. USA*, **98**, 10552-10556.

Hustedt, Fr., 1927-1966. Die Kieselalgen Deutschland, Oesterreichs und der Schweiz mit Berucksichtigung der uberigen Lander Europas sowie der angrenzenden Meerese-gebiete. In Dr. Rabenhorst's Kryptogamen-Flora von Deutschland, Oesterreichs und der Schweiz. 7, Leipzig.

Hustedt, Fr., 1930. Bacillariophyta (Diatomeae). In Pascher, A. (ed.) Die Süsswasser-Flora Mitteleuropas, Heft 10, 466 pp., Jena.

Hustedt, Fr., 1958. Diatomeen aus der Antarktis und dem Südatlantik. Deutsche Antarktische Expedition, 1938-1939. 2, 103 pp.

兵頭政幸・峯本須美代, 1996. 日本の湖沼堆積物から得られた地磁気永年変化とエクスカーションによる年代測定. 第四紀研究, **35**, 125-133.

五十嵐八枝子, 1990. 花粉化石から探る森林の歴史─北海道3万年間. 日本林学会北海道支部論文集, **38**, 1-9.

Imbrie, J., and Kipp, N. G., 1971. A new micropaleontological method for quantitative paleoclimatology—application to a late Pleistocene climatology—. In Turekian, K. K. (ed.) The Late Cenozoic Glacial Ages, 71-181, Yale University Press, New Haven.

Imbrie, J., Boyle, E. A., Clemens, S. C., Duffy, A., Howard, W. R., Kukla, G., Kutzbach, J., Martinson, D. G., McIntyre, A., Mix, A. C., Molfino, B., Morley, J. J., Peterson, L. C., Pisias, N. G., Prell, W. L., Raymo M. E., Shackleton, N. J., and Toggweiler, J. R., 1992. On the structure and origin of major glaciation cycles. I. Linear responses to Milankovich forcing. *Paleoceanography*, **7**, 701-738.

Ingle, J. C., Jr., 1981. Origin of Neogene diatomites around the North Pacific rim. In Garrison, R. E., and Douglas, R. G. (eds.) The Monterey Formation and Related Siliceous Rocks of California. *Soc. Econ. Paleontol. Mineral.*, Spec. Publi. Pac. Ser., 159-179.

入野智久・小泉 格, 1999. 日本海表層堆積物中の珪藻群集組成を用いた変換関数の作成と完新世における表層水温変動の推定. 1999年度日本海洋学会秋季大会講演要旨集, **C14**, 322.

Isono, D., Yamamoto, M., Irino, T., Oba, T., Murayama, M., Nakamura, T., and Kawahata, H., 2009. The 1500-year climate oscillation in the midlatitude North Pacific during the Holocene. *Geology*, **37**, 591-594.

板倉 茂, 1995. 浮遊珪藻類休眠期細胞の生態戦略. 月刊 海洋, **27**, 575-581.

伊東俊太郎, 1996. 総論1 文明の画期と環境変動. 伊東俊太郎・安田喜憲(編), 講座「文明と環境」2, 地球と文明の画期, 1-10頁, 朝倉書店, 東京.

Jalut, G., Augustin, E. A., Louis, B., Thierry, G., and Michel, F., 2000. Holocene climatic changes in the Western Mediterranean, from south-east France to south-east Spain. *Palaeogeogr. paleoclimatol. Palaeoecol.*, **160**, 255-290.

Janicot, S., Harzallah, A., Fontaine, B., and Moron, V., 1998. West African monsoon dynamics and eastern equatorial Atlantic and Pacific SST anomalies (1970-88). *J. Climate*, **11**, 1874-1882.

Jansson, K. N., and Kleman, J., 2004. Early Holocene glacial lake meltwater injections into the Labrador Sea and Ungava Bay. *Paleoceanography*, **19**,

PA1001.

Jennings, A. E., Knudsen, K. L., Hald, M., Hansen, C. V., and Andrews, J. T., 2002. A mid-Holocene shift in Arctic sea-ice variability on the East Greenland Shelf. *The Holocene*, **12**, 49-58.

Ji, S., Xingqi, L., Sumin, W., and Matsumoto, R., 2005. Palaeoclimatic changes in the Qinghai Lake area during the last 18,000 years. *Quaternary Int.*, **136**, 131-140.

Jiang, H., Eiriksson, J., Schulz, M., Knudsen, K.-L., and Seidenkrantz, M.-S., 2005. Evidence for solar forcing of sea-surface temperature on the North Icelandic Shelf during the late Holocene. *Geology*, **33**, 73-76.

Johansen, J. R., and Fryxell, G. A., 1985. The genus *Thalassiosira* (Bacillariophyceae): studies on species occurring south of the Antarctic Convergence Zone. *Phycologia*, **24**, 155-179.

Johnsen, S. J., Dahl-Jensen, D., Gundestrup, N., Pteffensen, J. P., Clausen, H. B., Miller, H., Masson-Delmotte, V., Sveinbjornsdottir, A. E., and White, J., 2001. Oxygen isotope and palaeotemperature records from six Greenland ice-core stations: Camp Century, Dye-3, GRIP, GISP2, Renland and NorthGRIP. *J. Quaternary Sci.*, **16**, 299-307.

Jones, M. D., Roberts, N., Leng, M. J., and Türkeş, M., 2006. A high-resolution late Holocene lake isotope record from Turkey and links to North Atlantic and monsoon climate. *Geology*, **34**, 361-364.

Julius, M. L., and Tanimura, K., 2001. Cladistic analysis of plicated *Thalassiosira* (Bacillariophyceae). *Phycologia*, **40**, 111-122.

Jung, S. J. A., Davies, G. R., Ganssen, G. M., and Kroon, D., 2004a. Synchronous Holocene sea surface temperature and rainfall variations in the Asian monsoon system. *Quaternary Sci. Rev.*, **23**, 2207-2218.

Jung, S. J. A., Davies, G. R., Ganssen, G. M., and Kroon, D., 2004b. Stepwise Holocene aridification in NE Africa deduced from dust-born radiogenic isotope records. *Earth Planet. Sci. Lett.*, **221**, 27-37.

海洋資料センター（編），1978. 海洋環境図 外洋編——北西太平洋Ⅱ（季節別・月別）．157頁，日本水路協会，東京．

Kanaya, T., and Koizumi, I., 1966. Interpretation of diatom thanatocoenoses from the North Pacific applied to a study core (Studies of a deep-sea core V20-130, part IV). *Sci. Rep. Tohoku Univ.*, *2 nd ser.*, **37**, 89-130.

Keefer, D., deFrance, S. D., Moseley, M. E., Richardson Ⅲ, J. B., Satterlee, D. R., and Day-Lewis, A., 1998. Early maritime economy and El Niño events at

Quebrada Tacahuay, Peru. *Science*, **281**, 1833-1835.

Keigwin, L. D., Sachs, J. P., Rosentha, Y., and Boyle, E. A., 2005. The 8200 year B. P. event in the slope water system, western subpolar North Atlantic. *Paleoceanogaphy*, **20**, PA2003.

Keller, G., and Barron, J. A., 1983. Paleoceanographic implications of Miocene deep-sea hiatus. *Geol. Soc. Am. Bull.*, **94**, 590-613.

Kemp, A. E. S., 1995. Neogene and Quaternary pelagic sediments and depositional history of the eastern equatorial Pacific Ocean (Leg 138). In Pisias, N. G., Mayer, L. A., Janecek, T. R., Palmer-Julson, A., and van Andel, T. H. (eds.) *Proc. ODP, Sci. Results*, **138**, 627-635, College Station, TX: Ocean Drilling Program.

Kemp, A. E. S., and Baldauf, J. G., 1993. Vast Neogene laminated diatom mat deposits from the eastern equatorial Pacific Ocean. *Nature*, **362**, 141-143.

Kemp, A. E. S., Baldauf, J. G., and Pearce, R. B., 1995. Origins and paleoceanographic significance of laminated diatom ooze from the eastern equatorial Pacific Ocean. In Pisias, N. G., Mayer, L. A., Janecek, T. R., Palmer-Julson, A., and van Andel, T. H. (eds.) *Proc. ODP, Sci. Results*, **138**, 641-645, College Station, TX：Ocean Drilling Program.

Kemp, A. E. S., Pike, J., Pearce, R. B., Koizumi, I., Pike, J., and Rance, S. J., 1999. The role of mat-forming diatoms in the formation of Mediterranean sapropels. *Nature*, **398**, 57-61.

Kemp, A. E. S., Pike, J., Pearce, R. B., and Lange, C. B., 2000. The "Fall dump"—a new perspective on the role of a "shade flora" in the annual cycle of diatom production and export flux. *Deep-Sea Res. pt. II*, **47**, 2129-2154.

Kendall, R. A., Mitrovica, J. X., Milne, G. A., Törnqvist, T. E., and Li, Y., 2008. The sea-level fingerprint of the 8.2 ka climate event. *Geology*, **36**, 423-426.

Kennett, D. J., and Kennett, J. P., 2000. Competitive and cooperative responses to climatic instability in coastal southern California. *Am. Antiquity*, **65**, 379-395.

Kerr, R. A., 2000. A North Atlantic climate pacemaker for the centuries. *Science*, **288**, 1984-1986.

Kirby, M. E., Mullins, H. T., Patterson, W. P., and Burnett, A. W., 2002. Late glacial-Holocene atmospheric circulation and precipitation in the northeast United States inferred from modern calibrated stable oxygen and carbon isotopes. *Geol. Soc. Am. Bull.*, **114**, 1326-1340.

紀藤典夫・野田隆史・南 俊隆, 1998. 対馬暖流の脈動と北海道における完新世の温暖貝化石群集の変遷. 第四紀研究, **37**, 25-32.

紀藤典夫・瀧本文生, 1999. 完新世におけるブナの個体群増加と移動速度―北海道南西部の例. 第四紀研究, **38**, 297-311.

Klitgaard-Kristensen, D., Sejrup, H. P., and Hafiidason, H., 2001. The last 18 kyr fluctuations in Norwegian Sea surface conditions and implications for the magnitude of climatic change: evidence from the North Sea. *Paleoceanography*, **16**, 455-467.

Knight, J. R., Allan, J. R., Folland, C., Vellinga, M., and Mann, M., 2005. A signature of persistent natural thermohaline circulation cycles in observed climate. *Geophys. Res. Lett.*, **32**, L20708.

Knudsen, K. L., Jiang, H., Jansen, E., Eiriksson, J., Heinemeier, J., and Seidenkrantz, M. S., 2004. Environmental changes off North Iceland during the deglaciation and the Holocene : foraminifera, diatoms and stable isotopes. *Mar. Micropaleontol.*, **50**, 273-305.

Kodera K., 2005. Possible solar modulation of the ENSO cycle. *Pap. Meteorol. Geophys.*, **55**, 21-32.

Koizumi, I., 1973. The late Cenozoic diatoms of Sites 183-193, Leg 19 Deep Sea Drilling Project. In Creager, J. S., Scholl, D. W., *et al.* (eds.) *Init. Repts. DSDP*, **19**, 805-855, Washington (U. S. Govt. Printing Office).

Koizumi, I., 1975a. Neogene diatoms from the western margin of the Pacific Ocean, Leg 31, Deep Sea Drilling Project. In Karig, D. E., Ingle, J. C., Jr., *et al.* (eds.) *Init. Repts. DSDP*, **31**, 779-819, Washington (U.S. Govt. Printing Office).

Koizumi, I., 1975b. Late Cnozoic diatom biostratigraphy in the circum-North Pacific region. *Jour. Geol. Soc. Japan*, **81**, 611-627.

小泉 格, 1981. 珪藻群からみた日本における初-中期中新世の海洋古環境. 化石, **30**, 87-100.

Koizumi, I., 1985a. Late Neogene paleoceanography in the western North Pacific. In Heath, G. R., Burckle, L. H., *et al.* (eds.) *Init. Repts. DSDP*, **86**, 429-438, Washington (U. S. Govt. Printing Office).

Koizumi, I., 1985b. Diatom biochronology for late Cenozoic northwest Pacific. *Jour. Geol. Soc. Japan*, **91**, 195-211.

Koizumi, I., 1986. Pliocene and Pleistocene diatom levels related with paleoceanography in the northwest Pacific. *Mar. Micropaleontol.*, **10**, 309-325.

小泉 格, 1986. 中新世の珪質堆積物と海洋事件. 月刊 海洋科学, **18**, 146-153.

小泉 格, 1987. 完新世における対馬暖流の脈動. 第四紀研究, **26**, 13-25.

Koizumi, I., 1989. Holocene pulses of diatom growths in the warm Tsushima

Current in the Japan Sea. *Diatom Res.*, **4**, 55-68.

Koizumi, I., 1992. Diatom biostratigraphy of the Japan Sea: Leg 127. In Pisciotto, K. A., Ingle, J. C., Jr., von Breymann, M. T., *et al.*(eds.)*Proc. ODP, Sci. Results*, **127/128**, 249-289, College Station, TX, Ocean Drilling Program.

小泉 格，1995．日本列島周辺の海流と日本文化．小泉 格・田中耕司（編）講座「文明と環境」10，海と文明，12-22頁，朝倉書店，東京．

小泉 格，2006．日本海と環日本海地域—その成立と自然環境の変遷．145頁，角川書店，東京．

Koizumi, I., 2008. Diatom-derived SSTs (Td' ratio) indicate warm seas off Japan during the middle Holocene (8.2-3.3 kyr BP). *Mar. Micropaleontol.*, **69**, 263-281.

小泉 格，2008．図説 地球の歴史．143頁，朝倉書店，東京．

Koizumi, I., 2010. Revised diatom biostratigraphy of DSDP Leg 19 drill cores and dredged samples from the subarctic Pacific and Bering Sea. *JAMSTEC Rep. Res. Dev.*, **10**, 1-21.

Koizumi, I., in preparation. Allochtonous diatoms in DSDP Site 436 on the abyssal floor off northeast Japan. *JAMSTEC Rep. Res. Dev.*

Koizumi, I., and Tanimura, Y., 1985. Neogene diatom biostratigraphy of the middle latitude western North Pacific, Deep Sea Drilling Project Leg 86. In Heath, G. R., Burckle, L. H., *et al.* (eds.) *Init. Repts. DSDP*, **86**, 269-300, Washington (U. S. Govt. Printing Office).

Koizumi, I., and Yanagisawa, Y., 1990. Evolutionary change in diatom morphology —an example from *Nitzschia fossilis* to *Pseudoeunotia doliolus*. *Trans. Proc. Palaeont. Soc. Japan*, N. A., **157**, 347-359.

Koizumi, I., and Shiono, M., 2006. Diatoms in the Mediterranean saprpoels. *Nova Hedwigia*, **130**, 185-200.

Koizumi, I., and Yamamoto, H., 2010. Paleoceanographic evolution of North Pacific surface water off Japan during the past 150,000 years. *Mar. Micropaleontol.*, **74**, 108-118.

小泉 格・坂本竜彦，2010．日本近海の海水温変動と北半球気候変動との共時性．地学雑誌，**119**，489-509．

Koizumi, I., Barron, J. A., and Harper, H. E., 1980. Diatom correlation of Legs 56 and 57 with onshore sequences in Japan. In Scientific Pary (ed.) *Init. Repts. DSDP*, **56/57**, 687-693, Washington (U. S. Govt. Printing Office).

小泉 格・入野智久・山本浩文，2001．「みらい」MR00-K05 PC-1及びPC-2の珪藻化石群集に基づく最終氷期末期—現間氷期における黒潮系暖水の変遷．海洋

科学技術センター試験研究報告, **44**, 29-40.

Koizumi, I., Shiga, K., Irino, T., and Ikehara, M., 2003. Diatom record of the late Holocene in the Okhotsk Sea. *Mar. Micropaleontol.*, **49**, 139-156.

Koizumi, I., Irino, T., and Oba, T., 2004. Paleoceanography during the last 150 kyr off central Japan based on diatom flora. *Mar. Micropaleontol.*, **53**, 293-365.

Koizumi, I., Sato, M., and Matoba, Y., 2009. Neogene diatoms from the Oga Peninsula, northeast Japan and ODP drilling cores in the Japan Sea. *Palaeogeogr. Palaeoclimatol. Palaeoecol.*, **272**, 85-98.

Korhola, A., Weckström, J., Holmström, L., and Erästö, P., 2000. A quantitative Holocene climatic record from diatoms in northern Fennoscancia. *Quaternary Res.*, **54**, 284-294.

Koya, K., 1999 MS. Late Pliocene-Pleistocene paleoceanographic study based on diatom assemblage of the Japan Sea cores (ODP Leg 127). Dr. thesis at Graduate School Sci., Hokkaido Univ., 69 pp.

Krom, M. D., Stanley, J. D., Cliff, R. A., and Woodward, J. C., 2002. Nile River sediment fluctuations over the past 7000 yr and their key role in sapropel development. *Geology*, **30**, 71-74.

Kützing, F. T., 1844. Die Kieselschaligen Bacillarien oder Diatomeen. Nordhausen, 152 pp.

Lachniet, M. S., Asmerom, Y., Burns, S. J., Patterson, W. P., Polyak, V. J., and Seltzer, G. O., 2004. Tropical response to the 8200 yr B. P. cold event? Speleothem isotopes indicate a weakened early Holocene monsoon in Costa Rica. *Geology*, **32**, 957-960.

Laird, K. R., Fritz, S. C., and Cumming, B. F., 1998. A diatombased reconstruction of drought intensity, duration, and frequency from Moon Lake, North Dakota : a subdecadal record of the last 2300 years. *J. Paleolimnol.*, **19**, 161-179.

Laj, C., Kisseil, C., Mazaud, A., Channell, J. E. T., and Beer, J., 2000. North Atlantic paleointensity stack since 75 ka (NAPIS-75) and the duration of the Laschamp event. *Phil. Trans. Roy. Sci. London*, A, **358**, 1009-1025.

Lamb, H. H., 1965. The early medieval warm epoch and its sequel. *Palaeogeogr. Palaeoclimatol. Palaeoecol.*, **1**, 13-37.

Lamy, F., Rühlemann, C., Hebbeln, D., and Wefer, G., 2002. High- and low-latitude climate control on the position of the souhtern Peru-Chile Cyrrent during the Holocene. *Paleoceanography*, **17**, 16/1-16/10.

Lea D.W., Park, D.K., and Spero, H.J., 2000. Climate impact of late Quaternary equatorial Pacific sea surface temperature variations. *Science*, **289**, 1719-1724.

LeGrande, A. N., Schmidt, G. A., Shindell, D. T., Field, C. V., Miller, R. L., Koch, D. M., Faluvegi, G., and Hoffmann, G., 2006. Consistent simulations of multiple proxy responses to an abrupt climate change event. *Proc. Natl. Acad. Sci. USA*, **103**, 837-842.

Lie, Ø., Dahl, S. O., Nesje, A., Mattews, J. A., and Sandvold, S., 2004. Holocene fluctuations of a polythermal glacier in high-alpine eastern Jotunheimen, central-southern Norway. *Quaternary Sci. Rev.*, **23**, 1925-1945.

Lin, Y.-S., Wei, K.-Y., Lin, I.-T., Yu, P.-S., Chiang, H.-W., Chen, C.-Y., Shen, C.-C., Mii, H.-S., and Chen, Y.-G., 2006. The Holocene *Pulleniatina* Minimum Event revisited : Geochemical and faunal evidence from the Okinawa Trough and upper reaches of the Kuroshio current. *Mar. Micropaleontol.*, **59**, 153-170.

Longford, R. P., 2003. The Holocene history of the White Sands dune field and influences on eolian deflation and playa lakes. *Quaternary Int.*, **104**, 31-39.

Lopes, C., and Mix, A. C., 2010. Pleistocene megafloods in the northeast Pacific. *Geology*, **37**, 79-82, doi : 10.1130/G25025A.1.

Lopes, C., Mix, A. C., and Abrantes, F., 2006. Diatoms in northeast Pacific surface sediments as paleoceanographic proxies. *Mar. Micropaleontol.*, **60**, 45-65.

Loso, M. G., Anderson, R. S., Anderson, S. P., and Reimer, P. J., 2006. A 1500-year record of temperature and glacial response inferred from varved Iceberg Lake, southcentral Alaska. *Quaternary Res.*, **66**, 12-24.

Lubinsky, D. J., Forman, S. L., and Miller, G. H., 1999. Holocene glacier and climate fluctuations on Franz Josef Land, Arctic Russia, 80°N. *Quaternary Sci. Rev.*, **18**, 85-108.

Luckman, B. H., 2000. The Little Ice Age in the Canadian Rockies. *Geomorphology*, **32**, 357-384.

Luckman, B. H., and Wilson, J. S., 2005. Summer temperatures in the Canadian Rockies during the last millennium : a revised record. *Clim. Dynam.*, **24**, 131-144.

Luckman, B. H., Briffa, K. R., Jones, P. D., and Schweingruber, F. H., 1997. Tree-ring based reconstruction of summer temperatures at the Columbia Icefield, Alberta, Canada, AD 1073-1983. *The Holocene*, **7**, 375-389.

Lund, D. C., and Curry, W. B., 2006. Florida Current surface temperature and salinity variability during the lat millennium. *Paleoceanography*, **21**, PA2009.

Lund, D. C., Lynch-Stieglitz, J., and Curry, W. B., 2006. Gulf Stream density structure and transport during the past millennium. *Nature*, **444**, 601-604.

Lyle, M., Koizumi, I., Delaney, M. L., and Barron, J. A., 2000. Sedimentary record of the California Current system, middle Miocene to Holocene : A synthesis of Leg 167 results. In Lyle, M., Koizumi, I., Richter, C., and Moore, T. C., Jr. (eds.) *Proc. ODP, Sci. Results*, **167**, 341-376, College Station, TX : Ocean Drilling Program.

Lynch-Stieglitz, J., Curry, W. B., and Slowey, N., 1999. A geostrophic estimate for the Florida Current from the oxygen isotope composition of benthic foraminifera. *Paleoceanography*, **14**, 360-373.

MacDonald, G. M., and Case, R. A., 2005. Variations in the Pacific Decadal Oscillation over the past millennium. *Geophys. Res. Lett.*, **32**, L08703.

町田 洋・新井房夫, 2003. 新編火山灰アトラス―日本列島とその周辺. 336頁, 東京大学出版会, 東京.

前田保夫・山下勝年・松島義章・渡辺 誠, 1983. 愛知県先苅貝塚と縄文海進. 第四紀研究, **22**, 213-222.

Magny, M., 2004. Holocene climate variability as reflected by mid-European lake-level fluctuations andits probable impact on prehistoric human settlements. *Quaternary Int.*, **113**, 65-79.

Magny, M., and Bégeot, C., 2004. Hydrological changes in the European midlatitudes associated with freshwater outbursts from Lake Agassiz during the Younger Dryas event and the early Holocene. *Quaternary Res.*, **61**, 181-192.

Magny, M., and Haas, J. N., 2004. A major widespread climatic change around 5300 cal. yr BP at the time of the Alpine Iceman. *J. Quaternary Sci.*, **19**, 423-430.

Magny, M., Guiot, J., and Schoellammer, P., 2001. Quantitative reconstruction of Younger Dryas to mid-Holocene paleoclimates at Le Locle, Swiss Jura, using pollen and lake-level data. *Quaternary Res.*, **56**, 170-180.

Magny, M., Bégeot, C., Guiot, J., Marguet, A., and Billaud, Y., 2003. Reconstruction and palaeoclimatic interpretation of mid-Holocene vegetation and lake-level changes at Saint-Jorioz, Lake Annecy, French Pre-Alps. *The Holocene*, **13**, 265-275.

Magny, M., Vannière, B., de Beaulieu, J.-L., Bégeot, C., Heiri, O., Millet, L., Peyron, O., and Walter-Simonnet, A.-V., 2007. Early-Holocene climatic oscillations recorded by lake-level fluctuations in west-central Europe and in central Italy. *Quaternary Sci. Rev.*, **26**, 1951-1964.

Magri, D., and Parra, I., 2002. Late Quaternary western Mediterranean pollen records and African winds. *Earth Planet. Sci. Lett.*, **200**, 401-408.

Maher, B. A., and Hu, M., 2006. A high-resolution record of Holocene rainfall variations from the western Chinese Loess Plateau：antiphase behaviour of the African/Indian and East Asian summer monsoons. *The Holocene*, **16**, 309-319.

Mann, A., 1907. Report on the diatoms of the Albatross voyages in the Pacific Ocean. 1888-1904. *Contributions from the United States National Herbarium*, **10** (5), 221-419.

Mann, M. E., and Jones, P. D., 2003. Global surface temperatures over the past two millennia. *Geophys. Res. Lett.*, **30**, 1820-1823.

Mark, B. G., 2008. Tracing tropical Andean glaciers over space and time：Some lessons and transdisciplinary. *Global Planet. Change*, **60**, 101-114.

Marshall, J. D., Lang, B., Crowley, S. F., Weedon, G. P., van Calsteren, P., Fisher, E. H., Holme, R., Holmes, J. A., Jones, R. T., Bedford, A., Brooks, S. J., Bloemendal, J., Kiriakoulakis, K., and Ball, J.D., 2007. Terrestrial impact of abrupt changes in the North Atlantic thermohaline circulation：Early Holocene, UK. *Geology*, **35**, 639-642.

Maruyama, T., 2000. Middle Miocene to Pleistocene diatom stratigraphy of Leg 167. In Lyle, M., Koizumi, I., Richter, C., and Moore, T. C., Jr.（eds.）*Proc. ODP, Sci. Results*, **167**, 63-110, College Station, TX: Ocean Drilling Program.

Maruyama, T., and Shiono, M., 2003. Middle Miocene to Pleistocene diatom biostratigraphy of the northwest Pacific at sites 1150 and 1151. In Suyehiro, K., Sacks, I. S., Acton, G. D., and Oda, M.（eds.）*Proc. ODP, Sci. Results*, **186**, 289-305, College Station, TX: Ocean Drilling Program.

Massé, G., Rowland, S. J., Sicre, M.-A., Jacob, J., Jansen, E., and Belt, S. T., 2008. Abrupt climate changes for Iceland during the last millennium：Evidence from high resolution sea ice reconstructions. *Earth Planet. Sci. Lett.*, **269**, 565-569.

松野太郎，2007．特集 地球温暖化をよむ―IPCC第4次報告書から．科学，**77**，695-748．

松島義章，1983．小規模なおぼれ谷に残されていた縄文海進の記録．月刊 海洋科学，**15**，11-16．

松島義章，1984．日本列島における後氷期の浅海性貝類群集―特に環境変遷に伴う時間・空間的変遷．神奈川県博研報（自然科学），**15**，37-109．

松島義章，2007a．温暖種からみた完新世における対馬暖流の動向．亀井節夫先生傘寿記念論文集，211-217．

松島義章，2007b．縄文時代早期前半の低地遺跡から推定される旧汀線の位置．徳永重元博士献呈論集，465-482．

Mattews, J. A., Berrisford, M. S., Dressera, P. Q., Nesje, A., Dahl, S. O., Bjune, A. E., Bakke, J. H., Birks, J. B., Lie, Ø., Dumayne-Peaty, L., and arnetth, E., 2005.

Holocene glacier history of Bjørnbreen and climatic reconstruction in central Jotunheimen, Norway, based on proximal glaciofluvial stream-bank mires. *Quaternary Sci. Rev.*, **24**, 67-90.

Mayewski, P. A., Rohlingb, E. E., Stagerc, J. C., Karlénd, W., Maascha, K. A., Meekere, L. D., Meyersona, E. A., Gassef, F., van Kreveldg, S., Holmgrend, K., Lee-Thorph, J., Rosqvistd, G., Racki, F., Staubwasserj, M., Schneiderk, R. R., and Steigl, E. J., 2004. Holocene climate variability. *Quaternary Res.*, **62**, 243-255.

McGregor, H. V., and Gagan, M. K., 2004. Western Pacific coral $\delta^{18}O$ records of anomalous Holocene variability in the El Niño-Southern Oscillation. *Geophys. Res. Lett.*, **31**, L11204.

Menking, K. M., and Anderson, R. Y., 2003. Contributions of La Niña and El Niño to middle Holocene drought and late Holocene moisture in the American Southwest. *Geology*, **31**, 937-940.

Menounosa, B., Kochb, J., Osbornc, G., Clagueb, J. J., and Mazzucchi, D., 2004. Early Holocene glacier advance, southern Coast Mountains, British Columbia, Canada. *Quaternary Sci. Rev.*, **23**, 1543-1550.

Miller, G. H., Alexander P., Wolfe, A. P., Jason, P., Brinera, J. P., Peter, E., Sauer, P. E., and Nesje, A., 2005. Holocene glaciation and climate evolution of Baffin Island, Arctic Canada. *Quaternary Sci. Rev.*, **24**, 1703-1721.

Moberg, A., Sonechkin, D. M., Holmgren, K., Datsenko, N. M., and Karlén, W., 2005. Highly variable Northern Hemisphere temperatures reconstructed from low- and high-resolution proxy data. *Nature*, **433**, 613-617.

Mörner, N.-A., 1994. Internal response to orbital forcing and External cyclic sedimentary sequences. In de Boer, P. L. and Smith, D. G. (eds.) Orbital Forcing and Cyclic Sequences. Special Publication No. 19, International Association of Sedimentologists, 25-33, Blackwell Scientific Publications.

Moros, M., Andrews, J. T., Eberl, D. D., and Jansen, E., 2006. Holocene history of drift ice in the northern North Atlantic: Evidence for different spatial and temporal modes. *Paleoceanography*, **21**, PA2017.

Morrill, C., Overpeck, J. T., and Cole, J. E., 2003. A synthesis of abrupt changes in the Asian summer monsoon since the last deglaciation. *The Holocene*, **13**, 465-476.

本山 功・丸山俊明，1998．中・高緯度北西太平洋地域における新第三紀珪藻・放散虫化石年代尺度：地磁気極性年代尺度CK92およびCK95への適合．地質学雑誌, **104**(3), 171-183.

Motoyama, I., Niitsuma, N., Maruyama, T., Hayashi, H., Kamikuri, S., Shiono, M.,

Kanamatsu, T., Aoki, K., Morishima, C., Hagino, K., Nishi, H., and Oda, M., 2004. Middle Miocene to Pleistocene magneto- and biostratigraphy of ODP Sites 1150 and 1151, northwest Pacific : sedimentation rate and updated regional geological timescale. *The Island Arc.*, **13**, 289-305.

Moy, C. M., Seltzer, G. O., Rodbell, D. T., and Anderson, D. M., 2002. Variability of El Niño? Southern Oscillation activity at millennial timescales during the Holocene epoch. *Nature*, **420**, 162-165.

Muscheler, R., Beer, J., and Vonmoos, M., 2004. Causes and timing of the 8200 yr BP event inferred from the comparison of the GRIP ^{10}Be and the tree ring Delta ^{14}C record. *Quaternary Sci. Rev.*, **23**, 2101-2111.

中村俊夫, 2001. 放射性炭素年代とその高精度化. 第四紀研究, **40**, 445-459.

中田一郎, 2007. メソポタミア文明入門. 岩波ジュニア新書558, 211頁, 岩波書店, 東京.

Narcisi, B., 2000. Late Quaternary eolian deposition in central Italy. *Quaternary Res.*, **54**, 246-252.

Nederbragt, A. J., and Thurow, J., 2005. Geographic coherence of millennial-scale climate cycles during the Holocene. *Palaeogeogr. Paleoclimatol. Palaeoecol.*, **221**, 313-324.

Neff, U., Burns, S. J., Mangini, A., Mudelsee, M., Fleitmann, D., and Matter, A., 2001. Strong coherence between solar variability and the monsoon in Oman between 9 and 6 kyr ago. *Nature*, **411**, 290-293.

Nesje, A., Dahl, S. O., Andersson, C., and Matthews, J. A., 2000. The lacustrine sedimentary sequence in Sygneskardvatnet, western Norway : a continuous, high-resolution record of the Jostedalsbreen ice cap during the Holocene. *Quaternary Sci. Rev.*, **19**, 1047-1065.

Nesje, A., Bakke, J., Dahl, S. O., Lie, Ø., and Matthews, J. A., 2008. Norwegian mountain glacier in the past, present and future. *Global Planet. Change*, **60**, 10-27.

Nicoll, K., 2004. Recent environmental change and prehistoric human activity in Egypt and Northern Sudan. *Quaternary Sci. Rev.*, **23**, 561-580.

Noren, A. J., Rierman, P. R., Steig, E. J., Lini, A., and Southon, J., 2002. Millennial-scale storminess variability in the northeastern United States during the Holocene epoch. *Nature*, **419**, 821-824.

Nürnberg, D., Bijima, J., and Hemleben, C., 1996. Assessing the reliability of magnesium in foraminiferal calcite as a proxy for water mass temperatures. *Geochim. Cosmochim. Acta*, **60**, 803-814.

大場忠道，1991．酸素同位体比層序からみた阿蘇4テフラおよび阿多テフラ．月刊地球，**13**, 224-227.

Oba, T., and Murayama, M., 2004. Sea-surface temperature and salinity changes in the northwest Pacific since the Last Glacial Maximum. *J. Quaternary Sci.*, **19**, 335-346.

Oba, T., Irino, T., Yamamoto, M., Murayama, M., Takamura, A., and Aoki, K., 2006. Paleooceanographic change off central Japan since the last 144,000 years based on high-resolution oxygen and carbon isotope record. *Global Planet. Change*, **53**, 5-20.

O'Brien, S. R., Mayewski, P. A., Meeker, L. D., Meese, D. A., Twickler, M. S., and Whitlow, S.I., 1995. Complexity of Holocene climate as reconstructed from a Greenland ice core. *Science*, **270**, 1962-1964.

Oeschger, H., Beer, J., Siegenthalter, U., Stauffer, B., Dansgaard, W., and Langway, C. C., 1984. Late glacial history from ice cores. In Hansen, J. E., Takahashi, T. (eds.) Climate Processes and Climate Sensitivity. 299-306, American Geophysical Union.

Ogg, J. G., and Pillans, B., 2008. Establishing Quaternary as a formal inter-national Period/System. *Episodes*, **31**, 230-233.

奥野秀昭，1975．珪藻の分類．月刊 海洋科学，**7**, 164-169.

Oppo, D. W., McManus, J. F., and Cullen, J. L., 2003. Palaeo-oceanography: deepwater variability in the Holocene epoch. *Nature*, **422**, 277-278.

Osborn, G., Menounos, B., Koch, J., Clague, J. J., and Vallis, V., 2007. Multi-proxy record of Holocene glacial history of the Spearhead and Fitzsimmons ranges, southern Coast Mountains, British Columbia. *Quaternary Sci. Rev.*, **26**, 479-493.

太田陽子・松島義章・森脇 広，1982．日本における完新世海面変化に関する研究の現状と問題—Atlas of Holocene Sea-level Records in Japan を資料として．第四紀研究，**21**, 133-143.

Patrick, R., and Reimer, C. W., 1966. The diatoms of the United States, exclusive of Alaska and Hawaii. Monogr. 13, 688 pp., Acad. Nat. Sci. Philadelphia.

Patrick, R., and Reimer, C. W., 1975. The diatoms of the United States II. Part I, Monogr. 13, 213 pp., Acad. Nat. Sci. Philadelphia.

Pearce, R. B., Kemp, A. E. S., Baldauf, J. G., and King, S. C., 1995. High-resolution sedimentology and micropaleontology of laminated diatomaceous sediments from the eastern equatorial Pacific Ocean. In Pisias, N. G., Mayer, L. A., Janecek, T. R., Palmer-Julson, A., and van Andel, T. H. (eds.) *Proc. ODP, Sci. Results*, **138**, 647-658, College Station, TX: Ocean Drilling Program.

Pike, J., and Kemp, A. E. S., 1997. Early Holocene decadal-scale ocean variability recorded in Gulf of California laminated sediments. *Paleoceanography*, **12**, 227-238.

Polyak, V. J., and Asmeron, Y., 2001. Late Holocene climate and cultural changes in the southwestern United States. *Science*, **294**, 148-151.

Polyak, V. J., Jessica B. T., Rasmussen, J. B. T., and Asmerom, Y., 2004. Prolonged wet period in the southwestern United States through the Younger Dryas. *Geology*, **32**, 5-8.

Porter, S., and Weijian, Z., 2006. Synchronism of Holocene East Asian monsoon variations and the North Atlantic drift-ice tracers. *Quaternary Res.*, **65**, 443-449.

Proshkina-Lavrenko, A. I., 1949. Diatom Analysis. Book 2, Qualifier of fossil and recent diatom algae. Orders Centrales and Mediales. 238 pp., Leningrad：State Publishing House of Geological Literature（in Russian）.

Proshkina-Lavrenko, A. I., 1950. Diatom Analysis. Book 3, Qualifier of fossil and recent diatom algae. Order Pennales. 398 pp., Leningrad：State Publishing House of Geological Literature（in Russian）.

Quade, J., Forester, R. M., Pratt, W. L., and Carter, C., 1998. Black mats, spring-fed streams, and late-glacial-age recharge in the southern Great Basin. *Quaternary Res.*, **49**, 129-148.

Rahmstorf, S., 2003. Timing of abrupt climate change, a precise clock. *Geophys. Res. Lett.*, **30**, 17-1-17-4.

Rasmussen, S. O., Andersen, K. K., Svensson, A. M., Steffensen, J. P., Vinther, B., Clausen, H. B., Siggaard-Andersen, M.-L., Johnsen, S. J., Larsen, L. B., Dahl-Jensen, D., Bigler, M., Röthlisberger, R., Fischer, H., Goto-Azuma, K., Hansson, M., and Ruth, U., 2006. A new Greenland ice core chronology for the last glacial termination. *J. Geophys. Res.*, **111**, D06102.

Rasmussen, S. O., Vinther, B. M., Clausen, H. B., and Andersen, K. K., 2007. Early Holocene climate oscillations recorded in three Greenland ice cores. *Quaternary Sci. Rev.*, **26**, 1907-1914.

Rea, D. K., and Schrader, H.-J., 1985. Late Pliocene onset of glacial：Ice-rafting and diatom stratigraphy of North Pacific DSDP cores. *Palaeogeogr. Paleoclimatol. Palaeoecol.*, **49**, 313-325.

Rea, D. K., Basov, I. A., Krissek, L. A., and Leg 145 Scientific Party, 1995. Scientific results of drilling the North Pacific transect. In Basov, I. A., Scholl, D. W., Allan, J. F.（eds.）*Proc. ODP, Sci. Results*, **145**, 577-596, College Station, TX: Ocean

Drilling Program.
Rein, B., Lückge, A., and Sirocko, F., 2004. A major ENSO anomaly during the Medieval period. *Geophys. Res. Lett.*, **31**, L17211.
Rein, B., Lückge, A., Reinhardt, L., Sirocko, F., Wolf, A., and Dullo, W.-C., 2005. El Niño valiability off Peru during the last 20,000 years. *Paleocenography*, **20**, PA4003.
Renssen, H., van Geel, B., van der Plicht, J., and Magny, M., 2000. Reduced solar activity as a trigger for the start of the Younger Dryas? *Quaternary Int.*, **68-71**, 373-383.
Renssen, H., Goosse, H., Fichefet, T., and Campin, J. M., 2001. The 8.2 kyr BP event simulated by a global atmosphere-sea-ice-ocean model. *Geophys. Res. Lett.*, **28**, 1567-1570.
Renssen, H., Goosse, H., and Fichefet, T., 2007. Simulation of Holocene cooling evens in a coupled climate model. *Quaternary Sci. Rev.*, **26**, 2019-2029.
Reyes, A. V., Wiles, G. C., Smith, D. J., Barclay, D. J., Allen, S., Jackson, S., Larocque, S., Laxton, S., Lewis, D., Calkin, P. E., and Clague, J. J., 2006. Expansion of alpine glaciers in Pacific North America in the first millennium A. D. *Geology*, **34**, 57-60.
Rimbu, N., Lohmann, G., Kim, J.-H., Arz, H. W., and Schneider, R., 2003. Arctic/North Atlantic Oscillation signature in Holocene sea surface temperature trends as obtauned from alkenone data. *Geophys. Res. Lett.*, **30**, 1280.
Risebrobakken, B., Jansen, E., Andersson, C., Mjelde, E., and Hevroy, K., 2003. A high-resolution study of Holocene paleoclimatic and paleoceanographic changes in the Nordic Seas. *Paleoceanography*, **18**, 1017-1021.
Robock, A., 2000. Volcanic eruptions and climate. *Rev. Geophys.*, **38**, 191-219.
Robock, A., and Mao, J., 1992. Winter warming from large volcanic eruptions. *Geophys. Res. Lett.*, **19**, 2405-2408.
Roosen, P., Segerstrom, U., Eriksson, L., Renberg, I., and Birks, H. J. B., 2001. Holocene climatic change reconstructed from diatoms, chironomids, pollen and near-infrared spectroscopy at an alpine lake (Sjunodjijaure) in northern Sweden. *The Holocene*, **11**, 551-562.
Rose, J., 2007. The use of time units in Quaternary Science Reviews. *Quaternary Sci. Rev.*, **26**, 1193.
Round, F. E., Crawford, R. M., and Mann, D. G., 1990. The Diatoms, Biology and Morphology of the Genera. 747 pp., Cambridge University Press, Cambridge.
Ruddiman, W. F., 2003. Orbital insolation, ice volume, and greenhouse gases.

Quaternary Sci. Rev., **22**, 1597-1629.

Russell, J., Talbot, M. R., and Haskell, B. J., 2003. Mid-holocene climate change in Lake Bosumtwi, Ghana. *Quaternary Res.*, **60**, 133-141.

Sagawa, T., Toyoda, K., and Oba, T., 2006. Sea surface temperature record off central Japan since the Last Glacial Maximum using planktonic foraminiferal Mg/Ca thermometry. *J. Quaternary Sci.*, **21**, 63-73.

Sakaguchi, Y., 1983. Warm and cold stages in the past 7600 years in Japan and their global correlation—Especially on climatic impacts to the global sea level changes and the ancient Japanese history. *Bull. Dept. Geogr. Univ. Tokyo*, **15**, 1-31.

阪口 豊, 1993. 過去8000年の気候変化と人間の歴史. 専修人文論集, **51**, 79-113.

Sancetta, C., 1981. Oceanographic and ecologic significance of diatoms in surface sediments of the Bering and Okhotsk seas. *Deep Sea Res.*, Part A, **28**, 789-817.

Schlesinger, M. E., and Ramankutty, N., 1994. An oscillation in the global climate system of period 65-70 years. *Nature*, **367**, 723-726.

Schrader, H.-J., 1973. Stratigraphic distribution of marine *Denticula* species in Neogene North Pacific sediments. *Micropaleontology*, **19**, 417-430.

Seierstad, J., Nesje, A., Dahl, S. O., and Simonsen, J. R., 2002. Holocene glacier fluctuations of Grovabreen and Holocene snow-avalanche activity reconstructed from lake sediments in Groningstolsvatnet, western Norway. *The Holocene*, **12**, 211-222.

Seppä, H., and Birks, H. J. B., 2001. July mean temperature and annual precipitation trends during the Holocene in the Fennoscandian tree-line area : pollen-based climate reconstructions. *The Holocene*, **11**, 527-539.

Seppä, H., and Poska, A., 2004. Holocene annual mean temperature changes in Estonia and their relationship to solar insolation and atmospheric circulation patterns. *Quaternary Res.*, **61**, 22-31.

Seppä, H., Cwynar, L. C., and Macdonald, G. M., 2003. Post-glacial vegetation reconstruction and a possible 8200 cal. yr BP event from the low arctic of continental Nunavut, Canada. *J. Quaternary Sci.*, **18**, 621-629.

Shackleton, N. J., 1974. Attainment of isotopic equilibrium between ocean water and the benthic foraminifera genus Uvigerina: isotopic changes in the ocean during the last glacial. *Colloques Internationaux du C. N. R. S.*, **219**, 203-209.

Shaw, T. A., and Shepherd, T. G., 2008. Raising the roof. *Nat. Geosci.*, **1**, 12-13.

Shiga, K., and Koizumi, I., 2000. Latest Quaternary oceanographic changes in the Okhotsk Sea based on diatom records. *Mar. Micropaleontol.*, **38**, 91-117.

Shimada, C., Sato, T., Yamazaki, M., Hasegawa, S., and Tanaka, Y., 2009. Drastic change in the late Pliocene subarctic Pacific diatom community associated with the onset of the Northern Hemisphere Glaciation. *Palaeogeogr. Paleoclimatol. Palaeoecol.*, **279**, 207-215.

Shindell, D. T., Schmidt, G. A., Miller, R. L., and Mann, M. E., 2003. Volcanic and solar forcing of climate change during the preindustrial era. *J. Climate*, **16**, 4094-4107.

Shindell, D. T., Schmidt, G. A., Mann, M. E., and Faluvegi, G., 2004. Dynamic winter climate response to large tropical volcanic eruptions. *J. Geophys. Res.*, **109**, D05104.

Shiono, M., and Koizumi, I., 2000. Taxonomy of the *Thalassiosira trifulta* group in late Neogene sediments from the northwest Pacific Ocean. *Diatom Res.*, **15**, 355-382.

Shiono, M., and Koizumi, I., 2001. Phylogenic evolution of the *Thalassiosira trifulta* group (Bacillariophyceae) in the northwestern Pacific Ocean. *Jour. Geol. Soc. Japan*, **107**, 496-514.

Shiono, M., and Koizumi, I., 2002. Taxonomy of the *Azpeitia nodulifera* group in late Neogene sediments from the northwest Pacific Ocean. *Diatom Res.*, **17**, 337-361.

Shumana, B., Bartleinb, P., Logara, N., Newbya, P., and Webb III, T., 2002. Parallel climate and vegetation responses to the early Holocene collapse of the Laurentide Ice Sheet. *Quaternary Sci. Rev.*, **21**, 1793-1805.

Sicre, M.-A., Jacob, J., Ezat, U., Rousse, S., Kissel, C., Yiou, P., Eiriksson, J., Knudsen, K. L., Jansen, E., and Turon, J.-L., 2008. Decadal variability of sea surface temperatures off North Iceland over the last 2000 years. *Earth Planet. Sc. Lett.*, **268**, 137-142.

Siddall, M., Rohling, E. J., Almogi-Labin, A., Hemleben, Ch., Meischner, D., Schmelzer, I., and Smeed, D. A., 2003. Sea-level fluctuations during the last glacial cycle. *Nature*, **423**, 853-858.

Simonsen, R., 1974. The diatom plankton of the Indian Ocean Expedition of R/V "Meteor" 1964-5. "Metror" Forschungsergeb., Ser. D, 19, 107 pp.

Simonsen, R., 1979. The diatom system : ideas on phylogeny. *Bacillaria*, **2**, 9-71.

Sims, P. A., Mann, D. G., and Medlin, L. K., 2006. Evolution of the diatoms : insights from fossil, biological and molecular data. *Phycologia*, **45**, 361-402.

Snowball, I., and Sandgren, P., 2004. Geomagnetic field intensity changes in Sweden between 9000 and 450 cal BP: extending the record of "archaeomagnetic jerks" by means of lake sediments and the pseudo-thellier technique. *Earth Planet. Sci. Lett.*, **227**, 361-376.

Spurk, M., Leuschner, H. H., Baillie, M. G. L., Briffa, K. R., and Friedrich, M., 2002. Depositional frequency of German subfossil oaks : climatically and non-climatically induced fluctuations in the Holocene. *The Holocene*, **12**, 707-715.

Stanley, J.-D., Krom, M. D., Cliff, R. A., and Woodward, J. C., 2003. Nile flow failure at the end of the Old Kingdom, Egypt: Strontium isotopic and petrologic evidence. *Geoarchaeology*, **18**, 395-402.

Stott, L., Poulsen, C., Lund, S., and Thunell, R., 2002. Super ENSO and global climate oscillations at millennial time scale. *Science*, **297**, 222-226.

Street-Perrott, F. A., and Perrott, R. A., 1990. Abrupt climate fluctuations in the tropics : the influence of Atlantic Ocean Circulation. *Nature*, **343**, 607-612.

Stuiver, M., and Quay, P. D., 1980. Changes in atmospheric carbon-14 attributed to a variable sun. *Science*, **207**, 11-19.

Stuiver, M., and Braziunas, T. F., 1989. Atmospheric ^{14}C and century-scale solar oscillations. *Nature*, **338**, 405-408.

Stuiver, M., and Reimer, P. J., 1993. Radiocarbon calibration program 1993. *Radiocarbon*, **35**, 215-230.

Stuiver, M., Braziunas, T. F., Becker, B., and Kromer, B., 1991. Climatic, solar, oceanic, and geomagnetic influences on late-Glacial and Holocene atmospheric ^{14}C/^{12}C change. *Quaternary Res.*, **35**, 1-24.

Stuiver, M., Grootes, P. M., and Braziunas, T. F., 1995. The GISP2 delta ^{18}O climate record of the past 16,500 years and the role of the sun, ocean, and volcanoes. *Quaternary Res.*, **44**, 341-354.

Stuiver, M., Reimer, P. J., Bard, E., Beck, J. W., Burr, G. S., Hughen, K. A., Komar, B., McCormac, F. G., Plicht, J. V. D., and Spurk, M., 1998. INTCAL98 radiocarbon age calibration 24,000-0 cal. *Radiocarbon*, **40**, 1041-1083.

Sutton, R. T., and Hodson, D. L. R., 2005. Atlantic ocean forcing of North American and European summer climate. *Science*, **309**, 115-118.

高野秀昭, 1975. 珪藻の分類. 月刊 海洋科学, **7**, 20-25.

Tanimura, Y., 1996. Fossil marine plicated *Thalassiosira* : taxonomy and an idea of phylogeny. *Diatom Res.*, **11**, 165-202.

Teller, J. T., and Leverington, D. W., 2004. Glacial Lake Agassiz : A 5000 yr history of change and its relationship to the δ^{18}O record of Greenland. *GSA Bulletin*, **116**, 729-742.

Teller, J. T., Leverington, D. W., and Mann, J. D., 2002. Freshwater outbursts to the oceans from glacial Lake Agassiz and their role in climate change during the last deglaciation. *Quaternary Sci. Rev.*, **21**, 879-887.

Thomas, E. K., Szymanski, J., and Briner, J. P., 2009. Holocene alpine glaciation inferred from lacustrine sediments on northeastern Baffin Island, Arctic Canada. *J. Quaternary Sci.*, DOI：10.1002/jqs.1286.

Thompson, L. G., Mosley-Thompson, E., Bolzan J. F., and Koci, B. R., 1985. A 1500-year record of tropical precipitation in ice cores from the Quelccaya ice cap, Peru. *Science*, **229**, 971-973.

Thompson, L. G., Mosley-Thompson, E., Dansgaard, W., and Grootes, P. M., 1986. The "Little Ice Age" as recorded in the stratigraphy of the tropical Quelccaya ice cap. *Science*, **234**, 361-364.

Thompson, L. G., Davis, M. E., and Thompson, E. M., 1994. Glacial records of global climate：A 1500-year tropical ice record of climate. *Human Ecology*, **22**, 83-95.

Thompson, L. G., Yao, T., Davis, M. E., Henderson, K. A., Mosley-Thompson, E., Lin, P.-N., Beer, J., Synal, H.-A., Cole-Dai, J., and Bolzan J. F., 1997. Tropical climate instability：The last glacial cycle from a Qinghai-Tibetan ice core. *Science*, **276**, 1821-1825.

Thompson, L. G., Yao, T., Mosley-Thompson, E., Davis, M. E., Henderson, K. A., and Lin, P.-N., 2000. A high-resolution millennial record of the south Asian monsoon from Himalayan ice cores. *Science*, **289**, 1916-1919.

Thompson, L. G., Mosley-Thompson, E., Davis, M. E., Henderson, K. A., Brecher, H. H., Zagorodnov, V. S., Mashiotta, T. A., Lin, P.-N., Mikhalenko, V. N., Hardy, D. R., and Beer, J., 2002. Kilimanjaro ice core records：evidence of Holocene climate change in tropical Africa. *Science*, **298**, 589-593.

Tinner, W., Lotter, A. F., Ammann, B., Conedera, M., Hubschmi, P., van Leeuwen, J. F. N., Michael, and Wehrli, M., 2003. Climatic change and contemporaneous land-use phases north and south of the Alps 2300 BC to 800 AD. *Quaternary Sci. Rev.*, **22**, 1447-1460.

Torrence, C., and Compo, G. P., 1998. A practical guide to wavelet analysis. Bulletin of the American Meteorological Society. *Meteorol. Soc.*, **79**, 61-78.

豊島吉則，1978．山陰海岸における完新世海面変化．地理学評論，**51**，147-157．

Trenberth, K. E., and Hurrell, J. W., 1994. Decadal atmosphere-ocean variations in the Pacific. *Clim. Dynam.*, **9**, 303-319.

Tsukada, M., 1982. Late-Quaternary shift of *Fagus* distribution. *Bot. Mag. Tokyo*, **95**, 203-217.

Tudhope, A. W., Chilcott, C. P., McCulloch, M. T., Cook, E. R., Chappell, J., Ellam, R. M., Lea, D. W., Lough, J. M., and Shimmield, G. B., 2001. Variability in the El Niño-Southern Oscillation through a glacial-interglacial cycle. *Science*, **291**, 1511-1517.

Turney, C. S. M., and Brown, H., 2007. Catastrophic early Holocene sea level rise, human migfration and the Neolithic transition in Europe. *Quaternary Sci. Rev.*, **26**, 2036-2041.

内田杉彦，2007．古代エジプト入門．岩波ジュニア新書576，239頁，岩波書店，東京．

Ujiié, Y., Ujiié, H., Taira, A., Nakamura, T., and Oguri, K., 2003. Spatial and temporal variability of surface water in the Kuroshio source region, Pacific Ocean, over the past 21,000 years : evidence from planktonic foraminifera. *Mar. Micropaleontol.*, **49**, 335-364.

van der Plicht, J., Van Geel, B., Bohncke, J. P., Bos, A. A., Blaauw, M., Speranza, O. M., Muscheler, R., and Rck, B., 2004. The Preboreal climate reversal and a subsequent solar-forced climate shift. *J. Quaternary Sci.*, **19**, 263-269.

van Geel, B., Raspopov, O. M., Renssen, H., van der Plicht, J., Dergachev, V. A., and Meijer, H. A. J., 1999. The role of solar forcing upon climate change. *Quaternary Sci. Rev.*, **18**, 331-338.

van Geel, B., van der Plicht, J., and Renssenc, H., 2003. Major $\Delta^{14}C$ excursions during the late glacial and early Holocene : changes in ocean ventilation or solar forcing of climate change? *Quaternary Int.*, **105**, 71-76.

van Landingham, S. L., 1967-1979. Catalogue of the fossil and recent genera and species of diatoms and their synonyms. 8 vols., 4654 pp., Vaduz, J. Cramer.

Verschuren, D., Laird, K. R., and Cumming, B. F., 2000. Rainfall and drought in equatorial east Africa during the past 1,100 years. *Nature*, **403**, 410-414.

Vinther, B. M., Clausen, H. B., Johnsen, S. J., Rasmussen, S. O., Andersen, K. K., Buchardt, S. L., Dahl-Jensen, D., Seierstad, I. K., Siggaard-Andersen, M.-L., Steffensen, J. P., Svensson, A., Olsen, J., and Heinemeier, J., 2006. A synchronized dating of three Greenland ice cores throughout the Holocene. *J. Geophys. Res.*, **111**, D13102.

von Grafenstein, U., Erlenkeuser, H., Brauer, A., Jouzel, J., Sigfus, J., and Johnsen, S. J., 1999. A mid-European decadal isotope-climate record from 15,500 to 5,000 years B.P.. *Science*, **284**, 1654-1657.

Vonmoos, M., Beer, J., and Muscheler, R., 2006. Large variations in Holocene solar activity : Constraints from ^{10}Be in the Greenland Ice Core Project ice core. *J.*

Geophys. Res., **111**, A10105.

von Rad, U., Schaaf, M., Michels, K. H., Schulz, H., and Berger, W. H., 1999. A 5000-yr record of climate change in varved sediments from the oxygen, minimum zone off Pakistan, northeastern Arabian Sea. *Quaternary Res.*, **51**, 39-53.

Wang, Y. J., Cheng, H., Edwards, R. L., An, Z. S., Wu, J. Y., Shen, C.-C., and Dorale, J. A., 2001. A high-resolution absolute-dated late Pleistocene Monsoon record from Hulu Cave, China. *Science*, **294**, 2345-2348.

Wang, Y., Cheng, H., Edwards, R. L., He, Y., Kong, X., An, Z., Wu, J., Megan J. Kelly, M. J., Dykoski, C. A., and Li, X., 2005. The Holocene Asian monsoon: links to solar changes and North Atlantic climate. *Science*, **308**, 854-857.

Wanner, H., Beer, J., Bütikofer, J., Crowley, T. J., Cubasch, U., Flückiger, J., Goosse, H., Grosjean, M., Joos, F., Kaplan, J. O., Küttel, M., Müller, S. A., Prentice, I. C., Solomina, O., Thomas, F., Stocker, T. F., Tarasov, P., Wagner, M., and Widmannm, M., 2008. Mid- to Late Holocene climate change: an overview. *Quaternary Sci. Rev.*, **27**, 1791-1828.

Watanabe, M., and Yanagisawa, Y., 2005. Refined early to middle Miocene diatom biochronology for the middle- to high-latitude North Pacific. *The Island Arc*, **14**, 91-101.

Wei, K., and Gasse, F., 1999. Oxygen isotopes in lacustrine carbonates of West China revisited: implications for post glacial changes in summer monsoon circulation. *Quaternary Sci. Rev.*, **18**, 1315-1334.

Weiss, H., and Bradley, R. S., 2001. What drives societal collapse? *Science*, **291**, 609-610.

Weiss, H., Courtney, M.-A., Wetterstrom, W., Guichard, F., Senior, L., Meadow, R., and Cumow, A., 1993. The genesis and collapse of third millennium north Mesopotamian civilization. *Science*, **261**, 995-1004.

Wells, L., 1990. Holocene history of the El Niño phenomenon as recorded in flood sediments of northern coastal Peru. *Geology*, **18**, 1134-1137.

Weng, C., and Jackson, S. T., 1999. Late glacial and Holocene vegetation history and paleoclimate of the Kaibab Plateau, Arizona. *Palaeogeogr. Palaeoclimatol. Palaeoecol.*, **153**, 179-201.

Wiersma, A. P., and Renssen, H., 2006. Model-data comparison for the 8.2 ka BP event: confirmation of a forcing mechanism by catastrophic drainage of Laurentide lakes. *Quaternary Sci. Rev.*, **25**, 63-88.

Wiles, G. C., D'Arrigo, R. D., Villalba, R., Calkin, P. E., and Barclay, D. J., 2004.

Century-scale solar variability and Alaskan temperature change over the past millennium. *Geophys. Res. Lett.*, **31**, L15203.

Wiles, G. C., Barclay, D. J., Calkin, P. E., and Lowell, T. V., 2008. Century to millennial-scale temperature variations for the last two thousand years indicated from glacial geologic records of Southern Alaska. *Global Planet. Change*, **60**, 115-125.

Wilson, R. J. S., and Luckman, B. H., 2003. Dendroclimatic reconstruction of maximum summer temperatures from upper treeline sites in interior British Columbia, Canada. *The Holocene*, **13**, 851-861.

Wolff, E. W., 2007. When is the "present"? *Quaternary Sci. Rev.*, **26**, 3023-3024.

Woodroff, C. D., Beech, M., and Gagan, M. K., 2003. Mid-late Holocene El Niño variability in the equatorial Pacific from coral microatolls. *Geophys. Res. Lett.*, **30**, 1358.

Wu, W., and Liu, T., 2004. Possible role of the "Holocene Event 3" on the collapse of Neolithic Cultures around the Central Plain of China. *Quaternary Int.*, **117**, 153-166.

Wunsch, C., 2000. On sharp spectral lines in the climate record and the millennial peak. *Paleoceanography*, **15**, 417-424.

山形敏男，2005．インド洋の変動が世界に波及する．科学，**75**, 1159-1163．

山本正伸，2009．北太平洋亜熱帯循環の氷期・間氷期変動．地質学雑誌，**115**, 325-332．

Yamamoto, M., Oba, T., Shimamura, J., and Ueshima, T., 2004. Orbital-scale antiphase variation of sea surface temperature in mid-latitude North Pacific margins during the last 145,000 years. *Geophys. Res. Lett.*, **31**, L16311.

Yamazaki, T., and Oda, H., 2002. Orbital influence on Earth's magnetic field : 100,000-year periodicity in inclination. *Science*, **295**, 2435-2438.

Yamazaki, T., and Oda, H., 2004. Intensity-inclination correlation for long-term secular variation of the geomagnetic field and its relevance to persistent non-dipole components. *AGU Monograph*, 145.

Yamazaki, T., Joshima, M., and Saito, Y., 1985. Geomagnetic inclination during last 9000 years recorded in sediment cores from Lake Kasumigaura, Japan. *J. Geomag. Geoelectr.*, **37**, 215-221.

Yanagisawa, Y., and Akiba, F., 1990. Taxonomy and phylogeny of the three marine diatom genera, *Crucidenticula*, *Denticulopsis* and *Neodenticula*. *Bull. Geol. Surv. Japan*, **41**, 197-301.

Yanagisawa, Y., and Akiba, F., 1998. Refined Neogene diatom biostratigraphy for the northwest Pacific around Japan, with an introduction of code numbers for selected diatom biohorizons. *Jour. Geol. Soc. Japan*, **104**, 395-414.

安田喜憲, 1990. 気候と文明の盛衰. 368 頁, 朝倉書店, 東京.

Yi, C., Chen, H., Yang, J., Liu, B., Fu, P., Liu, K., and Li, S., 2008. Review of Holocene glacial chronologies based on radiocarbon dating in Tibet and its surrounding mountains. *J. Quaternary Sci.*, **23**, 533-543.

Yu, Y., Yang, T., Li, J., Liu, J., An, C., Liu, X., Fan, Z., Lu, Z., Li, Y., and Su, X., 2006. Millennial-scale Holocene climate variability in the NW China drylands and links to the tropical Pacific and the North Atlantic. *Palaeogeogr. Palaeoclimatol. Palaeoecol.*, **233**, 149-162.

Yu, Z., and Ito, E., 1999. Possible solar forcing of century-scale drought frequency in the northern Great Plains. *Geology*, **27**, 263-266.

Yu, Z., Ito, E., Engstrom, Sherilyn C., and Fritz, S.C., 2002. A 2100-year trace-element and stable-isotope record at decadal resolution from Rice Lake in the Northern Great Plains, USA. *The Holocene*, **12**, 605-617.

Zhang, H. C., Ma, Y. Z., Wünnemann, B., and Pachur, H.-J., 2000. A Holocene climatic record from arid northwestern China. *Palaeogeogr. Palaeoclimatol. Palaeoecol.*, **162**, 389-401.

Zhang, R., Delworth, T. L., and Held, I. M., 2007. Can the Atlantic Ocean drive the observed multidecadal variability in Northern Hemisphere mean temperature? *Geophys. Res. Lett.*, **34**, L02709.

Zielinski, G. A., 2000. Use of paleo-records in determining variability within the volcanism climate system. *Quaternary Sci. Rev.*, **19**, 417-438.

Zielinski, G. A., Fiacco, R. J., Mayewski, P. A., Meeker, L. D., Whitlow, S. I., Twickler, M. S., Germani, M. S., Endo, K., and Yasui, M., 1994. Climatc impact of the A. D. 1783 Asama (Japan) eruption was minimal : evidence from the GISP2 ice core. *Geophys. Res. Lett.*, **21**, 2365-2368.

索引

ア行

アガシー湖　85-87, 91, 166
亜極前線　25, 29, 30, 38, 55, 57
アジア・モンスーン　88, 103
アッカド帝国　112
アトランティック期　49, 103
亜熱帯性貝類　77
アフリカ-アジア（夏期）モンスーン　105, 155, 157, 159, 167, 168
アリューシャン低気圧　129, 145, 164
アルケノン Uk'_{37}　54, 70, 101, 119, 130, 133
暗黒時代　126
一斉沈降　53, 54
イネ科　94
インド-東アジア夏季モンスーン　94, 160
ウェブレット変換解析　66-68, 86, 89
ウォーカー循環　161
ウォルフ極小期　89, 130, 132, 153
羽状目珪藻　3, 4, 7, 8, 38
宇宙線　146-149, 151-153
　――核種　88
　――生成核種　60, 83, 151
ウバイド文化　109
エアロゾル（浮遊性微粒子）　147, 148, 154-157, 163, 168
栄養塩類　1, 7-10, 36, 38, 55
エジプト文明　110
エル・ニーニョ　105, 116, 160
　――現象　161
　――事件　162
　―――南方振動（エンソ，ENSO）　108, 145, 159, 162, 163, 165
円心目珪藻　4, 6, 7, 16, 38
エンソ事件　159, 167
黄塵期　134
オーク　100, 107
オゾン　146, 148, 150, 151, 164
　――層　144, 146, 149, 150, 157
オパール A　22-24, 26

オパール CT　22-24, 26
オホーツク海　11, 21, 80
親潮　11, 55, 57, 59, 145
温室効果ガス　146, 168
温暖性貝類　77, 79, 81

カ行

海塩　163
海水準変動　74, 75, 164
海氷（流氷）　11, 133, 158, 159
海洋コンベア循環　86, 158
海洋内部フォーシング　66
火山活動　36, 88, 108, 134, 155
火山フォーシング　131, 157, 168
火山噴火　84, 103, 113, 126, 131, 132, 146, 155-157
荷電粒子　147, 150, 151
カバノキ　92-94, 107
環境革命　43, 143
環帯　6, 7
寒の戻り　48, 90
眼紋　7
寒冷気候期（T_1）　100, 101
気候内部フォーシング　89
北大西洋深層水　10, 116, 159
北大西洋振動（NAO）　131, 161-164
北大西洋数十年振動　157
北太平洋高気圧　133, 145
北太平洋指数（NPI）　165
北太平洋深層水　11
北半球温度異常　129
北半球環状モード（NAM）　164
軌道フォーシング　49, 85, 104, 108, 155, 158, 159, 161, 167, 168
休眠胞子　7, 13, 39
銀河宇宙線　148, 151, 154
グリーンランド氷床コア　85, 87, 88, 90, 91-96, 99, 101, 105, 129, 166, 167
黒潮　55-57, 59, 73, 83, 84, 89, 116, 145
　――続流　55-57, 145

クロス・スペクトル解析　63-65
珪酸塩　10, 31
珪質堆積物　22
珪質軟泥　21, 36-38
珪藻温度指数（Td 値）　25, 29-32, 49, 51
珪藻温度指数（Td' 比）　33, 50, 51, 54, 55, 58, 119
珪藻殻　2-4, 6, 7, 11, 21, 24, 31, 32, 38, 107
珪藻示準面　26
珪藻質サプロペル　39
珪藻質堆積物　22, 26, 34, 36
珪藻生産量　32, 33
珪藻層序　23, 25-29
珪藻軟泥　26, 36-38
珪藻ブルーム　39, 53
珪藻マット　36-39, 41, 53
系統進化　7, 15, 27
光学顕微鏡（LM）　3-5
光合成　1, 2, 152
考古地磁気ジャーク　47, 129
後方錯乱電子像　40
古気候アーカイブ　119, 145, 167
古気候プロキシの記録　89, 90, 101, 104, 119, 122, 145, 162, 167
国際深海掘削計画（ODP）　8, 21, 22
湖水準変動　166
古代文明　205
古地磁気極性層序　23
コピュラ　6, 7
こぶ状突起　7
古墳寒冷期　80, 81, 120, 126
コンポジット（合成）記録　25

サ行

サイクロン　103
細孔　7
歳差運動による季節変化　85
再生生産　38, 39
サプロペル　39, 116
山岳氷河　104, 108, 116, 134, 155, 159
酸素同位体ステージ（MIS）　13, 31, 45, 69
酸素同位体比（$\delta^{18}O$）　45, 46, 54, 66, 69, 70, 85, 87, 88, 90, 91, 94, 95, 99, 101, 103, 107, 129, 133, 135, 136, 138, 141, 152, 155, 160, 163-165

―――層序　23, 45, 46
ジェット流　87, 89, 150, 158
磁気圏　147, 149-151
示準面　5, 8, 23, 25-29
始新世期末事件　10
シダ　107
刺毛　7
縦溝　4, 7
種分化　15, 18
シュペーラー極小期　89, 130, 132, 153
小氷期　43, 61, 75, 80, 84, 89, 101, 104, 120, 130-133, 135, 136, 141-143, 152, 155, 168
縄文海進　56, 75-77
縄文中期寒冷期　104
シリカ交代　10, 36
シリカ生産　36
シリカ相転移　23
深海掘削計画（DSDP, ODP）　8, 21, 22, 27
進化系列　5, 7, 27
進化速度　15
唇状突起　16, 17
新石器文明（農業）　109
深層クロロフィル最大層　39, 40, 53
新ドリアス寒冷期（YD）　48, 58, 59, 83-85, 87, 88, 90, 91, 100, 166
スウス・ウイグル　153, 154
スウス効果　154
スゲ　94
ストロンチウム同位体比（$^{87}Sr/^{86}Sr$）　110-112
スペクトル解析　61, 62
成層圏　147-151, 155, 164
成層圏エアロゾル　156
生物事件　23, 27
生物生産　1, 9, 13, 32, 36, 94
1000年バンド　63, 66
1000年と2500年の周期　66
1600年周期　63, 66, 71
双極子磁場　153, 154
走査型電子顕微鏡（SEM）　4, 5, 7, 29, 38
草本　94

タ行

大気圏　146, 147, 149, 151, 153-155, 158, 164
帯区分　23, 25, 27, 28

帯磁率　25, 27, 31, 95, 129
大西洋子午線反転循環（AMOC）　163
大西洋数十年振動（AMO）　135, 159, 163, 165, 166
大西洋偏西風ジェット　103
太平洋10年振動（POD）　56, 121, 131, 133, 163, 164
　――指数　121, 133, 136
　――モード　163
ダイポールモード現象　162
太陽宇宙線　149
太陽振動　60, 61, 63, 66, 73, 81, 83-85, 89, 91, 99, 101, 108, 109, 121, 132, 141, 143, 146-155, 157, 162, 164, 166, 167
太陽黒点　153
太陽-雪氷モード　85
太陽風　146-148, 150, 151, 153, 154
太陽フォーシング　43, 167, 168
太陽放射　104, 126, 129, 132, 134, 136, 146-148, 153-156, 164, 166, 168
太陽放射熱　157
太陽モード　88, 167
太陽や火山のフォーシング　166
対流圏　146-150, 156
ダルトン極小期　132
淡水フォーシング　43, 167
ダンスガード・オシュガー周期　48, 63
炭素循環　152
炭素同位体　104
炭素同位体比（$\delta^{13}C$）　81, 94, 104, 116
地球軌道要素　48, 88, 109, 143, 146
地球放射　147, 156
地球放射熱　157
地磁気強度　46, 47
地磁気極性層序　23, 25-27, 31, 32, 46
地磁気双極子モーメント　151
地磁気年代尺度　27, 47
中間目珪藻　4, 7
中世暗黒時代　129
　――寒冷期　120, 122, 126, 129, 130
中世温暖期　81, 120, 130, 132-134, 136, 141, 142
中世気候異常　131
チワナク文化　138, 140
津軽暖流　56-59, 77

対馬暖流　11, 12, 31, 32, 55-60, 63, 73, 77, 83, 84, 89
鉄器-ローマ時代温暖期　120, 126, 129, 130
テフラ層序　46
デブリス効果　153
テレビン　100
電子顕微鏡（EM）　4, 6
電離層　149, 150
同位体異常　85, 90, 91, 94, 95, 107, 164
冬雨　100
透過型電子顕微鏡（TEM）　4
棘状突起　7
トロナ（重炭酸ソーダ石）　99

ナ行

内湾型社会　104
南東貿易風　133, 156, 158
西太平洋暖水プール　161, 162
日射フォーシング　66, 81, 158
日射量　88, 126, 143, 155
2400年周期　63
2500年周期　63, 66, 71, 81, 91
ネオグレーシャル期　49, 56, 88, 104, 116, 168
熱帯収束帯（ITCZ）　99, 109, 143, 155, 158, 160-162, 167
熱帯性貝類　77, 78
熱帯東風（貿易風）　134, 158, 160
熱塩循環　85, 88, 91, 100, 135, 158, 159, 162, 165-167
熱放射エネルギー　146
年縞構造　129
年輪幅　94
農業革命　100

ハ行

ハイマツ花粉　79-81
ハインリッヒ事件　160
爆弾効果　154
バダリ文化　100
8.2ka事件　87, 166
ハドレー循環　150, 158
パラソル効果　155
パラタイプ（副標式）　15
ハリケーン　160, 165

索引　207

被殻　6, 10
日陰群集　40, 53, 54
東アジア（夏季）モンスーン　95, 104, 108, 159, 167
東シナ海沿岸水　11, 55, 60
微化石リファレンス・センター　41
ピストン・コアラー　44
ピストン・コアリング　21, 38, 43
ヒプシサーマル（高温）期　49, 56, 58, 77, 78, 83, 88, 103, 104
氷河モード　88, 168
氷河-太陽モード　166
氷食砕屑物　126
氷漂岩屑（ドロップ・ストーン）　31, 89, 95, 103, 105
ファイユームA文化　100
風成塵　95, 99, 107, 112, 113, 134, 135, 140
フェレル循環　158
付随孔　16
ブタクサ　107
蓋構造　16, 17
ブナ　82
フラックス（粒子束）　19, 31, 38, 40, 156
プラヤ　110
ブルーワー・ドブソン循環　150, 151
プレボレアル振動期（PBO）　87, 88, 91-93, 166, 167
プロキシ（間接指標）　1, 8, 59, 70, 71, 83, 119, 151
ブロッキング現象　143, 158
ベーリング海　11, 21, 23, 31
ペレット　10
変換関数法　51
偏狭性　25, 34, 38
偏西風　95, 105
偏西風ジェット流　91, 93, 148
偏西風帯　105, 143, 158
放射性核種（^{10}Be）　73, 154
放射性炭素（^{14}C）　73, 87, 91, 100, 104, 152
　——生成率　45, 60, 63, 64, 72, 91, 104, 121, 132, 150
　——年代値　45, 46, 116
放射性炭素同位体　45
放射熱エネルギー　146, 147
放射フォーシング　155

胞紋　7, 16
北極振動　56, 145, 164
北極振動指数　164
ホロタイプ（完標式）　15
ボンド事件　63, 103
　——2　116
　——3　112
　——4　105
　——8　95

マ行

マウンダー極小期　89, 130, 132, 134, 153, 154
マヤ文化　138, 139
マルチ・センサー・トラック（MST）装置　25
ミズゴケ　81
メリムデ文化　100
模式標本　4, 5
モチーカ国家　138
モチーカ文化　138, 140
モンスーン　167
　——降雨　99, 158, 159, 167

ヤ行・ラ行

弥生温暖期　81, 120
有基突起　16, 17
湧昇流　1, 9, 10, 13, 34, 36, 53, 149, 150
ラ・ニーニャ
　——現象　160, 162
　——様現象　38, 59
　——様事件　136
　——様状態　56, 131, 133
レス-古土壌層序　95
ローレンタイド氷床　85, 86, 91, 100, 103, 160, 166

アルファベット

AMO　163, 165
^{10}Be　73, 154
^{14}C　73, 91, 104, 152
δ^{13}C　94, 104, 116
δ^{18}O　66, 85, 87, 91, 94, 95, 99, 103, 107, 129, 133, 135, 154, 157, 162, 165-167
DSDP　8, 21, 22, 27

DSDP-ODP　27, 41
EM　4, 6
ENSO　163
IP$_{25}$ バイオマーカー　133
IPCC　120
ITCZ　155, 160, 161, 167
LM　3-5
Mg/Ca 比　70, 95, 119, 129, 162
MIS　13, 31
NAM　164
NAO　131, 161-164
NPI　165
ODP　8, 21, 22, 27
PBO　87, 91, 93, 166, 167

PDO　163, 164
　——指数　164
PDO モード　165
SEM　4, 5, 7, 29, 38
SPECMAP 酸素同位体比年代尺度　46, 70
Sr/Ca 比　133, 162
$^{87}Sr/^{86}Sr$　110-112
T_1　100, 101
Td 値　30, 31
Td' 比　49-51, 54, 55
TEM　4
Twt 比　33
YD　87, 90, 166
　——寒冷期　91

原図表出典一覧

以下に掲載していないものはすべて著者オリジナル．

口絵

図版 I　Koizumi, I., Sato, M., and Matoba, Y., 2009. Age and significance of Miocene diatoms and diatomaceous sediments from northeast Japan. *Palaeogeogr. Palaeoclimatol. Palaeoecol.*, **272**, 85-98 より Plate 1.

図版 II　Koizumi, I., 2008. Diatom-derived SSTs (*Td'* ratio) indicate warm seas off Japan during the middle Holocene (8.2-3.3 kyr BP). *Mar. Micropaleontol.*, **69**, 263-281 より Plate 1.

図版 IV　Koizumi, I., 2008. ibid. より Plate III．

第 1 章

図 1.1　Shiono, M., and Koizumi, I., 2002. Taxonomy of the *Azpeitia nodulifera* group in late Neogene sediments from the northwest Pacific Ocean. *Diatom Res.*, **17**, 337-361 より Fig. 19．

図 1.2　Round, F. E., Crawford, R. M., and Mann, D. G., 1990. The Diatoms, Biology and Morphology of the Genera. 747 pp., Cambridge University Press より Fig. 5.

図 1.4　Lopes, C., and Mix, A. C., 2010. Pleistocene megafloods in the northeast Pacific. *Geology*, **37**, 79-82 より Fig. 3 を改変．

第 2 章

図 2.3　Koizumi, I., 2010. Revised diatom biostratigraphy of DSDP Leg 19 drill cores and dredged samples from the subarctic Pacific and Bering Sea. *JAMSTEC Rep. Res. Dev.*, **10**, 1-21 より Fig. 5.

図 2.4　本山 功・丸山俊明，1998．中・高緯度北西太平洋地域における新第三紀珪藻・放散虫化石年代尺度：地磁気極性年代尺度 CK92 および CK95 への適合．地質学雑誌，**104**（3），171-183 より Fig. 2 を改変．

図 2.5　Koizumi, I., 1985. Late Neogene paleoceanography in the western North Pacific. In Heath, G. R., Burckle, L. H., *et al.* (eds.) *Init. Repts. DSDP*, **86**, 429-438, Washington (U. S. Govt. Printing Office) より Fig. 6 を改変．

図 2.7　Barron, J. A., 1998. Late Neogene changes in diatom sedimentation in the North Pacific. *J. Asian Earth Sci.*, **16**, 85-95 より Figs. 3 と 4 を改変．

図 2.8　Kemp, A. E. S., and Baldauf, J. G., 1993. Vast Neogene laminated diatom mat deposits from the eastern equatorial Pacific Ocean. *Nature*, **362**, 141-143 より Figs. 2 と 3.

図 2.9　Kemp, A. E. S., Baldauf, J. G., and Pearce, R. B., 1995. Origins and paleoceanographic significance of laminated diatom ooze from the eastern equatorial Pacific Ocean. In Pisias, N. G., Mayer, L. A., Janecek, T. R., Palmer-Julson, A., and van Andel, T. H. (eds.) *Proc. ODP, Sci. Results*, **138**, 641-645, College Station, TX；Ocean Drilling Program より Fig. 4.

図 2.10　Kemp, A. E. S., Pike, J., Pearce, R. B., and Lange, C. B., 2000. The "Fall dump" — a new perspective on the role of a "shade flora" in the annual cycle of diatom production and export flux. *Deep-Sea Res. pt. II*, **47**, 2129-2154 より Figs. 1, 4 と 6.

第3章

図3.1　山本浩文氏（海洋研究開発機構）提供．
表3.1　Koizumi, I., 2008. op. cit. より Table 3.
図3.2　Koizumi, I., 2008. op. cit より Fig. 2.
図3.3　Kemp, A. E. S., Pike, J., Pearce, R. B., and Lange, C. B., 2000. op. cit. より Fig. 10.
図3.4　Koizumi, I., 2008. op. cit. より Fig. 3.
図3.7　小泉 格・坂本竜彦，2010. 日本近海の海水温変動と北半球気候変動との共時性．地学雑誌，**119**（3），489-509 より図4.
図3.8　小泉 格・坂本竜彦，2010. ibid. より図5と図6.
図3.9　山本浩文氏（海洋研究開発機構）提供．

第5章

図5.1　小泉 格・坂本竜彦，2010. op. cit. より図7.
図5.2　Teller, J. T., Leverington, D. W., and Mann, J. D., 2002. Freshwater outbursts to the oceans from glacial Lake Agassiz and their role in climate change during the last deglaciation. *Quaternary Sci. Rev.*, **21**, 879-887 より Fig. 1.
図5.3　Teller, J. T., and Leverington, D. W., 2004. Glacial Lake Agassiz：A 5000 yr history of change and its relationship to the $\delta^{18}O$ record of Greenland. *GSA Bulletin*, **116**, 729-742 より Fig. 5.
図コラム4　Nicoll, K., 2004. Recent environmental change and prehistoric human activity in Egypt and Northern Sudan. *Quaternary Sci. Rev.*, **23**, 561-580 より Fig. 4.
図コラム5　deMenocal, P., 2001. Cultural responses to climate change during the late Holocene. *Science*, **292**, 667-673 より Fig. 4 を改変．

第6章

図6.3　Denton, G. H., and Broecker, W. S., 2008. Wobbly ocean conveyor circulation during the Holocene? *Quaternary Sci. Rev.*, **27**, 1939-1950 より Fig. 3.
図コラム6　deMenocal, P., 2001. Cultural responses to climate change during the late Holocene. *Science*, **292**, 667-673 より Figs. 6 と 7 を改変．
図コラム7　Verschuren, D., Laird, K. R., and Cumming, B. F., 2000. Rainfall and drought equatorial east Africa during the past 1,100 years. *Nature*, **403**, 410-414 より Fig. 2.

第7章

図7.1　van Geel, B., Raspopov, O. M., Renssen, H., van der Plicht, J., Dergachev, V. A., and Meijer, H. A. J., 1999. The role of solar forcing upon climate change. *Quaternary Sci. Rev.*, **18**, 331-338 より Fig. 1.
図7.2　Mörner, N.-A., 1994. Internal response to orbital forcing and external cyclic sedimentary sequences. In de Boer, P. L., and Smith, D. G.（eds.）Orbital Forcing and Cyclic Sequences. 25-33, Special publication No. 19, International association of sedimentologists, Blackwell Scientific Publications より Fig. 3 を改変．
図7.3　Shaw, T. A., and Shepherd, T. G., 2008. Raising the roof. *Nat. geosci.*, **1**, 12-13 より Fig. 1.
図7.4　Vonmoos, M., Beer, J., and Muscheler, R., 2006. Large variations in Holocene solar activity：Constrains from ^{10}Be in the Greenland Ice Core Project ice core. *J. Geophys. Res.*, **111**, A10105 より Fig. 7.
図7.5　Robock, A., 2000. Volcanic eruptions and climate. *Rev. Geophys.*, **38**, 191-219 より Plate 1.

著者略歴
1937 年　台湾省竹東に生まれる
1963 年　東北大学理学部地学第一学科卒業
1968 年　東北大学大学院理学研究科博士課程修了
現　　在　北海道大学名誉教授，理学博士

主要著書
『海底に探る地球の歴史』（1980 年，東京大学出版会）
『氷河時代の謎をとく』（1982 年，翻訳，岩波書店）
『講座文明と環境 1　地球と文明の周期』（1995 年，
　2009 年新装版，共編，朝倉書店）
『日本海と環日本海地域』（2006 年，角川学芸出版）
『図説　地球の歴史』（2008 年，朝倉書店）

珪藻古海洋学
完新世の環境変動

2011 年 9 月 5 日　初　版

［検印廃止］

著　者　小泉　格
　　　　（こいずみ　いたる）

発行所　財団法人　東京大学出版会

代表者　渡辺　浩

113-8654　東京都文京区本郷 7-3-1
http://www.utp.or.jp/
電話 03-3811-8814　FAX 03-3812-6958
振替 00160-6-59964

印刷所　新日本印刷株式会社
製本所　矢嶋製本株式会社

©2011　Itaru Koizumi
ISBN 978-4-13-060758-2　Printed in Japan

Ⓡ〈日本複写権センター委託出版物〉
本書の全部または一部を無断で複写複製（コピー）することは，著作権法上での例外を除き，禁じられています．本書からの複写を希望される場合は，日本複写権センター（03-3401-2382）にご連絡ください．

川幡穂高
地球表層環境の進化
先カンブリア時代から近未来まで　　　　　　A5 判・288 頁・3800 円

川幡穂高
海洋地球環境学
生物地球化学循環から読む　　　　　　　　　A5 判・264 頁・3600 円

鹿園直建
地球システム環境化学　　　　　　　　　　A5 判・278 頁・5400 円

岩田修二
氷河地形学　　　　　　　　　　　　　　　B5 判・392 頁・8200 円

日本第四紀学会・町田 洋・岩田修二・小野 昭 編
地球史が語る近未来の環境　　　　　　　　4/6 判・274 頁・2400 円

日本海洋学会 編
海と地球環境
海洋学の最前線　　　　　　　　　　　　　　A5 判・440 頁・4800 円

速水 格
古生物学　　　　　　　　　　　　　　　　A5 判・228 頁・3400 円

矢島道子
化石の記憶
古生物学の歴史をさかのぼる　　　　　　　　A5 判・224 頁・3200 円

ここに表記された価格は本体価格です．ご購入の
際には消費税が加算されますのでご了承ください．